U0187720

"十三五"国家重点图书

中国少数民族服饰文化与传统技艺

黎族

王羿◎著

国家一级出版社
全国百佳图书出版单位
中国纺织出版社有限公司
·北京·

内 容 提 要

本书作者通过大量的田野调查，对海南黎族传统服饰进行了全方位考证，汇集海南黎族各方言区服饰类型、文化特征、服饰结构等，并对中国最古老的纺织技艺之一——黎锦及工艺特征进行了深入研究，从纺、染、织、绣不同角度分析了黎族服饰的装饰方法及其工艺细节。本书图文并茂，图片珍贵精美，内容丰富翔实，在现代飞速发展的工业化进程中，对海南黎族服饰进行了抢救性研究记录，传播了中华优秀传统文化，尤其对保护和传承少数民族优秀传统服饰文化起到了推动作用。

本书不仅适合从事传统文化研究、民族传统服饰研究的专业人士、服装设计专业师生学习参考，同时也为服饰从业人员提供了优质素材与灵感，并适合广大美术爱好者阅读与收藏。

图书在版编目（CIP）数据

中国少数民族服饰文化与传统技艺. 黎族 / 王羿著. -- 北京：中国纺织出版社有限公司，2022.4

"十三五"国家重点图书

ISBN 978-7-5180-9420-2

Ⅰ. ①中… Ⅱ. ①王… Ⅲ. ①黎族—民族服饰—文化研究—中国 Ⅳ. ① TS941.742.881

中国版本图书馆 CIP 数据核字（2022）第 066520 号

责任编辑：李春奕　　责任校对：王花妮
责任设计：何　建　　责任印制：王艳丽

中国纺织出版社有限公司出版发行
地址：北京市朝阳区百子湾东里 A407 号楼　邮政编码：100124
销售电话：010—67004422　传真：010—87155801
http://www.c-textilep.com
中国纺织出版社天猫旗舰店
官方微博 http://weibo.com/2119887771
北京华联印刷有限公司印刷　各地新华书店经销
2022 年 4 月第 1 版第 1 次印刷
开本：889 × 1194　1/16　印张：18.5
字数：385 千字　定价：398.00 元　印数：1—1500 册

序

民族服饰是一个民族在长期生产、生活中创造的具有典型地域性和民族特征的文化形式，它就像一面镜子，映照其每个特定时期的生活环境、传统工艺、审美情趣以及社会生产力的发展水平。尤其是对没有本民族文字的民族而言，也许在漫长的历史演进中鲜有文字、文献来记载他们的故事，但有形的服饰却代代相传，承载着无形的过去和精神信仰，为人类留下了极为宝贵的历史文化财富。

黎族正是这样的一个民族，由于长期生活于偏远的海岛，反而让他们的民族文化和习俗在很大程度上得以保存，黎族服饰被誉为其民族发展的“活化石”。黎族服饰结构简单，形制古朴，是理解黎族文化习俗的一把重要钥匙，而王羿教授的著作《中国少数民族服饰文化与传统技艺·黎族》正是对如何使用这把钥匙的成功尝试。在本书中，从点到面的深入探索不仅让读者领略了服饰之美，也理解了古老的黎族文明。

本书开篇选择从黎族的自然环境与历史发展切入论述，让读者在了解黎族服饰之前，先了解服饰的创作者和穿着者。这里隐含着一些不容忽视的重要问题：千百年来生活在海南岛上的黎族人，他们是在什么样的地理和气候环境中谋求生存的？在历史的进程中面对着什么样的挑战和冲突？又是通过什么样的文明形式来解决冲突、适应环境的？通过对这些问题的解答，作者为我们勾勒出了一幅丰富而完整的画卷，这里有山、有水、充满温情，族群生活其中，进而形成独具特色的黎族服饰。

在阐述了服饰与黎族文化内在联系的基础上，作者对黎族服饰的各个相关方面进行了细致、详尽的研究。黎锦是黎族重要的物质文化遗产，2006年，“黎族传统纺染织绣技艺”进入首批国家级非物质文化遗产名录。作者在长期、大量的田野工作中，梳理出黎锦的传统制作方法，细致到原料采集、工具制作，以及“纺、染、织、绣”的工艺流程等，并进一步对其进行学理分析，探究黎锦制作中的美学原理和数理规律。在传统工艺急剧流失的今天，这样的研究以文字和图片的方式留住珍贵的传承与记忆，具有不言而喻的重要意义。

黎族是一个历史悠久、支系众多、文化繁盛的民族。在不断流转的历史岁月中，黎族先民不断分化、融合、演进，逐渐形成了直至今天仍鲜活丰富的黎族文化风貌。在黎族整体所具有的民族共性的基础上，其复杂的聚居环境及差异较大的经济发展水平让今天的黎族形成了多个支系，共同构筑了一个历史悠久、层次交错的文化体系。黎族文化的丰富性在服饰上反映得尤为明显，各地区、各支系呈现出形态多样的服装样式。以往的研究多停留在较为概括的类型与支系的服装研究上，而在本书中，作者则将研究目标延伸至村镇级的黎族服饰，通过对哈方言、杞方言、润方言、美孚方言、赛方言等不同支系的黎族服装形制特征进行系统的梳理和比较研究，客观地记录了民族服饰发展的历史、现状以及服饰所反映出的社会社群关系，深入解析了黎族服饰所蕴纳的民族文化与民族精神。

诚然，要真正了解黎族的文化和历史，服饰的装饰所具有的符号学意义也不容忽视。作者在掌握了大量服饰纹样的基础上，对其构成方式及象征意义进行了体系化的总结，并将研究目标扩充至黎族长久流传的文身习俗上，对各个方言区的文身纹样进行整理、分析。作者的研究使我们看到，这些貌似抽象和随意的点、线，蕴含着黎族人才能解读的习俗、规则和信息，这些永久保存在黎族女性身体上的文身纹样甚至比服饰具有更强的标识作用，诉说着黎族人的来源和归宿。

任何一种文明都不是静态的，文化是在发展和变化中获得延续。许多研究少数民族服饰的学者，往往在较为单一的视角中忽略服饰的演变过程，但我很高兴地看到作者在本书中并未忽视黎族服饰的现在。作者用较长的篇幅对黎族服饰在当下社会发展中的变化过程和动因进行了深入的解析。更难能可贵的是，作者在对黎族服饰传承的长期关注中，提炼出了黎族传统服饰及其制作技艺在传承中面对的真实困境以及行之有效的保护方式。

立足人类学、民族学和艺术学等多种视角，作者对黎族服饰的形制、演化、发展进行详尽采集、分析，对服饰与族群、文化的内在关联进行了深入的解读、揭示，同时，也对黎族服饰的传承和发展路径进行了有意义的探讨。从本书严谨的结构、细致的考证、翔实的田野资料以及具有开创性的观点中，能看到作者严谨的学术态度和勇于探索的学术精神。

我对本书的研究高度并不感到意外。作者王羿教授大学就读于中央工艺美术学院，是我最喜爱的学生之一，在三十余年前就曾跟随我进行西南民族地区的田野考察，那时她就表现出对少数民族服饰的强烈兴趣。而就我所知，她毕业后在北京服装学院就任的三十年里，在教学和科研中都竭尽所能地对少数民族服饰研究进行探索，不仅完成过多个相关的国家级、省部级研究项目，并长期持续不断地进行田野工作，积累了大量、珍贵的素材。最终，作者将几十年如一日的热忱、专注和投入，以及多年的田野和研究工作的积淀，倾注于本书《中国少数民族服饰文化与传统技艺·黎族》中。可以说本书对了解黎族、建构完整多元黎族服饰体系起到了助推作用，也将为黎族文化研究和精神传承起到积极作用。

刘元风

2021.9.

目 录

CONTENTS

第一章 概述

黎族是我国历史悠久的少数民族之一，早在3000多年前的商周之际，黎族先民已居住在我国的海南岛[1]。明清时期，黎族人已分布于海南全岛。目前，依国家统计局2010年第六次人口普查数据，黎族人口为1463064人（根据《中国统计年鉴2021》统计，中国境内黎族人口为1602104人），在中国56个民族中黎族人口总量居第18位。在海南岛这方热土上，黎族人民生息繁衍，经历了长久的历史积淀和发展，逐步形成了璀璨而又独特的民族文化。

服饰是日常生活中的必需品，是民族识别的标志，更是一个民族重要的社会文化载体。海南黎族聚居地多为高山深壑、河流密布。在崇山峻岭之间，分布着广阔的热带雨林，植物资源十分丰富，其中属于纤维类的植物就有100余种，这些柔韧的纤维材料，为黎族传统织锦工艺提供了必要的物质条件。另外，黎族很早就开始利用棉花纺织，其棉纺织工艺曾长期领先于华夏各民族，直到宋元时期，仍位居全国前列。中国著名的女纺织家黄道婆，在海南岛生活约40年，向黎族妇女学习织锦技术。1295～1297年，元朝元贞年间黄道婆返回故乡，看到家乡落后的纺织技术，遂教乡人改进纺织工具，并帮助他们制造擀、弹、纺、织等专用机具，织成各种花纹的棉织品。在黄道婆的带领下，其家乡松江一带成为当时全国的棉织业中心，历经几百年之久而不衰。黄道婆学习和改进了黎族的棉纺织工艺，并传播了黎族先进的纺织技术，促进了中国棉纺织业的快速发展，改变了中国人穿衣盖被的习惯，这是黎族人民对中华民族卓越的贡献（图1–1）。

黎族传统服饰是其传统民族文化的一部形象的“百科全书”，更是其民族发展的“活化石”。黎族妇女传统服饰及其图案艺术的丰富内涵，从一个侧面反映出黎族人民的生活风貌、文化特色、民族习俗、宗教信仰及审美意识等。黎族传统服饰种类繁杂各异，款式简朴实用，图案丰富淳朴，色彩绚烂璀璨，文化内涵丰富多彩，具有鲜明的地域特点和浓郁的民族风格（图1–2、图1–3）。

[1] 郑玄．黄侃经文句读·礼记正义［M］．孔颖达，等正义．上海：上海古籍出版社，1990：1036.

图1-1　黎族织锦

图1-2　黎族男子服饰（选自符桂花《黎族传统织锦》）

图1-3　黎族女子服饰

第一节　海南黎族概述

黎族是我国具有深厚文化传统的少数民族之一，是我国56个民族大家庭中的一名重要成员，也是海南岛最早的开拓者。据史料记载，早在远古时代，黎族同胞就在这片土地上刀耕火种，民族风情原始质朴。现如今，他们主要聚居在海南岛中南部地区的五指山、三亚、东方、陵水、乐东、保亭、昌江、白沙等9个市县，部分散居在儋州、万宁、琼海、屯昌等市县的12个民族乡镇。黎族历史悠久，在漫长的历史发展过程中，勤劳勇敢的黎族人民以其聪明才智创造了内涵丰富、独特而璀璨的传统文化。钻木取火、树皮布、船型屋（图1-4、图1-5）、山栏酒、竹筒饭、黎锦、文身等黎族文化都已经成为中华民族乃至世界人民的宝贵遗产。

一、历史沿革

据考证，距今3000年以前，我国南方百越一支“骆越人”，陆续迁入海南岛，成为黎族的祖先。黎族历来都是以原住民自居，称自己为“赛”，称岛上其他民族

图1-4　海南省东方市俄查村黎族传统民居

图1-5　黎族屋舍——船型屋

为“美”（客人的意思）。

关于黎族的族源问题，一直是诸多学者讨论的焦点。在海南省的三亚、乐东、保亭等地区发现了新石器时期文化遗址多达130余处，与东南沿海新石器时期文化属同一系统。

周、秦时期的古代典籍中将南方古代民族（包括黎族先民在内）称为：“蛮”“越”“珠崖”或“儋耳”，从相关可考文献记载来看，《汉书·贾捐之传》当数首次涉及骆越之名的记载，贾捐之（贾谊曾孙）在为汉元帝就黎族问题上出谋划策时道：“骆越之人，父子同川而浴，相习以鼻饮，与禽兽无异，本不足郡县置也。”[1]关于骆越之名的起源与《水经注·叶榆河》引《交州外域记》有关：“交趾昔未有郡县之时，土地有雒田。其田从潮水上下，民垦食其田，因名为雒民。”也有史书以“瓯骆”并称，自先秦至汉晋，西瓯、骆越同时并存，为同一文化系统的两个不同族群。

关于海南黎族起源因研究角度的不同，资料取证各异，考古发现资料还需进一步地理论证实，因此对黎族的起源问题产生了诸多说法，其中最为大家所接受的主要有“原生说”“外来说”和“多源说”。

（一）黎族先民“原生说”

黎族人普遍认为自己的祖先原本就生活在海岛上，但因古籍中并无确切的记载，使学者们就这一问题产生分歧。2006年6月，考古界在昌江黎族自治县信冲洞文化遗址旁的旧石器文化遗址发现了三件旧石器，这证明了海南岛2万年前就有人类活动的历史，是海南省人类考古的一次重大突破。另外，三亚落笔洞遗址发掘时间的确认似乎为这场争论黎族先民起源问题的战争画下了休止符；但从另一个角度看，三亚落笔洞遗址虽然证明了海岛在新石器时代就已经有了人类活动的足迹，但我们并不能够证明其就是黎族先民的遗骸。

从地质资料分析来看，海南岛和我国其他岛屿略有些不同，属大陆型海岛，即其本身与雷州半岛原是连成一块的，只因近百万年间，琼州海峡那段地下陷后

[1] 班固．汉书：卷二十八下（地理志第八下）[M]．颜师古，注．于振波，等校点．北京：中华书局，1999：2138.

才与大陆分离。地质学界普遍认为：海南岛火山的喷发始于百万年以前，诸多地质学资料显示其有多次喷发的迹象，最后一次是在3万~5万年前，即旧石器时代晚期。正如我们所看到的，像梨形般的海南岛，南北长不过300公里，面积也不过30000多平方公里，黎族先民在这种不断发生地陷、山崩、熔岩涌出的恶劣生存条件下，几经迁徙最终存活下来实属不易。因此，黎族先民"原生说"这一观点还需要从地质学、医学、考古学等多方面、多角度来综合分析，因此我们还不能妄下定论。

（二）黎族先民"外来说"

黎族先民从岛外迁来的说法是近年来多数学者的一致意见。但当谈到他们是从什么地方迁来时，就分为两大派意见：即以德国人汉斯·史图博（Hans Stübel，1885—1961）为首的南洋群岛迁来说和以我国广东省博物馆为首的两广大陆迁来说。

史图博先生在其所著的《海南岛民族志》一书中论述："原来不属原住民的黎族——即包括美孚黎、岐黎（今杞黎）和哈黎——都不是从雷州半岛那边渡海来的，按照他们的意见是从岛的南方绕过崖州而到岛内来的。"此外，史图博先生还推测说："住在南渡江上游，即今白沙县境内的本地黎（今润黎）才是由大陆迁来的。"并据此而断定：黎族的先民大多数是从印度尼西亚岛屿迁来的，同时列出黎族与印度尼西亚语族诸民族（包括台湾地区高山族）之间有14种相同或相似的文化特征。如果说史图博先生是基于对海南岛田野考察从而对黎族先民进行理论论证，那么我国学者刘咸就是根据其文化特征来进行的理论推测。黎人当被他种人民称为Li，Le，Lio，Lai，Lay或Lao等，而彼此自称，则常加唇音，读如B'ly，B'lay，Hay，Lakia，D'li或Slay等。[1]由此，刘咸先生推测黎语有着胶着语的痕迹。印度尼西亚语是胶着语，由此推测黎族先民应由南洋一带迁来。此外，我国还有一些专家从海南岛发现的石器和马来西亚等地发现的石器在形式上相似，也据此而推测黎族先民是由南洋群岛迁来的。

---

❶ 刘咸．海南岛黎族起源之初步探讨［J］．西南研究，1940（1）：34.

海南岛黎族起源问题的争论在没有确切的古籍资料和考古论证中依然火热地持续着，但毋庸置疑的是，正是海南岛上的各民族之间百万年的融合与同化造就了今日我们的黎族。根据以上观点，从广义上可以大胆推断，现今海南岛黎族是融合了岛上最早的原始先民，兼纳吸收了包括从两广、南洋迁徙而来的多元化民族。若从人类学观点来看这一问题，其中所包含的人种类型之繁多、演变之复杂，在此就不逐一论述了。

此外，还有人从黎族内部各支系间有着不同的方言、服饰和风俗习惯等，进而推断黎族的不同支系有着不同的来源，这种意见是值得商榷的。从中华人民共和国成立之后获得的大量调查材料足以说明，黎族内部的一致性是主要的，不同支系间的差别是次要的、派生的，甚至有些特点还是近代才发展形成的。如黎族内部各支系的名称，大部分见于明代以后的文献，其中一些名称如“美孚”的黎族支系甚至在清代的文献上也没有找到。可见这些支系的名称和某些特点，是随着黎族部落的不断迁徙、发展而出现的，它的历史不是很久远。在语言方面，黎族内部仅有方言的差别，不同方言的人基本上可以互相通话。在社会经济方面，虽然存在着发展不平衡，但就其经济类型和结构（以农业为主的自然经济）来说基本上是一致的。至于服饰和风俗习惯方面，共同的特点就更多了，如妇女文身、织锦等习俗（图1-6、图1-7）；婚俗中的“玩隆闺”“不落夫家”；宗教信仰方面的祖先崇拜、迷信“禁公”“禁母”鸡卜、杀牲送鬼治病等，各个支系都是普遍

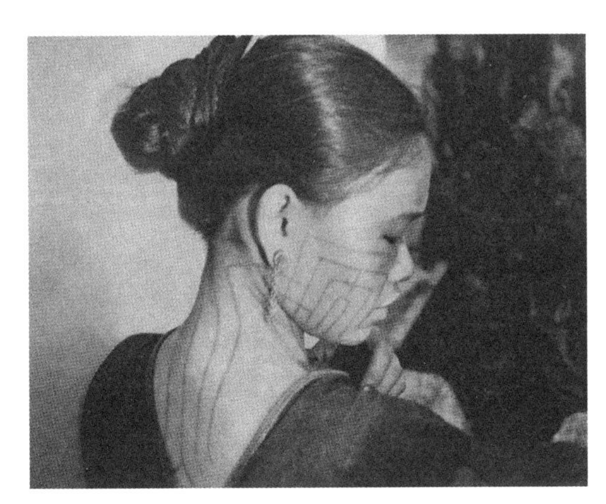

图1-6　黎族妇女文身
（美国《国家地理杂志》记者克拉克1938年摄）

图1-7　哈方言黎族妇女织锦
（美国《国家地理杂志》记者克拉克1938年摄）

共存的。至于支系之间互相通婚，相互杂居于同一个村落里的事例也很常见。以上这些事实都说明中华人民共和国成立前黎族内部的统一性和共同性是主要的，不同的支系只是由于在长期的发展过程中，受经济的、历史的、地理的各种因素的影响而逐渐形成，而且是较后期的事，与黎族远古的族源显然没有什么直接的联系。

民族是历史的范畴，是历史上形成的人类共同体。黎族也和其他民族一样，在长期的历史发展过程中，与其他民族接触交往，通过频繁的经济文化交流，不断吸收容纳其他民族成分以至种族成分，逐渐形成和发展起来的。由于黎族人民长期以来与汉族人民接触最为繁密，因而有部分汉族成分融合于黎族之中是很自然的事。关于这方面的事实，文献上也常有记载。如唐代宰相李德裕（今河北省赞皇县人）被贬海南岛，他的亲属后来“化为黎人”的传说，至今仍广为流传。宋代周去非的《岭外代答》，也曾提到当时有一部分黎族是湖广、福建等地的汉人，由于久居黎地，习尚黎俗，最后成为黎族的。到了明代以后，随着封建统治势力的步步深入，汉人进入黎族地区做官、屯兵、经商的越来越多，特别是大批衣食无着不堪压迫而逃进黎族地区的汉族劳动人民，他们的后代有些在当地定居下来，以后也渐渐地成为黎族人。如明代曾任左都御史的邢宥［祖籍河南省汴梁（今开封市），后落籍海南岛文昌市］，他的一些子孙后来也有“化”为黎族的。又清代《古今图书集成·职方典》转引《方舆志》说：“……熟黎，相传其本南、恩、藤、梧、高、化人……因徙居，长子孙焉。”民族间的自然同化，在我国民族历史上是常有的现象。

二、自然环境与气候特征

海南岛地处北纬18° 10′ ~ 20° 10′ 、东经108° 37′ ~ 111° 03′ ，在北回归线和赤道之间。由于海南地处低纬度，受海洋季风气候的影响，海南岛的气候四季常青，有丰富的热带动、植物资源，土地肥沃，水资源丰富，是人类理想的生存之地（图1–8、图1–9）。

海南岛地处热带北缘，属热带季风气候，素有“天然大温室”的美称。这里长夏无冬，全年平均气温在22 ~ 26℃。入春早，升温快，日温差大，全年无霜冻，

图1-8　海南省五指山风光

图1-9　海南省天涯海角景区

冬季温暖，稻可三熟，菜满四季，是人类理想的居住地。海南岛雨量充沛，年平均降雨量为1639毫米，有明显的多雨季和少雨季。海南岛有着丰富的水资源，南渡江、昌化江、万泉河为海南的三大河，集水面积均超过3000平方公里，流域面积达1万多平方公里（图1-10）。

海南岛良好的生态环境为生物的繁衍提供了温床，陆生脊椎动物有600多种，包括黑冠长臂猿、坡鹿、水鹿、猕猴、黑熊和云豹等世界上罕见的珍贵动物。

海南的植被生长快，植物繁多，是热带雨林、热带季雨林的原生地。到目前为止，海南岛有维管束植物4000多种，约占全国总数的1/7，其中630多种为海南所特有（图1-11、图1-12）。粮食作物是海南种植业中面积最大、分布最广、产值最高的作物，主要有水稻、旱稻、山兰稻、小麦，其次是番薯、木薯、芋头、玉米、高粱、粟、豆等。经济作物主要有甘蔗、麻类、花生、芝麻、茶等。水果种类繁多，主要有菠萝、香蕉、荔枝、龙眼、芒果、西瓜、杨桃、菠萝蜜、红毛丹等（图1-13、图1-14）。

图1-10　丰富的水资源

图1-11　海南植被

图1-12　植物资源

图1-13　海南香蕉

图1-14　菠萝蜜

海南省是全国土地面积最大的热带省份，土地总面积353.54万公顷，占全国热带土地面积的42.5%，人均土地约0.44公顷。其中山地和丘陵是海南岛地貌的主要特征，占全岛面积的38.7%。按适宜性划分，土地资源可分为7种类型：宜农地、宜胶地、宜热作地、宜林地、宜牧地、水面地和其他地。由于光、热、水等条件优越，农田终年可以种植，不少作物年收获2~3次。

丰富的自然资源使得黎族人民在生产力极其低下的生存环境下，仍然可以凭借自给自足的大自然恩赐来维持生存。总之，海南岛四面环海，中部为山地和盆地交错纵横的丘陵性山地形，四周为环形的丘陵和平原，形成中部高四周低的特殊地貌，加上海岛属于热带海洋性季风气候，热量充足、森林密布、河流纵横、且动植物资源丰富，得天独厚的自然环境和气候特征如同一片沃土，孕育着岛上最古老的原住民民族，为黎族的生产、生活提供了便利，也为其多姿多彩的服饰文化创造了物质条件。

三、人口分布与分支概况

海南省包括海南岛、西沙群岛、中沙群岛、南沙群岛的岛礁及其海域，全省陆地总面积约3.54万平方公里，海域面积约200万平方公里，是中国面积最大的海洋省。其中海南岛陆地面积3.39万平方公里，占全省陆地面积的95.76%，是当地居民的主要聚居地。

黎族人民原先居住在水土肥沃的沿海平原地带，随着汉族人口的不断迁入，他们逐渐占据了沿海一带的土地，黎族人民被迫逐渐向山区迁徙。此外，长期沿袭的刀耕火种的生活方式、大规模疾病的蔓延等其他因素也是他们不断迁徙的原因，多种因素使黎族人民现在主要分布在海南省中部以及西南部的山区、丘陵地带。

黎族的语言为黎语，属于汉藏语系壮侗语族黎语支，不同地区方言不同。史图博在《海南岛民族志》中根据黎族不同群体之间的体质、容貌、物质文化和精神文化为依据，将黎族分为了不同的支系。以此为基础，加上我国黎族学学者的研究，根据黎族先民迁徙的具体情况以及居住地和分布的特点，从其方言词汇的异同出发，将黎族划分为哈、杞、润、赛和美孚五个分支。

哈方言黎族在过去被称为“俸”，在历史典籍中，也有过“遐、霞、夏”等其他名称，是五大方言区之中人口最多且分布最广的一个支系。现主要居住在西南部，包括乐东、东方、昌化江、宁远河谷地、三亚、陵水海滨狭长平原和低丘地带，其内部又分为哈应、抱由、抱怀、罗活、志贡、志强、哈南罗、抱曼等小方言区。以地名学为考证依据的学者，推断哈方言黎族是由大陆渡海而来的一支，最初在现今的文昌、琼山、临高一带登陆，后来出于各种原因进入岛西南部，世代在那里繁衍，演变成今天这种分布格局。其中不同小分支的传统服饰样式、花纹图案符号各异。妇女服饰底色为蓝黑色，分别为对襟、无纽扣、前摆长后摆短、单层或三、五层的上衣，领、襟、袖口和后背有粗犷的绣饰。筒裙以蓝黑色为底色，用各种花纹图案的织锦或织锦后绣花的面料缝制成短、中、长筒裙（图1-15、图1-16）。男子穿短、中、长织锦面料缝制的上衣，或穿麻布、棉布面料缝制的对襟、无纽扣、有袖及无袖上衣，下系遮羞的包卵布，头缠蓝黑色或黑色棉布。

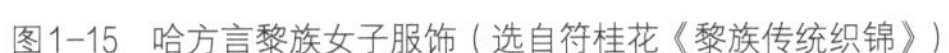

图1-15　哈方言黎族女子服饰（选自符桂花《黎族传统织锦》）

图1-16　哈方言黎族妇女服饰

杞方言黎族人口总数仅次于哈方言地区，杞字原本作“岐”。主要分布于保亭、琼中和五指山等市县。杞方言人口在黎族总人口中的占比大约为24%。根据地名学，学者专家推断杞方言黎族横渡海峡或北部湾以后，在海南岛北部停留过一段，后进入五指山区腹地。据20世纪50年代调查，杞方言黎族保留了许多竹架形屋，衣物上绣有蛙、鱼等原始图画以及绣面文身等文化特征，说明他们原先依滨海而居，不是原始山居部落。杞方言黎族女子穿蓝黑色或黑色底色，无领、对襟、窄袖上衣，衣服下摆、背后和袖口绣花，筒裙以红色为底色，用各种图案的织锦面料缝制而成，头缠黑色或蓝黑色头巾（图1-17、图1-18）。男子穿白色或蓝黑色无领、对襟、无纽，仅用一根小绳系之的麻或棉布面料的上衣，下着前一片、后一片的麻、棉材质吊襜。

润方言黎族即“本地黎”，主要分布在白沙县的东部、鹦哥岭以北的地区，占黎族总人口的7%左右。润方言黎族习惯上被认为是本岛最古老的居民，根据史料

图1-17　杞方言黎族妇女盛装

图1-18　杞方言黎族妇女日常装

记载，其很可能是最早进入海南岛的黎人，为一完整支系，至今仍未分散，语言上与其他支系不同，难以相互交流。历史上润方言黎族活动范围较广，曾从岛东、西和北部向五指山区迁徙，现居黎母山附近的白沙地区。从其分布状况看，润方言黎族支系是受到其他支系的冲击和压迫而迁徙到海南岛中心地带的高山深谷之中的，也是他们辗转定居的历史渊源。也许正是由于这种深处海南腹地的状况，使他们认为自己便是原住民，故自称本地黎。润方言黎族女子穿蓝黑色直开领贯头式上衣，衣服下摆和袖口缝制精致的双面绣装饰，筒裙短而窄（膝盖以上），最小筒裙围度70厘米，长度仅14厘米，堪称超短裙。筒裙颜色以红色为底色，用各种花纹图案的单面织锦面料缝制。头缠蓝黑色头巾（图1-19、图1-20）。男子穿无领、对襟的麻、棉布面料上衣，上衣有少量绣饰。下着前一片、后一片遮羞麻或棉质吊襜。头缠蓝黑色头巾。

赛方言黎族在过去被称为“德透黎”或“加茂黎”，而其自称为“赛”，占黎族人口总数的7%左右。主要居住在岛东南部的陵水、保亭相邻丘陵山谷，范围狭小。其服饰，尤其是女子上衣明显汉化，女子穿直领、斜襟、宽袖、收腰上衣，具有明显的汉族短褂特征，下穿织锦长筒裙（图1-21、图1-22）。男子上衣为长袖、对襟、无领、无扣，衣胸前仅用一对小绳代替纽扣，下着吊襜。

美孚方言黎族所占据的比例最小，仅为4%左右。“美孚”一词的意思，黎语

图1-19　润方言黎族女子盛装
（选自符桂花《黎族传统织锦》）

图1-20　润方言黎族女子日常装
（选自符桂花《黎族传统织锦》）

图1-21　赛方言黎族妇女盛装

图1-22　赛方言黎族妇女日常装

原意指“客生”。他们自认为非黎族，是由大陆过来的汉人。美孚方言人口主要分布在东方市和昌江县两地，居住在较为宽广的平地和肥沃的水田区。美孚方言黎族女子穿蓝黑色或黑色有领、对襟、窄袖上衣，下穿絣染（经纱绞缬）的织锦长筒裙，扎黑白相间条纹布头巾，或缠织锦带穗刺绣头巾（图1–23）。男子穿蓝黑色或黑色外衣，下着短小的围裹式裙子。

尽管黎族内部在方言土语、习俗、服饰等方面存在着某些差异，但黎族作为一个民族共同体，其统一性是主要的。另外从黎族各个支系居住地理位置的分布可以看出，以五指山为中心，向海南岛南部沿海由内至外呈半圆形分布，依次为润方言、杞方言、哈方言、美孚方言、赛方言。正是由于地理位置的影响，导致外来文化的传播、文明的进程也是由外及内逐渐影响到黎族的各个支系，从而也促使黎族社会蕴藏着非常丰富的传统文化资源。

另外，种类繁多的热带动、植物为黎族人民提供了丰富的生产、生活资源，使黎族人民能够长期在海岛上繁衍生息。四面环海的独特地形，形成了一道天然的屏障，使黎族人民几千年来延续着相对单一的生产、生活方式。

图1–23　美孚方言黎族妇女服饰

四、文化艺术与宗教信仰

（一）文化艺术

文化是人类在社会历史发展过程中所创造的物质财富和精神财富的总和，而艺术属于文化现象之一，是浓缩化和夸张化的生活。黎族悠久的文化积淀，孕育了其独特的艺术创造，发展出了符合黎族人文化传统和审美理想的艺术形式。这些艺术形式包括神话传说、故事歌谣、音乐舞蹈、手工编织等，它们既反映了社会历史，总结了生活经验，丰富了黎族人的精神生活，也表现出黎族人淳朴乐观、坚强刚毅的民族精神，以及对美好生活的追求。

❶ 神话传说

黎族虽然没有本民族文字，但创造了丰富多彩的口头文学，尤其突出的是神话传说和民间歌谣。它们形式活泼，内容丰富，在黎族文学中占有非常重要的位置。神话传说主要叙述黎族的起源，解释洪荒时代的传奇世界，也塑造出了一些战胜自然的理想化的英雄人物。比较著名的神话传说有《人类的起源》《大力神》《天狗》《五指山大仙》《葫芦瓜》《姐弟俩》《洪水的传说》《甘工鸟》《鹿回头》等。它们题材广泛、世代相传，以质朴的风格、灵动的形象，构成了独具一格的黎族艺术特色（图1–24）。

图1–24　润方言大力神双面绣纹样（北京服装学院民族服饰博物馆藏）

❷ 民间歌谣

黎族民间歌谣具有鲜明的民族特色和浓厚的古风韵味。其旋律独特，表现形式丰富，具有极高的艺术价值和审美价值。就其内容而言，一般都是信手拈来，贴近生活，大体可分为古歌、劳动歌、仪式歌、情歌、生活歌五大类。每首民谣的句子结构没有固定的格式，有五字句，也有七字句，甚至多字句。例如，流传至今的五指山地区的《黎族祖先歌》，黎语语音是：“胡尼高吞透，胡尼高吞胎，吞买、龙西龙闹。”意译为：我们黎族的祖先，原生活在海南岛的沿海地带，后来

来了汉人。这些动人的传统民谣，讲述了黎族的来源与迁徙，还原了黎族人生活的本真，反映了他们淳朴、乐观、耿直的性格和追求幸福生活的美好愿望。

❸ 民间舞蹈

有歌就有舞。黎族不仅善唱歌，也爱跳舞，他们的舞蹈源于生产和生活，也源于对祖先的崇拜。其内容主要有生产舞、生活舞和宗教仪礼舞，如打柴舞、招福舞、舂米舞等。最有名的当数黎族打柴舞，也称竹竿舞，黎语叫“转刹”或“卡咯”。这种舞蹈形式，起源于古崖州地区（今海南省三亚市）的丧葬活动，是黎族古代人在死时以保护尸体、驱赶野兽、压惊祭祖为目的的一种丧葬舞，凝聚着黎族人的劳动智慧和历史记忆。然而现代黎族丧葬习俗的变化，使原本依托于丧葬习俗而存在的打柴舞的生存与发展面临着窘境。值得称道的是，2006年“黎族打柴舞”经国务院批准列入第一批“国家级非物质文化遗产名录”，被确认为国家级重点非物质文化遗产保护项目，现在已成为黎族最盛大的传统节日“三月三”的一项活动内容，青年男女身穿民族服饰，通过跳竹竿舞来增进友谊、获得爱情。

跳舞时，往往歌声、打击乐、吹奏乐和喊声相融，场面欢快、热烈（图1-25～图1-29）。

图1-25　陵水三月三竹竿舞

图1-26　槟榔谷风情园竹竿舞

图1-27　长颈鼓（海南省博物馆藏）

图1-28　芦笙（海南省博物馆藏）

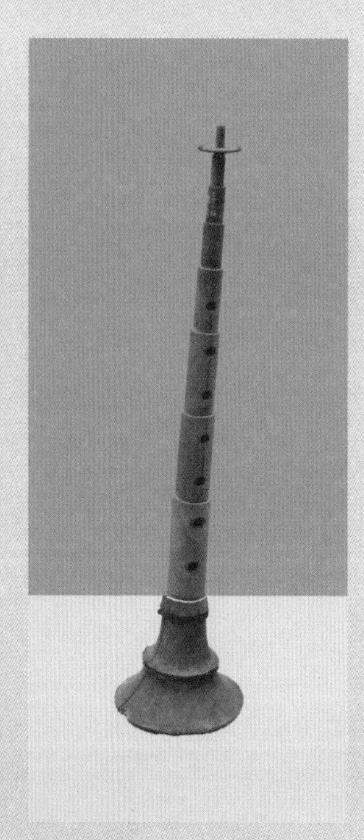
图1-29　利咧（海南省博物馆藏）

❹ 民间编织

黎族还擅长编织，他们通过加工各种植物来获得日常生产和生活的必需品。通常，女子擅长编织草席，男子擅长编织竹器、制作皮革。藤编器具品类众多，如藤篮、藤箱、藤编衣篓、藤帽、捕鱼篓、谷箩、腰篓、藤凳、藤箩、刀篓、草席、扇子和各种针线篮等。这些器具不但具有实用功能，同时具有很高的艺术价值，成为黎族工艺美术文化中的重要部分。即使经过时代的演变，藤器的普遍性虽已不如以往，但是在各个黎村的家庭中，仍可见到藤器的存在与运用。特别是藤编衣篓，它是用于存放服饰的传统器具，现在仍被传承下来，在一些杞方言地区还被当作重要的陪嫁品（图1–30～图1–36）。

图1–30　加工木棉花的工具（海南省民族博物馆藏）

图1–31　鱼篓（海南省民族博物馆藏）

图1–32　腰篓

图1–33　衣篓

图1-34　针线篓（郭凯藏）

图1-35　尖顶草帽（海南省民族博物馆藏）

图1-36　草帽（海南省民族博物馆藏）

（二）宗教信仰

“少数民族服饰作为一种符号系统，它又是世俗化的宗教礼仪，是联结鬼神与人间的媒介。有了宗教，并不一定就产生民族服饰；但假如没有宗教，民族服饰是断然不会这般绚丽多姿、神秘奇伟的。”[1]海南黎族服饰作为黎族文化的载体之一，其服饰纹样上也体现了黎族的传统宗教信仰。

黎族的原始宗教在生产力低下的远古时代已经形成，人们的一些虚幻的、超自然的观念，以及某些巫术和神话传说建立在“万物有灵”的世界观上。黎族没有系统的神话理论，未设立神堂和统一固定的崇拜偶像，也没有产生专职的神职人员阶层，黎族宗教尚停留在原始宗教阶段，后又受到道教的影响，使黎族民间信仰文化反映出巫道结合的特点。黎族宗教信仰多种多样，渗透到社会生活的各个方面。有的反映了原始社会中人与人之间的关系，有的则反映了人与自然的关系。黎族先民信奉万物有灵，盛行图腾崇拜、自然崇拜和祖先崇拜，认为宇宙万物，人世祸福皆由小鬼主宰（图1-37）。直到1949年前，沿海地区黎族社会已处

[1] 杨鹓. 天地·祖先·鬼神：少数民族服饰的宗教精神［J］. 贵州民族研究，2000（2）：78-87.

于低水平的封建制社会，而五指山腹地的部分地区尚处于原始社会末期，整个黎族社会特别是合亩制地区，仍盛行原始宗教，大致有如下几种类型。

图1-37　黎族奥雅念咒（选自王学萍《黎族传统文化》）

奥雅："奥"在黎语中是"人"的音译，"雅"是"老"，原意是"老人"，引申为首领、头人、值得尊敬的人等。

❶ 自然崇拜

在形式上是直接对自然物体进行崇拜，实质上是对各种各样的自然"鬼神"进行祭拜，以保持其自然宗教的原始特征，如天崇拜、地崇拜、水崇拜、石崇拜、山崇拜、火崇拜、风崇拜、树崇拜、日月崇拜、鬼魂崇拜等。

❷ 图腾崇拜

黎族的图腾崇拜大概是与黎族的母权制氏族社会同时产生，每个氏族都有自己崇拜的图腾及观念，一个部落可以包括不同图腾崇拜的氏族。其特点是认为人们的某一血缘联合体和动植物的某一种类之间存在着某种关系。比如对龙（鱼）、鸟、狗、牛、猫等动物图腾的崇拜。

❸ 祖先鬼崇拜

黎族人普遍认为祖先鬼比其他鬼还要可怕，平时禁忌念祖先的名字，怕祖先灵魂回到人间，导致家人生病。甚至有的还认为始祖和二三世祖先鬼是最大的恶神，人患严重疾病或生命处于垂危状态时，家人要杀牲，请鬼公娘母驱邪。

一个民族的物质文化与精神文化都会集中体现在民族的节日中。以农耕文化为主体的黎族，其节日与农历有着密切的关系，基本上同汉族一样过年过节。黎族特色的节日有"三月三""山栏节""勒者对"（敬牛节）等传统节日。最重要的传统节日便是"三月三"，这也是黎族人民悼念勤劳勇敢的祖先、表达对爱情幸福向往之情的节日。每年三月初三，黎族人民都会身着节日盛装，从四面八方汇集在一起，或祭拜始祖，或青年人三五成群相会，以对歌、跳舞、击打乐器来欢庆佳节。

第二节　海南黎族服饰综述

海南黎族的历史源远流长，拥有着众多灿烂的优秀传统文化，先民们也为后世留下了极为丰富的非物质文化遗产。黎族传统服饰作为黎族历史的见证和黎族文化的重要载体，蕴含着黎族特有的精神价值、生活方式、想象力和文化意识，体现着黎族人民的生命力和创造力。服饰是其传统民族文化的一部形象“百科全书”，更是民族发展的“活化石”。

一、服饰类别特征

（一）上衣下裳

据历史文献记载，黎族妇女传统服饰，皆为上衣下裙。至今，黎族五大方言的妇女服饰仍保留和沿用此传统款式，变化不大。其上衣服式虽为长袖，但上衣襟部、领部却有着一定的区别。如哈方言的罗活地区妇女上衣服饰为对襟、开胸、无领、无纽；而哈方言的抱怀、哈应，五指山合亩制地区的杞方言和美孚方言黎族妇女上衣皆流行对襟、开胸、低领，领口一般镶或绣上彩边；哈方言、杞方言黎族妇女上衣镶有布纽或银扣，美孚方言黎族妇女上衣则无纽；润方言黎族妇女上衣为无襟、无领、无纽的“贯头衣”，袖口、底边镶有红布绲边，双面绣是这个地区最主要的装饰方法；赛方言黎族和保亭、陵水部分地区的杞方言黎族妇女上衣则为立领、右衽、有纽，领部镶有撞色布边装饰，与内地南方民族传统服饰相近（图1-38 ~ 图1-42）。

黎族妇女下裙，因无褶无缝，形状似布筒，也称筒裙。筒裙是黎族妇女传统的日常服装，具有非常浓郁的民族特色。筒裙一般由3 ~ 5幅黎锦缝合而成，分别称为裙头（筒头）、裙身（筒身）和裙尾（筒尾），上面织绣有大量图案。黎族各方言妇女筒裙形式上差异很大，有长筒、中筒、短筒之分，长者90厘米许（如美孚方言黎族妇女筒裙），短者25厘米许（如润方言黎族妇女筒裙）。筒裙底色一般为黑、蓝黑两种，配以各种彩线织成花、鸟、虫、兽、人物花纹或几何图案。黎族各方言妇女筒裙既织绣有一些相同的纹样，如人形纹、蛙纹以及一些简单的几

图1-38　哈方言黎族女子服饰（选自海南省民族研究所《黎族服装图释》）

图1-39　杞方言黎族女子服饰（选自海南省民族研究所《黎族服装图释》）

图1-40　润方言黎族女子服饰（选自海南省民族研究所《黎族服装图释》）

图1-41　美孚方言黎族女子服饰（选自海南省民族研究所《黎族服装图释》）

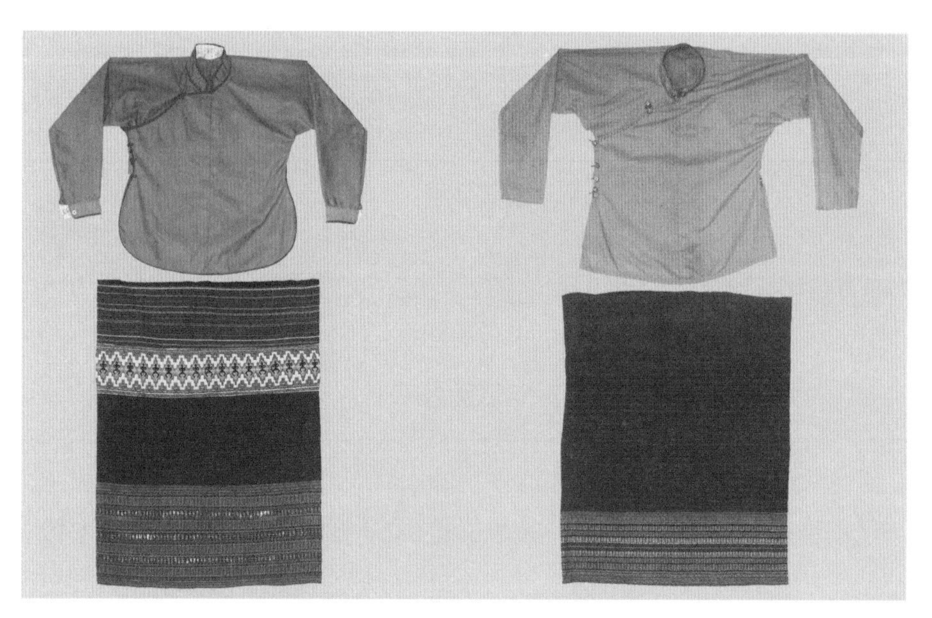

图1-42 赛方言黎族女子服饰（选自海南省民族研究所《黎族服装图释》）

何纹样，也在颜色、造型、数量等方面存在更多的差异性。这些造型简朴、数量众多、色彩各异的纹样既显示了黎族妇女的审美观和世界观，也表现了黎族历史发展的文化基因（图1-43～图1-45）。

图1-43 润方言黎族筒裙

图1-44　杞方言黎族筒裙

图1-45　赛方言黎族筒裙

（二）首饰

黎族的各种装饰品是其服饰的一个重要组成部分，包括发式、头饰、耳饰、胸饰等（图1-46、图1-47）。

图1-46　赛方言黎族女子装饰（选自符桂花《黎族传统织锦》）

图1-47　美孚方言黎族女子装饰

❶ 耳环

黎族各方言妇女均有戴耳环的传统习俗，但其款式尺寸各有不同。例如哈方言妇女，除首饰、脚饰外，即以耳环装饰为主；乐东盆地一带的哈方言女子从小就开始戴银或铜制的大耳环；此外，有些地方的黎族儿童，年龄每长一周岁，就要加戴一个耳环，有的耳环似项圈，等到成年之时，往往每边耳朵都要戴上10~20个耳环，重达三四斤。妇女佩戴大耳环的装饰习俗古已有之，宋代周去非在《岭外代答》中记载道："儋耳，今昌化军也。自昔为其人耳长至肩，故有此号。今昌化曷尝有大耳儿哉？……故作大环以坠其耳，俾下垂至肩。实无益于耳之长，其窍乃大寸许。"在这里提到的"儋耳"，并非指黎人的耳朵长而垂肩，而是说耳环之大以坠其耳。这反映了黎族妇女早期的装饰审美——以大为美。近现代时期，哈方言妇女的大耳环既是头饰又兼耳饰，由约10只直径为14~20厘米的圆环叠加构成。各环的端部做成钩状互相扣合，10个环构成的环束由更小的黄铜环或银环（直径3厘米）扎起来，穿在耳上。因佩戴如此多且重的耳环，妇女们行走、劳作多有不便，于是常把耳环翻盖在头顶上，似戴帽子，"黎女，每耳多至十八铜圈，圈径五六寸，两耳穿孔大盈寸，各铜圈于耳前后另用小圈束之置于头上，望之如戴铜丝帽然。"[1]如果有客人来，则要把耳环戴上或从头顶上取下来，以示对客人的尊重和热情。由于长年累月地佩戴这种耳环，年老时耳朵会被拉扯得很长，甚至被拉裂（图1-48 ~ 图1-52）。

图1-48　哈方言黎族妇女耳环（美国《国家地理杂志》记者克拉克1938年摄）

图1-49　劳作时耳环扣在头顶（美国《国家地理杂志》记者克拉克1938年摄）

❶ 陈铭枢. 海南岛志［M］. 上海：神州国光社，1933：497.

图1-50　哈方言黎族儿童从小佩戴大耳环（美国《国家地理杂志》记者克拉克1938年摄）

图1-51　佩戴耳环的乐东县哈方言黎族罗活支系妇女（选自王学萍《黎族传统文化》）

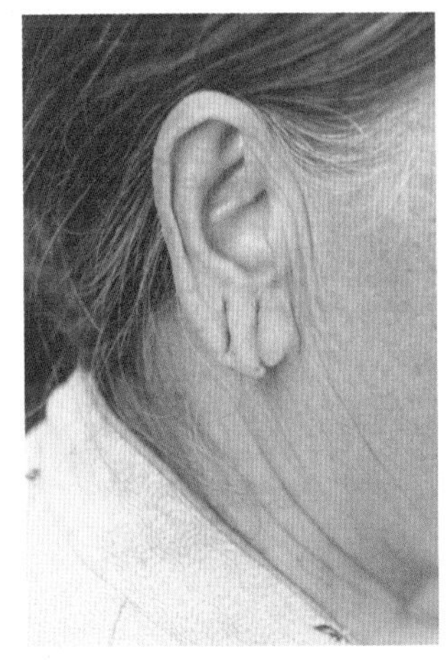

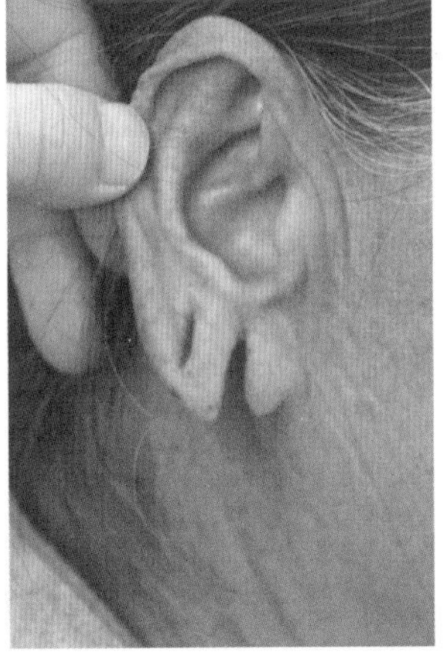

图1-52　哈方言黎族老人因长期佩戴大耳环而耳朵受伤

❷ 项圈

杞方言黎族女子喜欢佩戴多个直径不等的项圈，此饰品通常有两种形式：前扁阔后细圆的锡质新月形薄片项圈，或筷子粗细的圆锡（或银）多重项圈。此两种装饰项圈在节日盛装中最为常见。在婚礼上，除项圈外，妇女们也喜爱以戒指、手镯、银链、银牌等饰品来装点自己。昌江县王下村的妇女们，在节日中多戴铁铜圈和白蓝色珠圈（图1-53～图1-55）。

与头饰（吊铃头钗）上的偏好相同，杞方言黎族女子也喜爱在项圈上垂挂装饰物，一般为铃铛、小鱼、小虾等动物的小型金属饰片。这种吊铃项圈由4~5个新月形项圈重叠而成，有的还刻有暗纹并在最下端挂上装饰串，长及腹部，佩戴时显得异常华丽（图1-56～图1-59）。

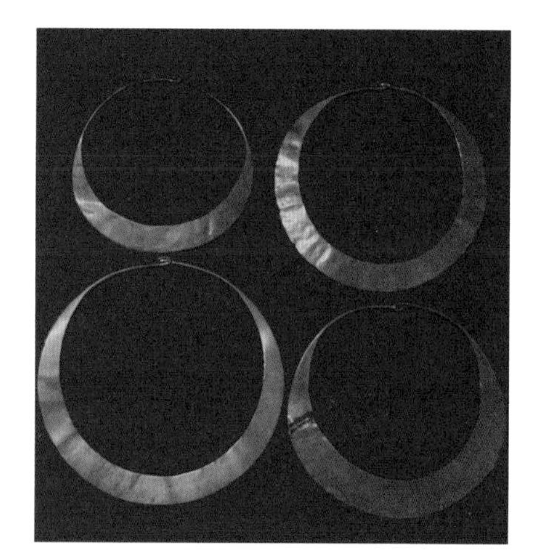
图1-53 通什型新月形项圈

图1-54 琼中型新月形项圈

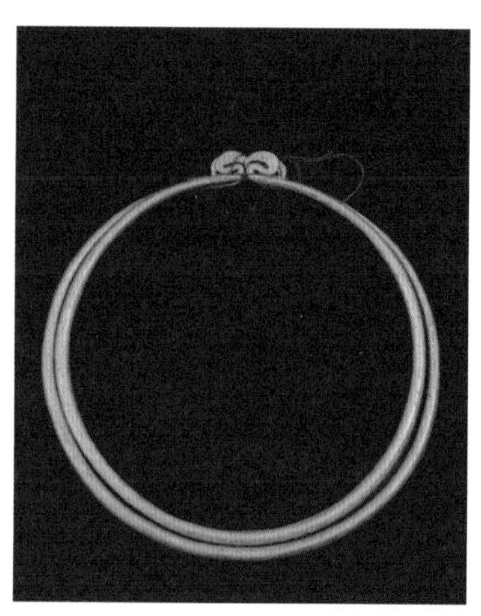
图1-55 圆形多条项圈

图1-56 吊铃项圈（海南省民族博物馆藏）

图1-57 通什型吊铃项圈

图1-58　琼中型吊铃项圈

图1-59　保亭型吊铃项圈

❸ 胸挂

除项圈外，胸挂也是常用项饰。每支胸挂中央有2~3个圆形银牌，最大的银牌位于最上方，其余的只有其1/2或1/3大小。每个银牌上都连接有多串装饰片。通什（现五指山地区）型胸挂的最下端，挂有象征刀、剑的装饰片（图1–60、图1–61）。

图1-61　万宁地区胸挂（海南省民族博物馆藏）

图1-60　通什型胸挂

各方言黎族女性还会将不同样式的银质耳环、手镯、脚环等饰物，与项圈、胸挂、头钗等主体饰物进行不同的搭配组合（图1-62～图1-64），色彩亮丽的头巾、织花带等首服也与服装上的色彩互为呼应，展现了各方言黎族女性丰富的审美追求。

图1-62　手镯及耳环（海南省民族博物馆藏）

图1-63　赛方言黎族妇女装饰

图1-64　杞方言黎族妇女装饰

④ 骨簪

骨簪是润方言黎族妇女的代表性装饰，以骨刻簪子及篦梳为主，纹饰精美，极富民族特色。德国人史图博在考察白沙峒黎族时，对妇女骨簪做了较为详细的论述。他说："妇女的发簪是骨制的，用黑色将雕刻的图案描画出来，依据图案形式可分成两类，即单人像和双人像（男性）。"若与东南亚文化圈中相类似的人像以及人像所持的武器（如盾、弓）做比较，也许可推出海南岛原住民居民与东南亚民族渊源关系的结论。骨簪制作较为复杂，是以脱脂的兽骨为原料，切割成长20~30厘米的骨条，磨成锥状。骨簪不仅纹饰精致，而且具有丰富的内涵。传说骨簪上头戴尖顶皇冠、身穿胄甲、腰佩刀剑、肩挎弓箭的錾刻人像是黎族民间崇拜的一位古代首领，民间老艺人为了使子孙后代永不忘记这位首领，就把首领的头像精心雕刻在头簪上，以示对其的纪念。黎族骨簪技艺需要骨料脱脂、截料、修形、磨制、钻孔雕刻、染色装饰等多个步骤，制作工序复杂。随着时代的发展，黎族骨簪技艺从神秘中逐步走入了大众的视野，2005年黎族骨簪技艺被列入第一批海南省非物质文化遗产目录（图1-65~图1-69）。

图1-65　篦梳（海南省博物馆藏）

图1-66　篦梳（海南省民族博物馆藏）

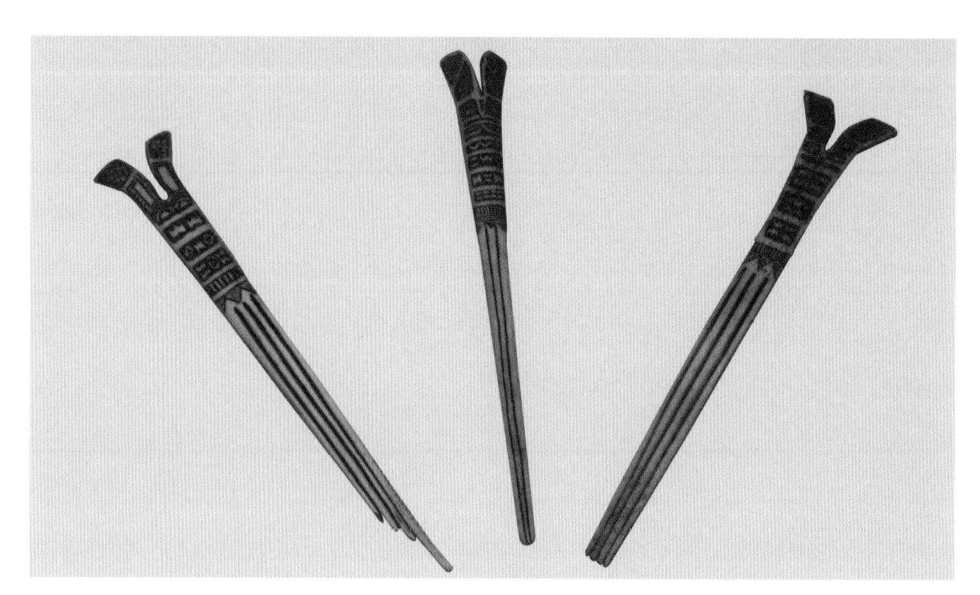

图1-67　骨簪（海南省民族博物馆藏）

图1-68　单人骨簪（海南省博物馆藏）

图1-69　双人骨簪

❺ 头钗

黎族妇女喜欢戴吊铃头钗、花式簪、篦梳等装饰，在节日里着盛装或举行婚礼时，新娘常佩戴月形多层式胸挂及戒指、手镯、银链和小型耳环。头钗为吊铃头钗，吊铃指头钗尾端缀有许多小装饰。头钗前端较细，便于插入发髻；后端为矩形，在两角上各自垂下2~3段装饰物，装饰物有三角形、菱形、人形及小铃铛等。头钗有单钗与多钗之分，单钗很少单独使用，一般插4～5根于发髻之上，呈扇形排列；多钗应用较多（图1-70～图1-76）。如今，头钗已经成为黎族服饰装饰的时尚语言，其他方言黎族女性也争相效仿。

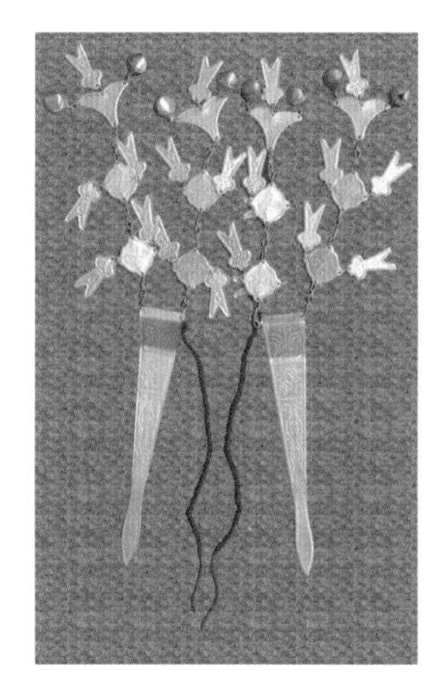

图1-70　保亭型吊铃头钗

图1-71　通什型吊铃头钗

图1-72　琼中型吊铃头钗

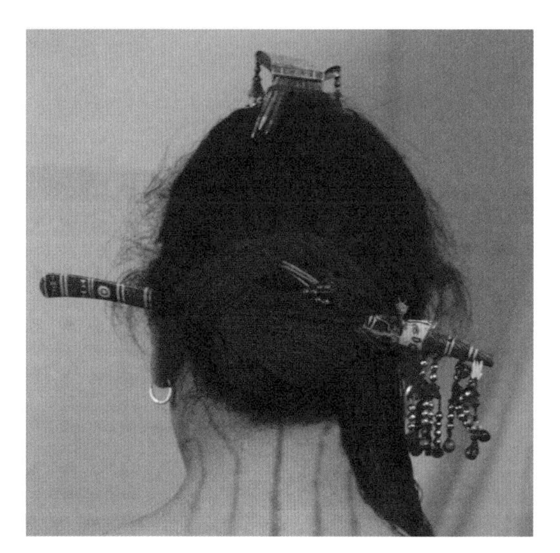

图1-73　润方言黎族头钗

图1-74　赛方言黎族新娘（选自王学萍《黎族传统文化》）

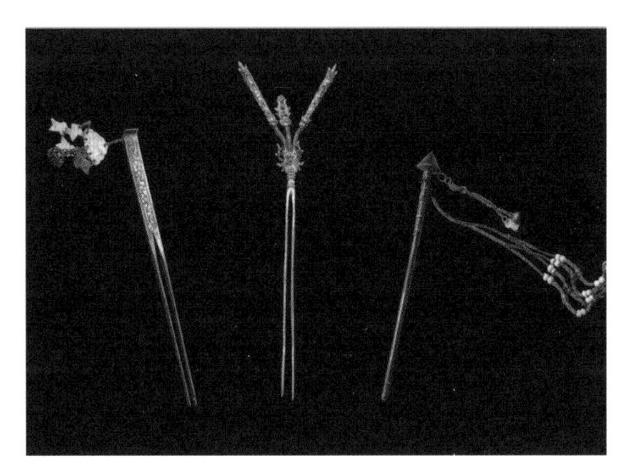

图1-75　白沙铜头簪与头钗（海南省博物馆藏）

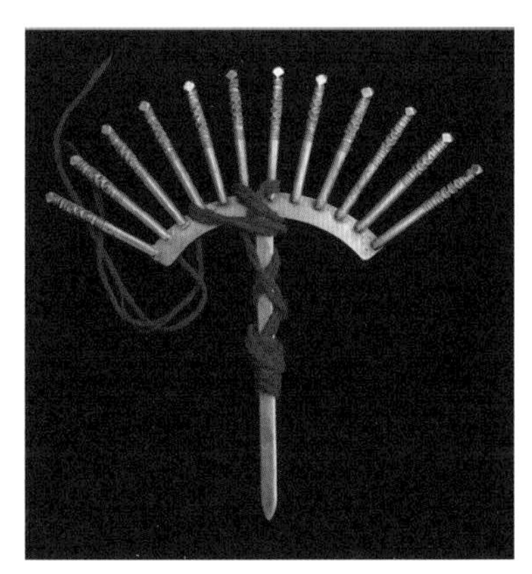

图1-76　保亭银头钗（海南省博物馆藏）

一般来说，各方言的装饰品多以铝制品为主，也有部分银制和铜制的，黄金制品很少，也有一些用玉、珐琅、骨、料珠、木、竹等其他材料制作的饰品。这些饰品中，尤以哈方言的大耳环和润方言的骨簪最具特色。

（三）首服

❶ 头巾

头巾是黎族服饰的重要组成部分，以踞腰织机织成定宽、定长的头巾，有的地区还会在织锦上附以精美的刺绣作为装饰。杞方言黎族女子头巾中最常用的形式为长约1米的黑色或蓝色长巾，有的带流苏，有的不带流苏。穿戴方法是将头巾从额头往后缠绕，在脑后扎好的髻下打一个结，头巾尾端自然垂下。垂下的长度根据个人喜好调整，可垂至腰部或与肩齐，头顶和髻露于头巾之外。扎巾无花纹，与深色上衣的色彩相呼应，也与服装上的装饰起到动与静、繁与简的对比。各方言黎族妇女所织成的头巾尺寸、纹样等差异很大（图1-77～图1-81）。

图1-77　杞方言通什型黑色扎巾

图1-78　赛方言保亭型蓝黑色扎巾

图1-79　润方言黎族女子头巾

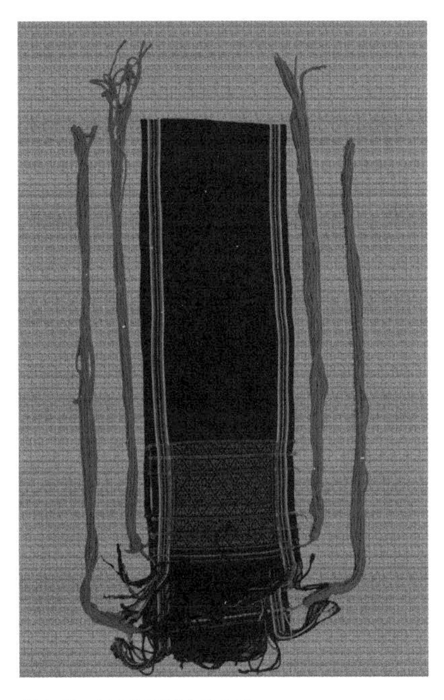

图1-80　杞方言黎族女子头巾

图1-81　美孚方言黎族女子头巾

❷ 绣花额带

绣花额带缠头也是首服的形式之一，绣花额带上用塑料珠、银片、蝴蝶装饰片等立体造型与刺绣组合，形成各种彩色精美的图案并下垂吊珠、铃铛等装饰（图1-82～图1-84）。

图1-82　通什型绣花额带

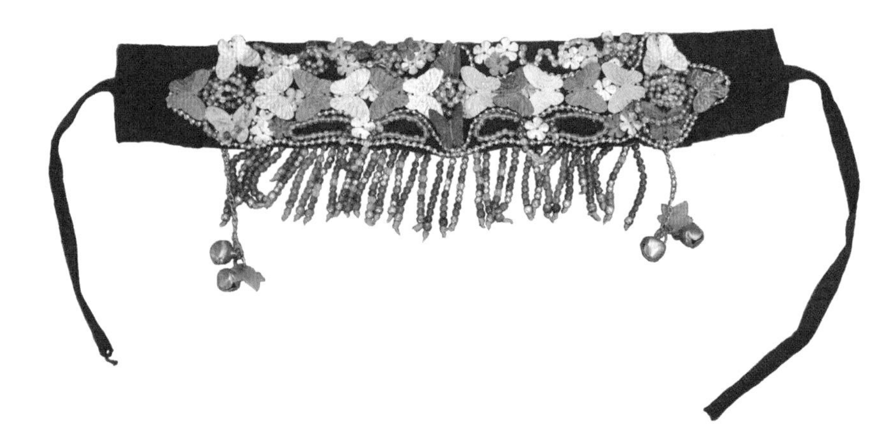

图1-83　琼中型绣花额带

图1-84　保亭县绣花额带

二、服饰结构特征

“十字型”平面结构是我国几千年来服装结构的最大特点。黎族传统服饰承袭了中国古代服饰的传统脉络，原汁原味地呈现出服装“十字型”平面结构，不在衣片上做多余分割，以完整的织锦作为衣片，利用布边作为衣片的分割线，且多为直线（图1-85、图1-86）。

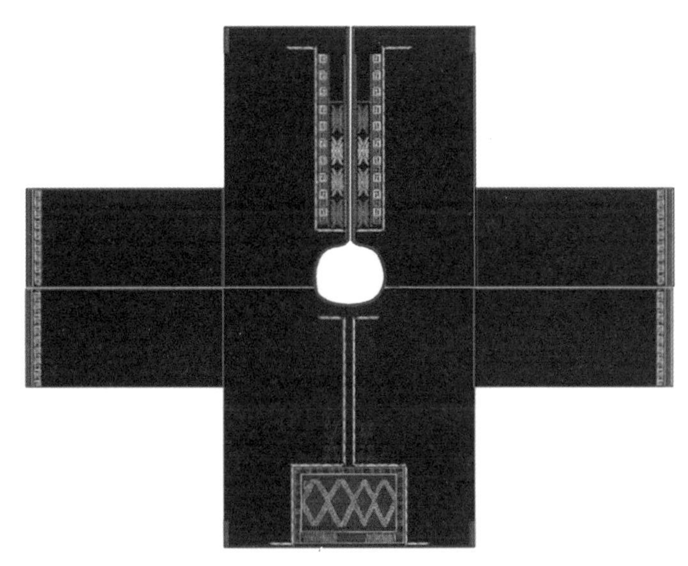

图1-85　杞方言黎族十字型服装平面结构

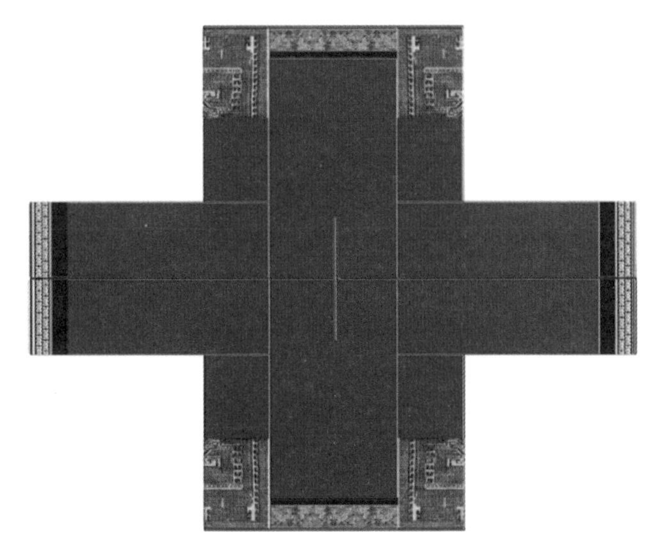

图1-86　润方言黎族贯头衣

黎族传统服饰呈现直身的原因是多方面的：首先，踞腰织机织出的布是长方形的，布的形状决定了布边是直线；其次，一块黎锦从采集原材料到织成往往会耗费数月的时间，这份辛勤的劳动成果是黎族妇女不愿丢弃的，所以她们秉承物尽其用的原则，采用无剩余面料的剪裁方式，将整幅布拼合成一件衣服。再者，海南岛炎热的气候使得她们需要穿着通风透气的服装，所以上衣不需要紧裹身体、完全合体（图1-87、图1-88）。

因此，不随人体曲线而定的黎族服饰，因其结构的平面化、简单化使得它在纹样上的设计及其在染织、刺绣等工艺技术方面日臻完美，平面装饰形式越来越丰富。中国传统服装的美，更多的是以平面结构为依托的装饰工艺美，是由各种结构线条，无论是平面的分割还是结构装饰线的分布，来营造服装整体与局部的形式美。

各方言黎族大多直接采用布边相连的方法组成服装（赛方言地区除外），连接后的布边作为分割线的形式存在。对于中国传统服装来说，装饰手法与服装结构有着密不可分的关系，二者是完美地结合在一起的。结构的分割是服饰装饰的基础，是其存在的先决条件。

图1-87　美孚方言黎族十字平面结构服装

图1-88　哈方言黎族十字平面结构服装

例如美孚方言黎族上衣正面鲜少有“漂亮”的装饰线条出现，但上衣的肩领部、侧缝等位置结构非常有特色，是一种具有实用功能的手工线迹，其不仅具有装饰功能，同时也是将浮动裁片固定于衣身的实用缝线。因此，装饰线条低调地出现在上衣各个需要固定的部位，作为补充单调的直线型服装结构形式的一种多样性而存在，使人产生一种跳跃的愉悦感（图1-89～图1-91）。

图1-89 美孚方言黎族上衣肩领及侧缝装饰

图1-90 美孚方言黎族上衣侧缝装饰

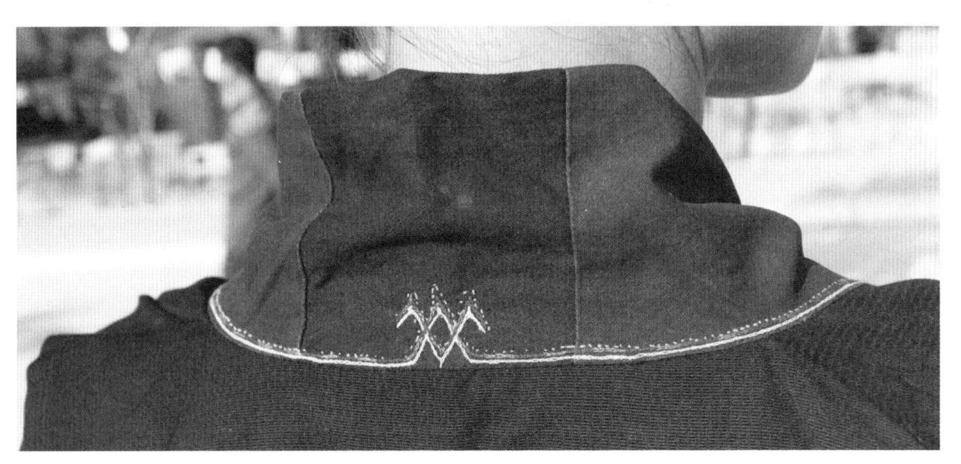

图1-91 美孚方言黎族后衣领线迹装饰

润方言黎族上衣以最传统的贯头衣为代表，服装依据踞腰织机所织成的织锦幅宽，裁成五个衣片。利用布边装饰结构，距布边0.2厘米缝合，布边向外翻折后劈缝，再用刺绣花纹将翻折在外的布边固定装饰。炎热环境下出汗多，若上衣布边朝里，摩擦皮肤，更为不适。故润方言黎族上衣单层光边贴身穿着，将布边外翻并以彩色刺绣图案进行装饰，既美观又舒适（图1-92~图1-94）。

杞方言黎族女子上衣的做法是使用宽0.8～1厘米的布条来包裹衣片的毛边，布条与衣片异色，多为白色或红色，形成色彩对比。包裹后的绲边宽度为0.4～0.5厘米，一方面起到遮盖毛边的作用，另一方面将破缝线变成了装饰线，既改变了接缝的性质，又美观大方（图1-95、图1-96）。总之，在黎族传统服饰上衣结构中，结构拼合缝份不仅是作为结构线，也作为一种装饰性元素而存在。因外接缝布边全部垂直于衣身平面，呈向上的视觉引导，给服装平面结构以错视的立体感，改变结构线的固有性质，使其作为一种立体装饰手法，打破平淡的块面结构，规整中见灵动。

图1-92　润方言黎族上衣结构刺绣装饰

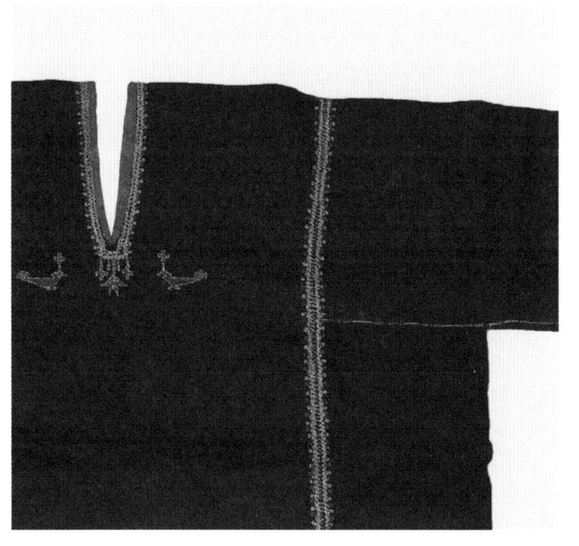

图1-93　刺绣装饰细节图

图1-94　润方言黎族服装袖口

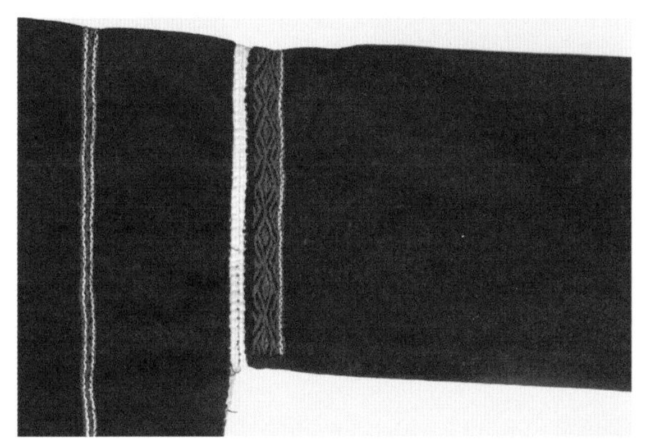

图1-95　杞方言黎族上衣肩、袖连接

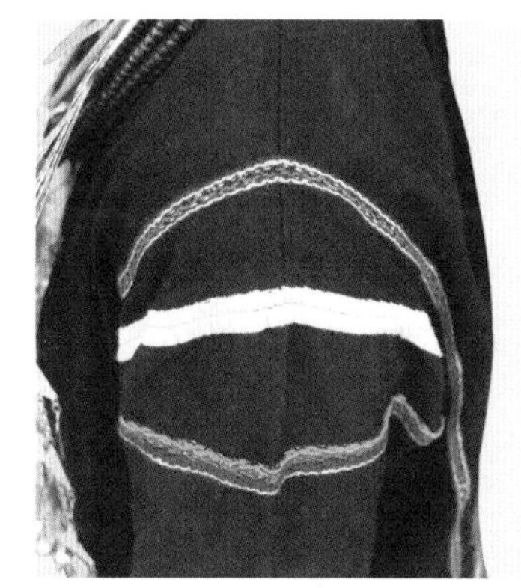

图1-96　杞方言黎族上衣肩部结构

此外，黎族传统服饰结构还和其风俗习惯息息相关。每个方言区的黎族都掌握刺绣技艺，刺绣是在织好的布上绣图案，或者在织花、提花的基础上再刺绣图案以增加美的效果。而黎绣最初是为耐磨耐用的实用功能而产生的，后来才逐渐演变为装饰。其主要的装饰部位是在服饰的边缘线，以使这些部位获得醒目的效果。特别是在白沙地区，绣花重点用于装饰衣服边缘、衣侧、领口等部位，便于缝绣又不易磨损。另外穿戴时，容易引起周围人们的注意，而获得大家的观赏和赞叹。刺绣的布局，还有另一种作用，即为宗教崇拜和区分各支系部落的标志。其中最为特殊的当数双面绣，它要求正反两面图案一样整齐匀密，即在同一块底料上，在同一绣制过程中，绣出正反两面图像、轮廓完全一样，图案同样精美，方便黎族人在特殊情况下（葬礼中有反穿衣的习俗）两面穿着同样美观的效果。黎族的双面绣以白沙润方言黎族女子上衣的双面绣最为著名。我国著名的民族学家梁钊韬先生等编著的《中国民族学概论》中，对黎族双面绣给予了高度评价："黎族中的本地黎（即润方言黎族）妇女则长于双面绣，而以构图、造型精巧为特点，她们刺出的双面绣，工艺奇美，不逊于苏州地区的汉族双面绣"[1]（图1-97～图1-102）。

图1-97　白沙润方言黎族上衣

图1-98　衣身双面绣部分

图1-99　白沙润方言黎族上衣

[1] 梁钊韬，等．中国民族学概论［M］．昆明：云南人民出版社，1985：235.

图1-100　衣身双面绣部分

图1-101　精美的双面绣（郭凯藏）

图1-102　双面绣省级传承人付秀英

三、服饰手工艺

黎族人民擅长制作手工制品，许多日常生产、生活用具都是黎族人民自行制作，如碗、筷等餐具，独木凳、独木舟等独木器具，原始、粗犷的陶器制品，结实、耐用的竹藤编织工艺生活用品，还有著名的椰雕、贝雕等工艺品。黎族的手工业到近代仍没有从农业劳动中分离出来，多属家庭手工业，主要视生活需要而制作，产品多供自己使用，仅少数种类用于交换或者销售。如今，随着海南国际旅游岛的建立，黎族传统手工艺焕发新生，许多传统手工艺制作以多种模式生产销售，成为旅游商品的热门。

在黎族各类手工制品中，以织锦工艺最为著名。心灵手巧的黎族妇女所织的棉纺织品、麻纺织品，还有麻棉混纺、丝棉混纺的织品，均成为黎族人民日常的衣着、睡觉的被单等。在战国时期所著的《尚书·禹贡》中就有“岛夷卉服，厥篚织贝”[1]。南宋蔡沈对此的解释为：“卉服，葛及木棉之属。南夷木棉之精好者，亦谓之吉贝。以卉服来贡，而吉贝之精者，则入篚焉。”[2]说明织造精美的木棉布吉贝被当作贡品进献朝廷。

（一）世界级非遗——黎锦

黎族妇女的纺织品种类繁多，古人一般习惯用黎锦来统称。传统黎锦主要由棉线、麻线纺织而成，古人鉴于黎族纺织工序的繁复，黎锦色彩的鲜艳、变化多端，黎族纺织品的精美、耐用，毫不吝啬地用“锦”字来赞美黎族妇女所织出的精美纺织品（图1–103）。

传统黎锦以其制作精致、纹样丰富、美观大方、耐用为人们喜爱，古人有“黎锦光辉艳若云”之誉，明代陶宗仪在《南村辍耕录》里就用“粲然若写”四个

图1–103　黎锦

❶《尚书》为秦博士伏胜所传，共28篇，用当时的文字写成，所以被称为《今文尚书》。

❷ 徐光启．农政全书校注：中［M］．石声汉，校注．西北农学院古农学研究室，整理．上海：上海古籍出版社，1979：959.

字来概括形容黎锦。它不仅体现了黎族妇女的聪明才智和高超的手工技艺，而且在历史上起着传承黎族传统文化、民族信仰的重要作用。

黎锦纹样极富美感和装饰感，它主要以线条为基本元素，以菱形、正方形、三角形等为基础图形。在此基础上形成题材异常丰富的纹样，如蛙纹、人形纹、狗纹、牛纹、鹿纹、马纹、鸡纹、猫纹、花草纹、风纹、雨纹、雷电纹、星辰纹、镰刀纹、耳环纹等（图1–104～图1–106）。

图1–104　润方言黎锦

图1–105　杞方言黎锦

图1–106　哈方言黎锦

如果说黎锦是黎族传统文化的精髓，是几千年来黎族人民智慧的结晶，凝聚了黎族历史、宗教、艺术多方面的因素，是一部黎族传统文化的百科全书的话，那么，黎锦纹样则是这本百科全书上的一个个跳跃的字符，是我们解读黎族历史的密码。

2006年，黎锦技艺列入国家级第一批非物质文化遗产名录。2009年10月，黎锦技艺又被联合国教科文组织正式列为世界级急需保护的非物质文化遗产目录，标志着黎锦技艺最终得到世界的认可，也标志着这项古老的技艺将继续承担起传承历史文化的重任（图1–107、图1–108）。

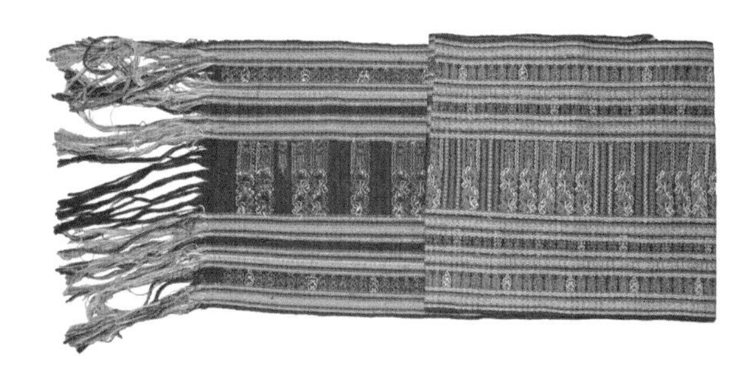

图1-107 黎族织锦图

图1-108 黎族老人织锦

（二）黎锦与黎族服饰

黎族服饰包含了黎族纺、染、织、绣四大工艺。黎锦在古代有“广幅布”“斑布”“吉贝”等多种名称，自古就以其图案精美、色彩艳丽、做工精细而闻名于世。

值得注意的是黎锦的含义既有古今差别，也有广义、狭义之分。传统意义上的黎锦是长期以来人们对黎族棉纺织工艺品约定俗成的尊称，指的是黎族妇女使用原始纺织工具和天然原料经过纺、染、织、绣工序而织成的一种色彩斑斓、图案精美的纺织品。根据制作用途的不同，黎锦可分为筒裙、龙被、黎单等大件，以及头巾、腰带、裙间带、挂包等小件（图1-109～图1-113）。

图1-109　龙被

图1-110　腰带（海南省民族博物馆藏）

图1-111　腰带细节（海南省民族博物馆藏）

图1-112　儿童帽

图1-113　被单（海南省民族博物馆藏）

现代的黎锦又有进一步的延展，一些公司、企业、传习所及科研机构在吸收黎锦传统纺织技艺的基础上，采用现代纺织工具、纺织材料制造出了新的纺织工艺品类，主要是一些旅游产品，如挂包、围裙等小件和筒裙、龙被等大件，以及室内装饰物件，如沙发套、壁挂、床旗等。这些纺织品所使用的原料也多为市场上销售的化纤线，而非传统意义上的木棉、海岛棉等手工棉线，其制作过程只包括织、绣等工序，鲜有传统的纺、染工艺。此外，从黎锦作为商品的流通渠道来看，传统织锦除供自己和家人使用以及作为礼物送给亲朋好友外，有时黎族人民为了满足日常生活之需也会携带自家纺织的织锦到市场上去交换盐、油、劳动工具等，也有被福建、广东等地区的一些汉族商贩转手经销。织锦销售渠道较之前有所拓宽，既有店铺销售，也利用网络等现代科技手段进行销售（图1-114、图1-115）。

图1-114　黎锦创新产品

图1-115　黎锦传承

黎族姑娘从六七岁起便开始学习纺织、刺绣，从小就受到传统纺织技术的熏陶。她们使用原始的踞腰织机，席地织布，平纹挖花，飞针走线，正刺反插，精挑巧绣，把心血凝聚在一件件的织绣艺术品上，织出花布、腰带、被子、筒裙以及壁挂等织物。

在历史的长河中，黎族织锦艺术充分显现了黎族妇女的创造才能和艺术造诣。一件艺术珍品的完成，是黎族妇女心血的结晶，也是黎族妇女智慧的集中表现。她们每织绣制作一套盛装，往往需要花费3～4个月，甚至更长时间才能完成。每当民俗节日，或是参加婚礼盛会，姑娘们总是三五成群，汇集在一起，身穿美丽的民族服饰，出现在人群之中，展示自己的织绣才华。其织绣技艺超群出众者，被人们称为“织绣能手”，从而赢得崇高的赞美和尊敬，还能得到青年男子向她投来的钦佩目光和送来赞扬及求爱的歌声。清人张庆长在他的《黎岐纪闻》中有这样的叙述：青年“男女未婚者，每于春夏之交齐集旷野间，男弹嘴琴，女弄鼻箫，交唱黎歌，为情投意合者，男女各渐凑一处，即定偶配。其不合者，不敢强也。”每当一对相恋的情侣定情之时，姑娘总是把自己织出的一件认为最满意的花带或者手巾亲手送给“帕曼”（黎语：男青年），表示对爱情忠贞不渝。这珍贵的礼物便是幸福美好的象征。作为黎族织锦艺术，它不仅反映了制作者的智慧和高超的技艺水平，更作为爱情的纽带、精神的寄托，反映了黎族姑娘对幸福有着无限向往和追求。

随着时间的推移和各民族交往的频繁，黎族服饰加速了变化。其中最为明显的是将无领直口和贯头上衣改为挖领口的上衣，或者将直身、直缝、直袖改为收腰身、收袖口的款式，或者改无纽为饰纽，后来又改为琵琶纽，直到将对襟改为偏襟。信息交流的便畅，使今天的民族服装无论在材质、色彩、装饰图案上都注入了新的活力（图1–116）。

黎族服饰经历了一个漫长的发展和演变过程，体现了时代进步的必然趋势。实践证明，黎族服饰无论在审美和实用方面都有自己独特的个性。它对中华民族服饰的丰富和发展有着不可替代的作用。黎族服饰文化是黎族人民智慧的结晶，是人类共同的文化遗产。

图1-116　槟榔谷景区民族风情演出

第二章 黎锦

第一节　黎锦概述

黎族有本民族的语言但没有文字，数千年积累下来的民族传统文化只能通过歌舞、戏剧、口头文学和图志等形式作为传承的载体。其中最具代表性的是黎族传统的纺织技艺黎锦，作为“衣食住行”日常生活中的首位需求，其文化内涵成为传统文脉的延续，勤劳聪慧的黎族妇女把日常的生产生活、宗教习俗、所见所感沉淀后转化为抽象的图形与符号，并通过织锦的方式传达出来（图2-1、图2-2）。可以说，欣赏黎族传统织锦就如同翻开一本独特的黎族史书。至今已续存3000多年的黎锦工艺本身，也因其拥有巨大的历史、人文、工艺和实用价值而被世人誉为中国纺织史上的活化石。

黎锦是黎族重要的物质文化遗产，其制作工艺是珍贵的非物质文化遗产，黎锦为世人提供了鲜活的文化标本。2006年，“黎族传统纺染织绣技艺”进入首批国家级非物质文化遗产名录。2009年联合国教科文组织正式批准海南省“黎族传统纺染织绣技艺”进入联合国教科文组织首批“急需保护的非物质文化遗产名录”。在黎族传统纺染织绣技艺中，黎锦制作及其纹样表现具有核心价值。申报文本中这样描述：“黎锦包括：龙被、贯首衣、被单、壁挂、筒裙、头巾、花帽、腰带、挂包等。其中龙被是黎锦中的珍品，曾是进奉朝廷的贡品，具有极高的艺术价值。黎锦上的花纹图案含有着重要的信息，可以区别哈、杞、美孚、润、赛五大方言黎族，也是不同氏族的标志。在宗教、节日、结婚、丧葬等活动中，黎锦也发挥着重要的社会和文化功能。”活态传承黎锦制作工艺，存续黎锦传统纹样文化内涵，是“黎族传统纺染织绣技艺”保护的重要内容（图2-1、图2-2）。

关于黎锦定义的界定，目前已有一些工具书如《中国经济史辞典》《中国少数民族艺术词典》《中华文化习俗辞典》《中国工艺美术大辞典》《民族知识辞典》《中国旅游文化大辞典》《中国少数民族文化大辞典》《中华旅游通典》《中国少数民族史大辞典》等给出了解释。

《中国少数民族艺术词典》将黎锦定义为：“棉织工艺品。产于海南黎族地区。相传早在夏禹时代，黎族已能种棉纺纱。黎锦用棉织，经错纱、配色、综

图2-1　织锦在美孚方言黎族女子服饰上的表现

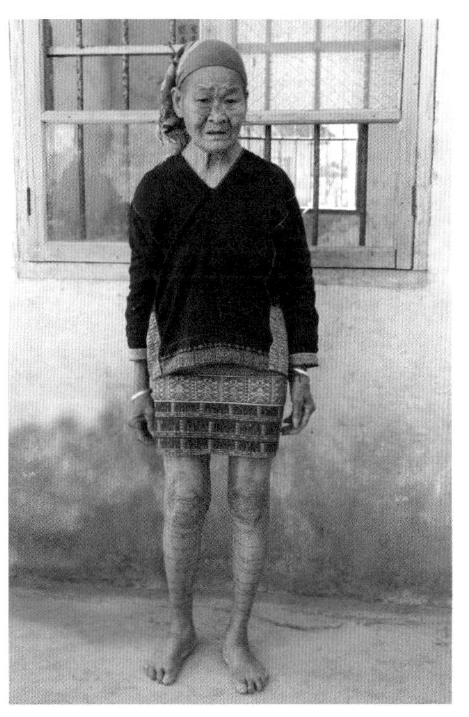

图2-2　织锦在润方言黎族女子服饰上的表现

线、结花等工序精心织制而成。图案有人物纹、动物纹、植物纹、几何纹等。地区不同纹样各异。五指山地区多用人物纹，以象征人丁兴旺。琼中一带常用甘工鸟纹样，象征幸福。通什地区多用动物纹。高峰地区则多用几何纹。图案富于想象，以黑色作底，上配红、黄色或棕、白色。色调深沉雅致，用作黎锦筒裙、头帕等。”[1]

《中国工艺美术大辞典》：“海南省黎族民间织锦。有悠久的历史，《峒溪纤志》载：‘黎人取中国彩帛，拆取色丝和吉贝，织之成锦’。范成大《桂海虞衡志》记载的‘黎单’‘黎幕’宋代已远销大陆，‘桂林人悉买以为卧具’。黎锦是用古老的踞腰织机、综杆提花、断纬织彩，也有经丝先经扎染花纹，再织纬，亦有夹织鸟雀羽毛作局部装饰的。花纹多以直线、平行线、方形、三角形、菱形等组成几何形，表现抽象的人物、动植物纹，有的还织出吉祥文字。常用图案有马、鹿、斑

[1]《中国少数民族艺术词典》编纂委员会．中国少数民族艺术词典［M］．北京：民族出版社，1991：279．该词条提到的通什地区与五指山地区应为同一地区，通什原属广东省海南黎族苗族自治州。1988年海南省人民政府成立，2001年通什改名五指山市。

鸠、蛇、蛙、藤果以及人形等，随各地区黎族人民生活环境、风俗、习尚和传统而运用，常可从黎锦图案款式区别出不同地区黎族方言。黎锦配色多以棕、黑为基本色调，青、红、白、蓝、黄等色相间，配制适宜，富有民族装饰风味。多制作成筒裙、摇兜、崖被或作服装边饰。”[1]

这些解释指出了黎锦的历史性、实用性，以及纺织工具、织造方法、纹样、颜色、种类等，比较全面地概括出黎锦的特征。可以说，这些解释从黎锦的地域性、艺术性及社会评价等方面，给予了黎锦科学、客观的阐释。

有关黎族的纺织史最早可以追溯到新石器时代。从出土的遗物来看，黎族先民在新石器时代就已经掌握纺织技术，并使用和制作最早的纺织工具——纺轮和原始的腰机纺织机（踞腰织机）。战国时期的《尚书·禹贡》[2]就有记载：“岛夷卉服，厥篚织贝。”其中的“岛夷”指的就是海南岛黎族先民，“贝”为“吉贝”，也称木棉，在黎语中为棉花的意思。说明在春秋战国时期黎族先民就掌握了彩色织锦的纺织技术，黎族妇女可以利用木棉织出较为精美的面料。

秦以前是黎锦发展的成形时期，进入汉代，黎族开始从原始社会向封建社会转化，黎族的棉纺织技术得到相应发展，纺织品达到极高水平，织造出的广幅布作为汉代贡品，深受朝廷的喜爱。《后汉书·南蛮西南夷列传》载云：“武帝末，珠崖太守会稽孙幸调广幅布献之，蛮不堪役，遂攻郡杀幸……”通过历史上的“广幅布”事件，看到黎锦从原本以实用为目的的生活用品转变为朝廷增加苛捐杂税的筹码。可以推断，这一时期黎族的织锦发生了功能上的转变，充分体现了黎族织锦文化的高度发展。

到了宋、元时期，随着社会生产力水平的大幅提高，黎族的纺织技术已达到很高的水平，黎族纺织品也久负盛名，相关的史料记载屡见不鲜。宋代周去非《岭外代答》云：“吉贝木，如低小桑枝，萼类芙蓉花之心，叶皆细茸，絮长半寸许，宛如柳绵，有黑子数十。南人取其茸絮，以铁筋碾去其子，即以手握茸就纺，不烦缉绩。以之为布，最为坚善。唐史以为古贝……”由此看到，吉贝指的是灌木生的海岛棉。南宋的赵汝适亦在《诸蕃志》中云：黎族“妇人不事蚕桑，惟织

[1] 吴山．中国工艺美术大辞典［M］．南京：江苏美术出版社，2011：100.

[2]《尚书·禹贡》虽然托名为大禹所作，其实却是战国后的作品，学界对此颇有争议。

吉贝花被、缦布、黎幕。”北宋的方勺在《泊宅编》卷中也记载：“当以花多为胜，横数之得一百二十花，此最上品。海南蛮人织为巾，上出细字、杂花卉，尤工巧，即古所谓白叠巾。”这些珍贵的史料充分说明了古人对黎锦的研究与喜爱，实际上此时的黎族纺织品的确制作精良、色彩鲜明、形式多样，大多作为贡品为宋元统治者所青睐，已有“东粤棉布之最精美者”之美誉。

另外，元代黎族地区所产的棉布已行销至中国北部地区，并以“茸密轻暖”的性能为人们所喜爱。元朝王祯《王祯农书·农器图谱》卷21中记载：“夫木棉产自海南，诸种艺制作之法，骎骎北来，江淮川蜀既获其利；至南北混一之后，商贩于北，服被渐广，名曰吉布，又曰棉布。其幅匹之制，特为长阔，茸密轻暖，可抵缯帛，又为毳服毯段，足代本物。”

值得一提的是，在元代初期，著名棉纺织家黄道婆对传播黎族先进的棉纺织技术发挥了关键性的作用。她在海南崖州（今三亚市一带）生活了30多年时间。在与黎族人民朝夕相处中，黄道婆掌握了黎锦的纺染织绣技术。同时，黄道婆在传统工艺的基础上对棉花去籽和弹花的工具进行了改造，发明出三只锭子的脚踏纺车，大幅提高了劳动效率。据考证，这一重大改革，比英国、德国早四五百年，成为当时世界上最先进的纺织工具之一。晚年，黄道婆把学成的棉纺技艺带回到家乡松江府乌泥泾地区（现上海市附近），教当地人“擀、弹、纺、织之具”，传授“错纱配色、综线挈花”等织造的技术（载于［元末明初］陶宗仪，《南村辍耕录》）。

黄道婆在学习和总结崖州黎族妇女纺织技术的基础上，改革了当地传统的丝麻纺织工具和技术到棉纺织工艺中来，改变了松江一带落后的纺织业，促进了江南地区棉纺业的大发展。图2-3为上海浦东新场古镇征集的民国时期的三锭脚踏纺车，从图2-4中可以看到纺车的侧面雕刻了精美的图案，图案题材就是被百姓奉为纺织娘娘的黄道婆。

明清时期，黎族棉纺织业的发展达到了顶峰，清代张庆长在《黎岐纪闻》中记载，黎族妇女织的黎锦、黎布等被“贾者或用牛或用盐易而售诸市”。清代屈大均在《广东新语·货语》中载：“其出于琼者，或以吴绫越锦，拆取色丝，间以鹅毳之绵，织成人物、花鸟、诗词，名曰黎锦，浓丽可爱。”

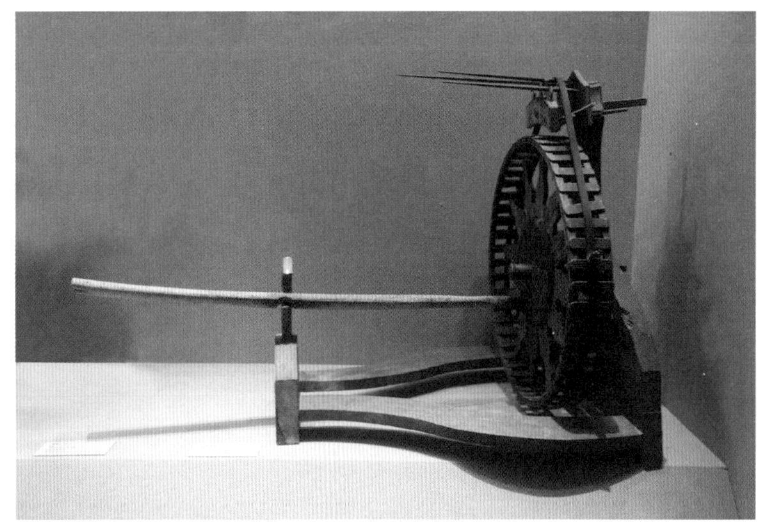

图2-3 三锭脚踏纺车（民国时期）

图2-4 三锭脚踏纺车侧面图案——纺织娘娘黄道婆

纵观黎锦发展的历史，是黎族妇女运用独特的创造才能和高超的艺术造诣谱写的一部织锦史，不仅凝聚着黎族人民的勤劳和智慧，书写着黎族深沉内敛的古老文化，同时还反映出黎族棉纺织技术在中华民族工艺中所占据着相当高的历史地位。

黎族拥有悠久的历史、丰富的文化以及绚丽的民族服饰，却没有本民族的文字，因此在长期的社会生活中黎族人都是以口传身授的方式传承着当地文化。因此黎锦上程式化的图案记载就相对能保持其文化的原貌，而且不同时代、不同地区的黎锦能通过纹样、花色比较准确地反映当时当地的宗教习俗、艺术审美和织绣的工艺水平等，是一部绝好的史料。如黎族的祖先崇拜作为黎族千年的历史文化积淀，是黎族文化的重要内容之一，通过黎锦直观、物化的表现方式，能够较为真实、有效地呈现黎族人对民族始祖的崇拜信息，促使民族的团结和精神的统一。同时也传承和弘扬了民族图腾文化，是对民族历史的一种特殊铭记。此外，他们通过织绣日月星辰、山川河流和草木花果以及飞禽走兽、竹林藤蔓来表达对大自然的赞美和感恩，呈现出黎族神韵天然、包容宇宙的观念，充分显示了黎族先民与自然和谐相处的智慧和能力。从这些方面来看黎锦又承载了黎族人民的生存智慧和对生命、生活的热爱，并将经久不衰。

传统习俗的传承和妇女的审美艺术价值非常充分地反映在黎族织锦上。由于黎族先民贵女轻男的思想和母系氏族制度的存在，使女性具有崇高的社会地位，这决定了黎族妇女一开始便承担起织绣、制陶、文身等大量黎族非物质文化遗产传承的重任。古代那些严格的男耕女织的社会分工也使得黎族妇女将大量的精力投入到黎锦的艺术织造中。从上古时期到现在，黎族妇女把本民族神秘而古老的宗教文化、传统习俗和日常生活的心理积淀转化为符号，通过辛勤的一针一线编织着自然又不失醇美的民族传统织锦。这一过程融入了妇女们对生活的美好期望，表达她们丰富的创造力、想象力以及审美情趣。

第二节　黎锦的纺织原料与工具

黎族织锦的工艺制作，主要以纺、染、织、绣四大工艺组成。纺包括错纱、配色、综线等；染主要是指纹纱染线，包括美孚方言妇女在白色经线上扎结成所需的复杂花纹，再染成蓝白斑花的经线，然后用纬线编织出色泽斑斓的筒裙图案；织是指用踞腰织机采用变综织纬的纺织方法织出各种花纹图案，利用纬线色彩的变化使图案丰富多彩；绣是指黎族妇女用彩色线在棉、麻等织锦底料上所刺绣出来的各种图案。

一、纺织原料和染料

（一）纺织原料

海南岛由于天然气候极佳，拥有大量丰富且种类繁多的天然纺织原料，主要是麻类和棉类。黎族妇女一般使用海南盛产的海岛棉、木棉、火索麻等来织布，如今在黎族哈方言、杞方言许多村寨仍能见到使用麻线织成的衣服和被子。

从中国棉花传播过程来看，根据《中国农业发展史》记载：棉花经由三条路传入中国，其中一条传播路径是印度产的棉花于西汉末从越南经海路传到海南岛、广东、福建，说明海南岛是第一批印度棉花的传入地，因此，我国的印度棉纺织最早应推海南。而据史书记载，黎族传统棉纺织工艺已有2000多年的历史，自汉代以来，黎锦已成为海南岛献给历代封建统治者的贡品。因此，从海南岛棉纺织工艺的发展历史来看，在印度产棉花未传入海南岛之前，岛上就已经有了原始棉花的生长，并且黎族先民已经掌握了高超的棉纺织技术。

海南岛长夏无冬的气候优势、温暖的阳光、充沛的雨水使其成为植物生长的乐园。这种得天独厚的气候和自然环境适宜棉花的生长。清代《崖州志》记载："木棉花有二种，一木可合抱，高可数丈。正月发蕾，二三月开，深红色，望之如华灯烧空。结子如芭蕉，老则折裂，有絮茸茸，黎人取以作衣被。一则今之吉贝，高仅数尺，四月种，秋后即生花结子。壳内藏三四房，壳老房开，有绵吐出，白如雪，纺织为布，曰吉贝布。"前者指的是高大的乔木，现被称为木棉，又称攀枝花、江棉树，属木本科，为原生的乔木，树干粗大，高数丈。海南岛天气炎热，土壤十分肥沃，并略带碱性，很适宜于木棉的生长。木棉多长在山野或田间，春节前后整个树冠为盛开的红色木棉花所覆盖（图2-5、图2-6）。果实呈卵形状，成熟后自动从树上掉下来，果实外壳炸开，果内有白色纤维和黑籽。木棉的纤维特点是：细软，无捻曲，中空度高达86%以上，远超人工纤维（25%～40%）和其他任何天然材料，不易被水浸湿，且耐压性强，保暖性强。木棉纤维的特点使其成为黎族传统纺织材料中最为重要的原料之一。现在，木棉织造的黎锦则主要用于被单类棉织品。后者为海南岛的灌木，不同的历史阶段品种有较大差异，又被称为海岛棉（图2-7、图2-8）。

东汉杨孚在《异物志》中详细记载了木棉的分布及木棉果实的形状："木棉，树高大，其实如酒杯，皮薄，中有如丝棉者，色正白，破一实得数斤，广州、日南、交趾、合浦皆有之。"清代屈大均《广东新语》里也详细记载了木棉的用途："五六月熟，角裂，中有绵飞空如雪。然脆不坚韧，可絮而不可织，絮以褥以蔽膝，佳于江淮芦花。或以为布，曰绁，亦曰毛布，可以御雨，北人多尚之。……枝长每至偃地，人可手攀，故曰攀枝。其曰斑枝者，则以枝上多苔文成鳞甲也。"宋代学者周去非在《岭外代答》中也有过关于木棉的记载。

清代梁松年指出两种棉花又有另一称谓，曰吉贝。《陔余丛考》中《南史·林邑传》以吉贝为树，《旧唐书·南蛮传》则云：吉贝，草，缉花作布，名曰白氎。

图2-5　木棉

图2-6　木棉树

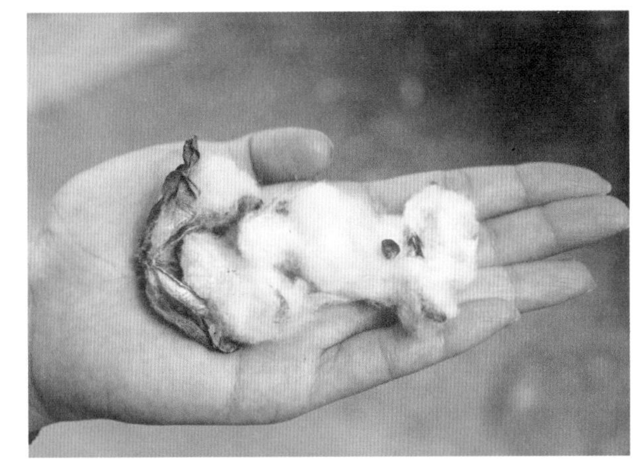

图2-7　海岛棉籽

图2-8　海岛棉

《新唐书·林邑传》并不曰吉贝，而曰古贝，谓古贝者，草也。然则《南史》所谓吉贝之树，即《唐书》所谓吉贝之草。其初谓之木棉者，盖以别于蚕茧之绵。而其时，棉花未入中土，不知其为木本、草本，以南方有木棉树，遂意其即此树之花所织。[1]可见“吉贝”在不同时期，不同学者所指亦不同，需根据详细描写来判断。

20世纪30年代末，海南岛引种灌木类海岛棉，原产地为西印度群岛的巴尔巴登斯岛及南美热带等地区，又称长绒棉，属于锦葵科棉属，高2～3米，花期属于夏秋之间。海岛棉纤维细长、韧性强，纺线时不易断折，成品细腻精致，深受黎族妇女喜爱，逐渐替代了原有的棉花种类成为黎锦的主要材料。现在许多黎族妇女仍习惯在自家的庭院边栽上几株海岛棉。但现在人口越来越多，居住越来越密集，耕地主要用来种植成片的经济作物如甘蔗、芒果、剑麻等，可供栽种海岛棉的耕地越来越少。而且现在很多人直接从市场上买成品的彩色线或买棉线回来自己染色，因而栽种海岛棉的人家逐步减少。

另外，海南岛分布着很多野生麻类，如火索麻、苎麻等。人们一般在雨季到山上将野麻砍下来，再剥取其外面的表皮放在河里浸泡数天，用薄竹片将黏着在表皮上的浆汁刮除干净后，再放到锅里煮透，反复漂洗，晒干后再梳理出一根根的麻纤维，然后用手搓成细线，或用纺轮捻线，边捻线边绕成线团，最后使用这些麻线来织布（图2-9～图2-12）。

一般麻线织成的布料可做上衣、筒裙、被子等。麻类织品的缺点是较为粗糙，但经洗耐用，且越用越柔软。

黎锦中集纺染织绣大成的为龙被，在黎族人民的生活中承担着重要的角色。龙被的纺织原料一般是木棉线、海岛棉线和丝帛彩线。其中丝帛彩线的来源主要有两种，一种是由当地盛产的野蚕茧加工而成，在黎族聚居的腹地——五指山及周边地区，生长着大量的枫树，野蚕食枫叶，黎族女子将捡回来的野蚕茧加工，经过缫丝、染色等工序生产出彩色的丝线；另一种是黎族妇女从汉族商人处买来的彩色丝织品，从中取出来彩色丝线。清代陆次云《峒溪纤志》载：“黎人取中国

---

[1] 梁松年. 梁松年集［M］. 刘正刚，整理. 广州：广东人民出版社，2018：197.

图2-9　剑麻

图2-10　火索麻

图2-11　火索麻叶子

图2-12　火索麻绳

彩帛，拆取色丝和吉贝，织之成锦。”

海南黎族自古有绩木皮为衣的记载，宋代《太平寰宇记》卷一六九《儋州·风俗》描写海南儋州风俗时称：“俗呼山岭为黎，人居其间，号曰生黎……绩木皮为布……”[1]黎族人直接选用树皮的韧皮经复杂工艺制成树皮服装，还用树皮布做成帽子、被子、垫子、腰带、踞腰织机的后腰带等，所用材料有国家一级保护树种见血封喉树（图2–13），还有用构树皮和黄久树。

（二）染色原料

黎锦染料以野生植物类染料为主，动物类、矿物类染料为辅。至今一些黎族村寨的妇女仍采用手工的捣、搓、揉、挤、捏、埋、浸、煮等方式染色。黎族妇女一般利用一些植物的根、茎、芯、皮、叶、花、果等的汁液作染料（图2–14、图2–15），其中用捣烂的天然植物色素制作青、绿、蓝色染料，用天然花卉或植

图2–13　见血封喉树

[1] 乐史．太平寰宇记：卷一百六十九［M］．王文楚，等点校．北京：中华书局，2007：3233.

物根茎的色素制作黄、紫、红色染料，用切碎的乌墨木树皮、树根熬煮成红棕色，再用塘泥媒染成黑色（图2–16）。

部分村寨的黎族妇女用木蓝（黎族称为“假蓝靛”）的茎、叶以及果实制作成蓝色染料，用茜草和文昌锥树皮、苏木芯材制作成红色染料，用谷木的叶子制成绿色染料，用姜黄的根茎制作出黄色染料，用牛锥树的树皮制作出褐色染料等（图2–17）。将植物染料放进不同的染锅里，再添加米酒、椰汁和清水等调剂配制成染液，将此染液发酵几日，根据对色彩不同的需要把纱线投入不同的染料锅里入染或煮染，再加入

图2–14　姜黄

图2–15　木兰

图2–16　左起：姜黄（染黄）、苏木芯（染红）、乌墨树（染黑）

图2-17　染好的海岛棉线

定量的酒和泥土、贝壳灰、芒果核、草木灰等天然媒染剂，这样就可以增加染料对织物的渗透性及亲和力、提高棉布的色牢度和光亮度，增强染色的品质。

黎族染色技艺一直沿袭着母女相传的母系氏族社会的传承方式，一般女儿通过母亲多次示范后，便可学会染色技艺。黎族妇女习惯在纺织时使用几种不同颜色的线织成复合图案，在母图案里采用对称的方式织上许多不同的子图案，使整个图案具有较强的立体感。可以说，黎锦上所织绣的精美图案的背后，浸透着无数黎族妇女的心血。

二、黎锦纺、染、织工具

俗语说：巧妇难为无米之炊，心灵手巧的黎族妇女要想创造出精美绝伦的织锦，没有工具的辅助是不行的。在几千年智慧的凝聚过程中，他们通过劳动发明出很多特有的劳动工具。黎族传统的纺织工具主要有搅车（古时轧棉机）、捻线纺轮、脚踏纺车、绕线架、絣染架、踞腰织机等（图2-18）。

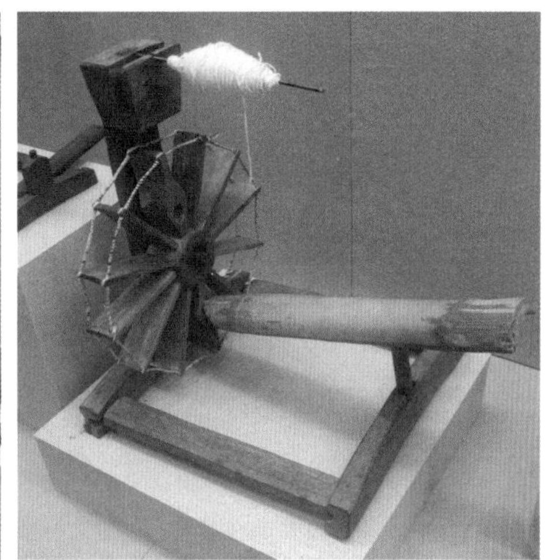

图2-18　纺织工具（左上：双锭脚踏纺车；左下：羊角绕线架；右上：搅车；右下：脚踏单锭纺车）

黎族妇女去籽主要有三种方法：手剖法、铁杖法和搅车法，其中搅车法最为先进。搅车又名轧车，是由装置在机架上的两根碾轴组成，上面的是一根小直径的铁轴，下面的是一根直径比较大的木轴，两轴靠摇臂摇动，向相反方向转动。把棉花喂进两轴间的空隙碾轧，棉籽就被挤出来留在后方，棉纤维被带到前方。

纺纱的主要工具有纺轮和脚踏纺车。纺轮包括直径约5厘米、厚约1厘米的陶质或石质制作的圆形“转盘”，纺轮中间有一个孔，插一根杆，叫“转杆”。脚踏纺车的脚踏机构由曲柄、踏杆、凸钉等机件组成，踏杆通过曲柄带动绳轮和锭子转动，完成加捻牵伸工作。

美孚黎族妇女在织布前，先进行独特的染线工序，将所织的图案在染色时通过絣染的方法留白，这样纺织出的图案就是由白色的棉线构成主体形象。美孚黎族妇女在染线前需要使用絣染架（图2-19）。絣染架一般是两条长约280厘米、宽

图2–19　美孚方言黎族絣染架

约90厘米、可拆装的井字形木框架。

黎族妇女的纺织工具主要是使用踞腰织机。踞腰织机通常又被称作腰机，以其纺织时用力部位主要集中在腰部而得名，是一种十分古老的纺织工具，与河姆渡新石器时代遗址出土的纺织工具十分相似。这种工具简单、轻便，不受纺织场所的限制。

踞腰织机主要由腰带、经轴、定经棍、提综木杆和穿综、打纬木刀、挑花刀、梭子、撑经木、定幅棒、卷布轴等部件组合而成（图2–20 ~ 图2–23）。纺织时首先上下开启织口，然后左右穿引纬纱，最后再前后打紧纬线，腰机是现代织机的始祖。戴争在《中国古代服饰简史》中论述道："原机虽然简单，然而它展示了构成织物的基本原理。它的最重要的成就，是使用了综杆、分经棍和打纬刀，使原始的腰机具有机械的功能，综杆使需要吊起的经纱能同时起落，纬纱一次引入，打纬刀把纬纱打紧，织造出紧密均匀的织物。织机提高综杆的出现，为织纹的发展开拓了广阔的前景，生产效率比编织要高得多。可以说只有在织造技术出现后，人类才真正进入穿着纺织品的时代。”[1]

图2-20　踞腰织机示范图

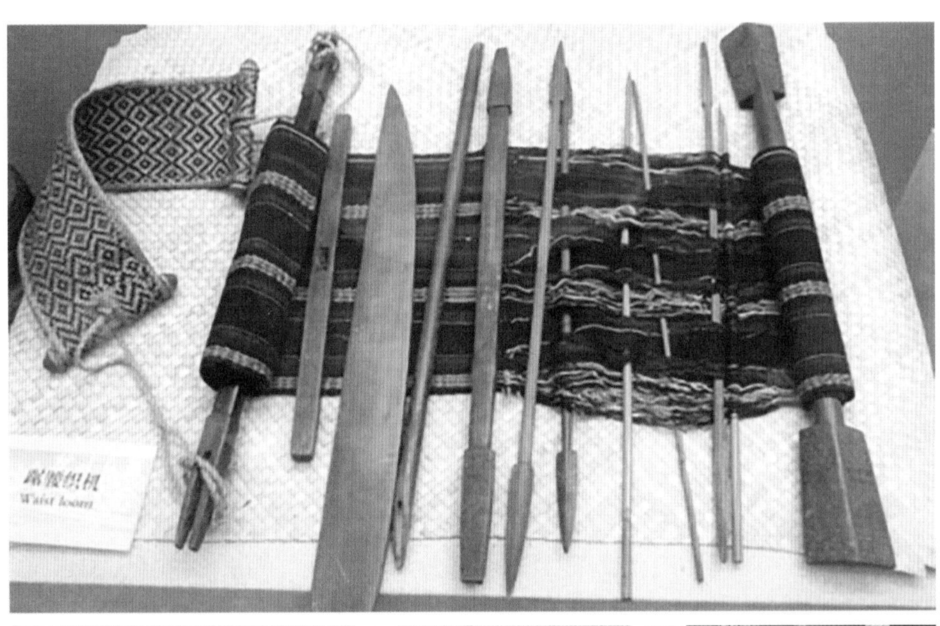

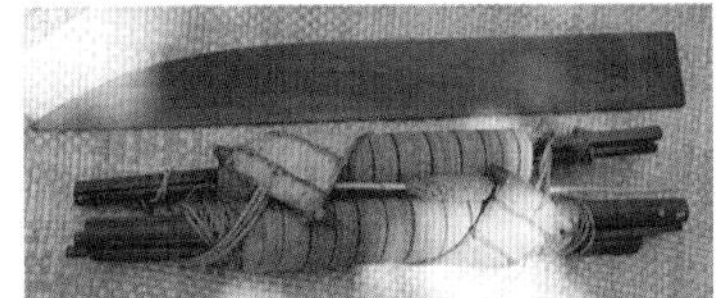
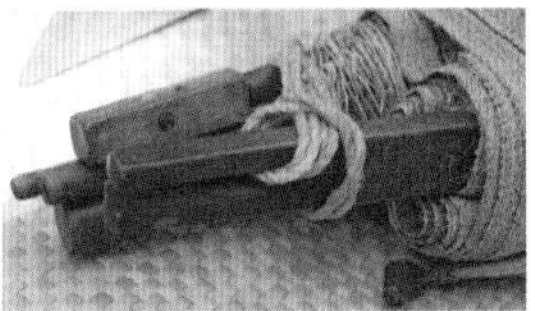
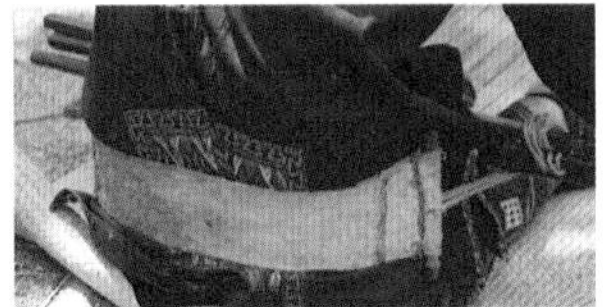

图2-21　上：踞腰织机；下：昌江县杞方言黎族踞腰织机及细节图

[1] 戴争．中国古代服饰简史［M］．北京：中国轻工业出版社，1988：27.

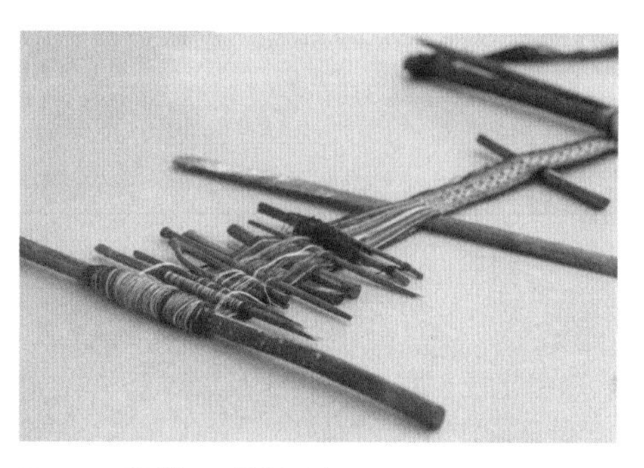

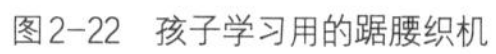
图2-22　孩子学习用的踞腰织机

图2-23　精制的织机杆雕刻纹

腰带一般以藤条、树皮布或牛皮制成，一般长约50厘米、宽约15厘米，腰带使纺织时的受力部分集中在腰部（图2-24），同时，通过双脚踩住拉直经线的拉经棍，使腰机平稳均衡，保持经纱平直，易于提综、分经和打纬。腰力棍是由一种称为“目”（黎语）的树木制成，用来拉直经线和把织好的棉布卷在腰际的前端，余下的经线待织。打纬木刀由荔枝木制成，一般长约77厘米、厚约1.5厘米，头端宽12厘米，尾端宽0.5厘米，刀刃厚75厘米，主要用来打紧纬线，使经线和纬线衔接紧密均匀。拉经棍，长约75厘米，直径约3厘米，用来拉直平衡经线便于织造。纺织时用两脚踩住拉经棍，使经线保持平直。提综木杆，长约75厘米，主

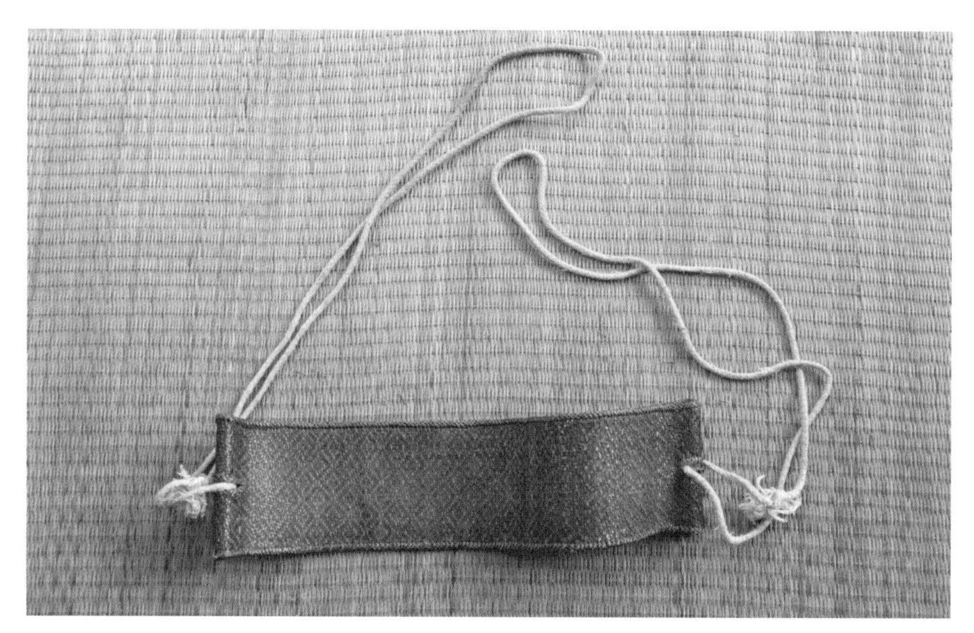

图2-24　踞腰织机的腰带

要用于提综，使需要吊起的经线同时起落，便于分经和引入纬线。梭子即杼子，又称线棍、纬纱管。形制简单，由一根长约30厘米直径不足1厘米的细竹竿制成，其中棍上缠绕纬线的长度为15厘米，功能是投送纬线。梭子不能缠绕纬线太多，否则梭子直径太大，不利于从经线中穿送，经线还会因摩擦而起毛，发生断线，影响布的质量。挑花刀由木头制成（也可以用竹片）。挑花刀有两根，形制大致相同，长约50厘米、宽2.5厘米、厚约0.3厘米，其中一根是固定挑花，另一根是手动挑花。分经棍又称上线棍，木制，直径2厘米、长55厘米，两端稍粗，有卡线槽。分经棍主要是控制经线的宽度。提综杆又分为提地综杆和提花综杆，由一根长约100厘米的细竹一折为二制成。使用时以线系于杆上为综眼，当织造完成一梭后，织机的经纱必须进行升降交替，经纱才能再次开口，引纬方能继续进行。提花棍（板）是一对，木制或竹制，各长约50厘米、宽2厘米、厚0.5厘米。两端稍厚，有卡线槽。功能是提花，一根提上，一根提下。盘线棍由一根长约50厘米的细竹制成，主要是控制线的密度。拉经棍，又称脚力棒，木制，直径3.5厘米、长58厘米，与腰带、腰力棍一起，绷紧经线。

腰机前后的两根横木，相当于现代织机上的卷布轴和经轴。它们之间没有固定距离的支架，而是以人来代替支架，用腰带缚在织造者的腰上。织造时，织工席地而坐，依靠两脚的位置及腰脊来控制经纱的张力。通过分经棍把经纱分成上下两层，形成一个自然的梭口，再将竹制的综杆用线垂直穿过上层经纱，把下层经纱一根根牵吊起来，这样用手将棍提起便可使上下层位置对调，形成新的织口。众多上下层经纱均牵系于一综，当纬纱穿过织口后，还要用木刀（即打纬刀）打纬。

脚踏织机是带有踏板提综开口装置纺织机的通称。脚踏织机最早出现的时间，目前尚缺乏可靠的史料说明。研究人员根据史书所载，战国时期诸侯间馈赠的布帛数量比春秋时高达百倍，从近年来各地出土的刻有脚踏织机的汉画像石等实物史料，推测脚踏织机的出现可追溯到战国时代。到秦汉时期，黄河流域和长江流域的广大地区已普遍使用（图2-25）。

脚踏提花机采用踏板提综开口是织机发展史上一项重大发明，与构造简单的原始腰机不同，它是一种配备有杼、经轴、卷轴、综片（单综）、踏板和机架的完整织机。它采用物理学上的杠杆原理，用踏板来控制综片的升降，使经纱分成上下两层，形成一个三角形开口，以织造平纹织物。它将织工的双手从提综动作中解脱出来，专门用于投杼和打纬，大幅提高了生产效率。

近代以来，随着外来洋纱洋布的冲击，历史上黎族纺织业较为发达的外围地区，棉纺织业迅速衰落，植棉面积锐减，脚踏织机在极少数的美孚方言地区保留着，濒临消失。居住在东方东河地区美孚方言的黎族妇女目前所使用的织机一般长175厘米、宽约80厘米、高130厘米。织机较之腰机来说，是一种改进和发展的机型，它在减轻劳动量的同时也提高了织布的效率（图2-26）。

图2-25　脚踏提花机

图2-26　新型脚踏织机

第三节　黎锦的制作工艺

黎族的纺织技术历史悠久，源远流长。黎族在过去的历史中先后经历了从无衣蔽体到有衣，从无纺时代的树皮衣，到麻纺时代，再过渡到棉纺时代。在充分认识和利用天然植物纤维的同时，创造了精湛的纺织技术，纺、染、织、绣四大技艺更是在宋元时期有了突飞猛进的发展，并为内陆棉纺技术发展做出了巨大的贡献。“黎锦”“黎饰”“黎幕”“黎单”“黎桶”“黎幔”“鞍塔”这些活跃在历史文献中的记载更是黎族高超织锦技艺的有力证明。黎锦是黎族人民生产、生活的“记录者”，是记录黎族社会历史发展的独特“史书”。

首先，海南丰富的野生动、植物资源给黎族人民的纺织技术发展提供了多样的原材料，为黎族植物纤维纺织创造了条件，同时也造就了黎族妇女丰富的染、织技术。海南特殊的气候环境非常适宜棉的生长，使棉花纤维的纺织成为可能。棉纺技术在海南的迅速发展，使海南黎族人民生产的棉纺织品成为其特产之一，不仅把棉纺织品作为贡物进献给朝廷统治者，而且把它作为一重要商品与汉人进行交换。其次，大量棉花亟待加工以及提高加工效率，这种现实需求成为大幅促进纺织工具更新的动力，使黎族地区早在新石器时代，就已出现我国最早的纺织工具及原始织具——腰机。黎族人民在长期生产实践中逐步地改革治棉工具，并创造出先进的治棉工具及纺织技术。最后，纺织工具的发展和改革，促使黎族织锦技术不断提升。早在汉武帝时，海南黎族先民就向中央王朝进贡“广幅布”，即用海南吉贝（棉花）织成的又细又软、其间有五彩花纹的棉布。

黎族传统的纺织工艺技术代代相传，有文字记载已有3000多年的历史，具有典型的原生态和家族传承的民族特性。在传统的农耕生活中，黎族女子从三四岁起就要跟随长辈学习种棉、采棉、弹棉、纺纱（图2-27），学习如何利用天然染料进行植物染色，掌握织绣针法，经过长年累月的反复练习之后才能熟练掌握和运用黎锦复杂多变的纺织工序。

图2-27　杞方言黎族女童学织锦

此外，黎族妇女还在黎锦上运用钉珠绣、连物绣的手法嵌缀金丝银箔、云母片、羽毛、贝壳、穿珠、铜钱等加以装饰，令黎锦显得五光十色、华丽雅致、美不胜收。

尽管黎锦的长度并不大，幅宽也较小，但从原料的采集，再经纺、染、织、绣烦琐工序的雕琢到最后的成品，至少要花费黎族妇女好几个月，甚至是一两年的时间才能完成，不得不说黎锦精美绝伦之中凝聚着黎族人的勤劳与血汗。

一、纺

从对天然材质的直接撷取，利用树皮布缝制树皮衣，到各种长纤维制成的麻布、葛布以及用藤等制成的粗糙耐用的面料，最后发展为精湛的棉纺织工艺，黎族的纺织技术经过了漫长的发展时期。黎族传统棉纺织工艺具有许多显著特征，主要表现为鲜明的民族性、典型的原生态、传承的家族性等。从纺织形态大致可以分为无纺时代、麻纺时代和棉纺时代。

（一）树皮衣的粗加工

树皮文化是整个南方民族纺织文化的重要组成部分之一。树皮布的历史非常悠久，海南岛的树皮衣存在距今约3000多年。原始时代，人类最早的衣料是现成的自然物——草、树叶、树皮、兽皮等，如草衣、腰蓑裙。正如众多古籍所记载："无衣服，惟取木皮以蔽形"（［唐］樊绰《蛮书》）"未有麻丝，衣其羽皮"（《礼记·礼运》）"披树叶为衣，茹毛饮血""以树皮毛布为衣，掩其脐下"（［清］靖道谟《云南通志》）"夷妇纫叶为衣，飘飘欲仙"（［清］陈鼎《滇游记》）"妇人不织，禽兽之皮足衣也"（［战国］韩非子《五蠹》）等。随着人类社会的进步，原始的纺织绑扎技术出现萌芽，人类开始加工自然物。

自汉代以来，中国诸多古籍都有海南岛树皮布文化的文字记载。汉代韩婴所著的《韩诗外传·卷一》有孔子的弟子原宪"楮冠黎杖而应门"出见子贡的描述，公元前6世纪的"楮冠"即是用楮树皮制作的帽子。《后汉书·南蛮西南夷列传》中的"织绩木皮，染以草实"就是对古代用树皮制作成树皮布的最早概述。宋朝乐史撰写的《太平寰宇记·卷169》《儋州》《琼州》《万安州》条目中叙述："有夷人无城郭殊异居，非译语难辨其言，不知礼法，须以威服，号曰生黎；巢居深洞，绩木皮为衣，以木棉为毯。"元朝马端临撰《文献通考·卷331》《黎峒》条目有"黎峒，唐故琼管之地在大海，南距雷州、泛海一日而至。其地有黎母山，黎人居焉。旧说五岭之南，人杂夷獠，朱崖环海，豪富兼并，役属贫弱。妇人服緦绠，绩木皮为布"的记载。清朝顾炎武《天下郡国利病书·广东》中记有"黎人短衣名黎桶或即树皮布所制"的句子，以及清朝《琼州海黎图·纺织图》中也附有“缝树皮以为障蔽”的图文说明。清乾隆十七年（公元1752年），张庆长任琼州定安知县时，在《黎岐纪闻》中描述最详细：“生黎隆冬时取树皮捶软，用于蔽体，夜间即以代被。其树名加布皮，黎产也。”海南黎族远古时期就有发明石拍并制作树皮布的历史，更进一步证明黎族服饰的原始性及其存在的价值。因为树皮衣的面料在海南这个潮湿炎热的海岛环境中，存在着保存等诸多问题，所以其制作工艺也在不断地变化着。经过一代又一代的传承，我们今天所看到的树皮衣制作工艺和过去是有差异的，但是整个理念还是被基本地保留了下来。

在实地考察中见到了美孚方言黎族传统树皮衣的实物，并在海南省博物馆见到了白沙地区制作树皮衣的石拍（图2-28），因此可以判断树皮衣在历史上海南多个地区曾有存在和发展。通过前人学者的研究及借鉴其他支系，润方言地区树皮衣的制作方式基本可以概括如下：

第一步，采集原料，剥取树皮。根据所做的服装，黎族先民会选择不同的树种作为原料。箭毒树（俗称“见血封喉树”）因其柔软、白净且经久耐洗，被当作首选树种。因为润方言地区黎族生存的环境在深山中，所以在原材料的选择方面具有优势。在选好的树上，人们首先会做好标记，集中时间大量采取。在剥取树皮的时候，选择好需要砍取的部位，在上下各砍出一个圈，形成筒状，然后使用石拍，不断拍打，拉松树皮和树干之间的结构。过一段时间后，树皮和树干就可以基本分离了。随后，通过勾刀等工具，将上下两个圈之间直线贯通，沿着裂口用工具撬拉树皮，就可以将整张树皮剥离下来（图2-29）。

第二步，原料的基本处理。这个处理过程将提取有用的纤维，从而形成类似“布”的制作服装的原料。将采集好的树皮压平，并削掉表面的疤结，然后用工具拍打树皮的表层，直到露出树皮里层米黄色的树皮纤维。这种纤维之间含有相当丰富的树胶，使其整体粘连，无法作为服装面料使用。因此，需要通过不断漂洗，在流动的溪水之中重复清洗和拍打，让表皮和树皮纤维分离，

图2-28　白沙地区制作树皮衣的石拍

除去树胶后的纤维基本上已经洁净细腻，呈现出米白色。

第三步，进一步处理，形成完整的树皮布。当纤维基本被提取后，需要进一步将其处理平整。这一步的处理方法类似于原始的造纸术，即通过不断去厚补薄，让纤维的分布更加均匀，然后进行反复浸泡脱胶、拍打成片、晾晒等。经过多次处理达到纤维紧致、表面平整的状态，这就形成了一张完整的树皮布。最后通过裁片和拼接等工艺处理，一件树皮衣就制作完成了（图2-30～图2-34）。

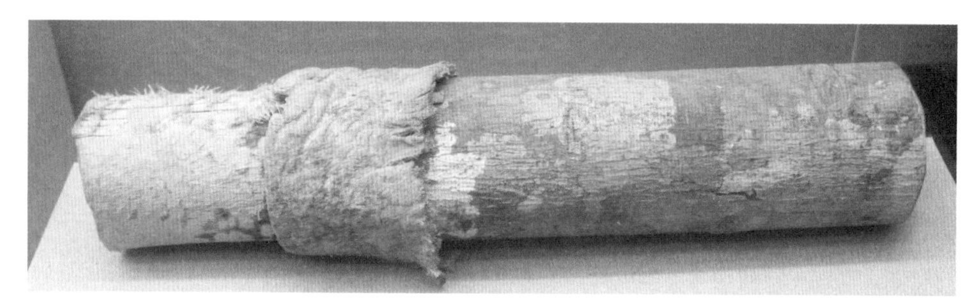

图2-29　剥取树皮

图2-30　反复浸泡脱胶和拍打树皮（选自王海昌《黎族织锦图谱》）

图2-31　美孚方言黎族树皮衣正反面

图2-32　美孚方言黎族树皮衣

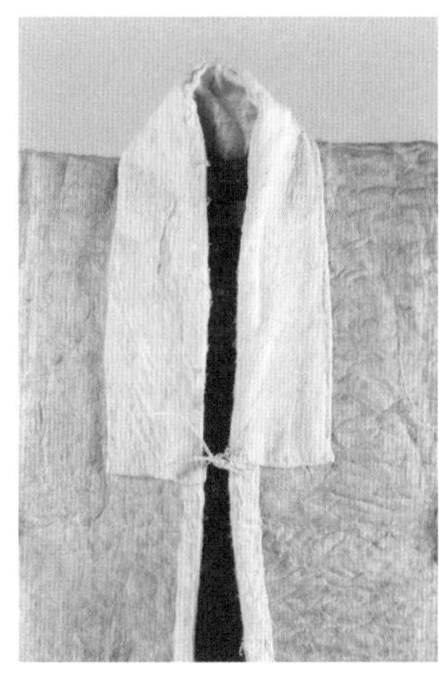

图2-33　树皮衣细节

图2-34　树皮布（选自王海昌《黎族织锦图谱》）

（二）麻纺的粗加工技术

随着生产、生活的发展以及对海南丰富物产资源的发现与使用，使黎族先民不再满足于用树皮布来遮身蔽体，他们在不断的探索中发现种类繁多的野生麻资源，为采麻纺织提供了有利条件，黎族的纺织技术逐渐跨入麻纺时代。黎族麻纺原料主要有火索麻平蹄藤和榼子藤等。其中火索麻纤维中含有大量的果胶，若不去除，不仅会影响火索麻纤维的质量和色泽，同时也给纺麻造成一定难度。因此，为了去除其纤维中所含的大量果胶，首先要将火索麻充分浸泡在水中并重复漂洗。用沸水煮麻、晾晒后，经劈麻、染色、绩麻即可上机纺织。据考察，现今麻纺的粗加工技术在黎族地区几近失传，唯有哈方言聚居地志仲镇及个别的杞方言黎族人保有这种麻纺工艺（图2-35～图2-37）。

图2-35　原色及染色的麻纤维

图2-36　上：织好的麻布；下：经劈麻后的麻纤维

图2-37　杞方言黎族人手工绩麻

（三）棉纺的粗加工技术

黎族妇女精于纺织，尤其是棉纺的黎锦，因地区不同，方言分支的不同织造方式，其图案色彩精彩纷呈。三国时期吴国人万震在《南州异物志》中记载："五色斑布似丝布，吉贝木所作。此木熟时，状如鹅毳，中有核，如珠珣，细过丝绵。人将用之，则治出其核。但纺不绩，任意小轴牵引，无有断绝。欲为斑布，则染之五色，织以为布，弱软厚致。"至秦汉时期，黎族棉纺织技术不仅有了进一步提高，而且品类更加丰富；唐宋时期，其棉纺技术已经达到较高水平，不仅款式繁多，而且图案色彩艳丽精致；清时，黎族棉纺织龙被技术已达到鼎盛。

周去非在《岭外代答》中就黎族棉纺粗加工记载道，崖州黎族妇女将新棉花摘下后，轧出棉籽，"以手握茸就纺"。棉桃成熟后开裂吐絮，需去籽后方可进行纺织，因此，去籽为棉纺粗加工的第一步。黎族原始去籽多用手工剥除，后随着纺织技术的发展多用脱籽棉车进行手摇式去籽。在早期汉族多使用手工去除棉籽取棉桃时，黎族先民就已经在使用脱籽棉车来对棉籽进行去除，脱籽棉车可谓是黎族先民对棉花进行初级加工的先进工具。经弹花后，手工将棉花搓条捻接成线，然后用一小竹条捆卷着，要卷纱时，放在腿上一搓，卷纱竹枝在空中旋转，逐渐把棉纱旋转卷成锭即可直接用脚踏纺车进行纺织（图2-38）。后来随着时代的进步和生产力的提高，陆续出现脱籽棉车、弹棉弓、捻线纺轮、手摇式脚踏纺车、绕线架、理经架、絣染架等不断创新改良的纺织工具，大幅提高了纺线的效率（图2-39、图2-40）。

二、染

黎族传统染色技艺是建立在自给自足的自然经济基础上，一般采取定染，即根据实际需要随时染色。在传承形式上几乎均以母女相传为主的家族模式来传承

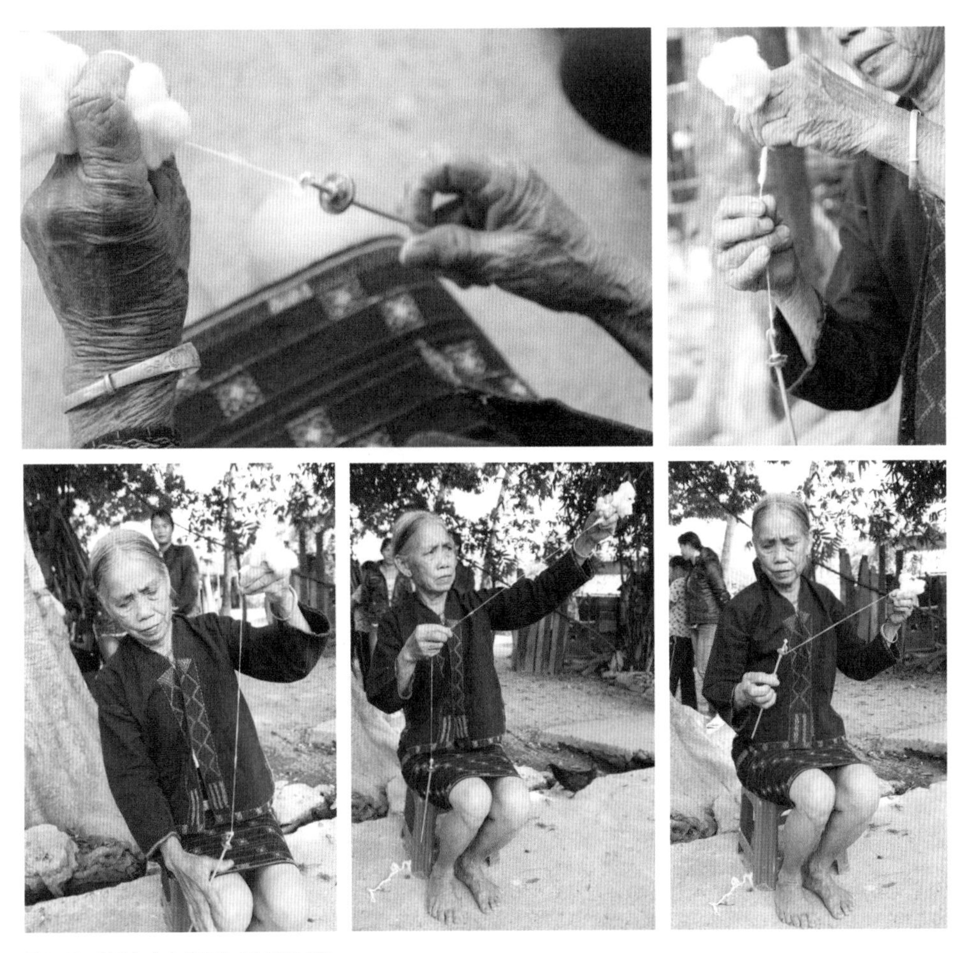

图2-38 黎族妇女将棉花搓成线后缠成锭

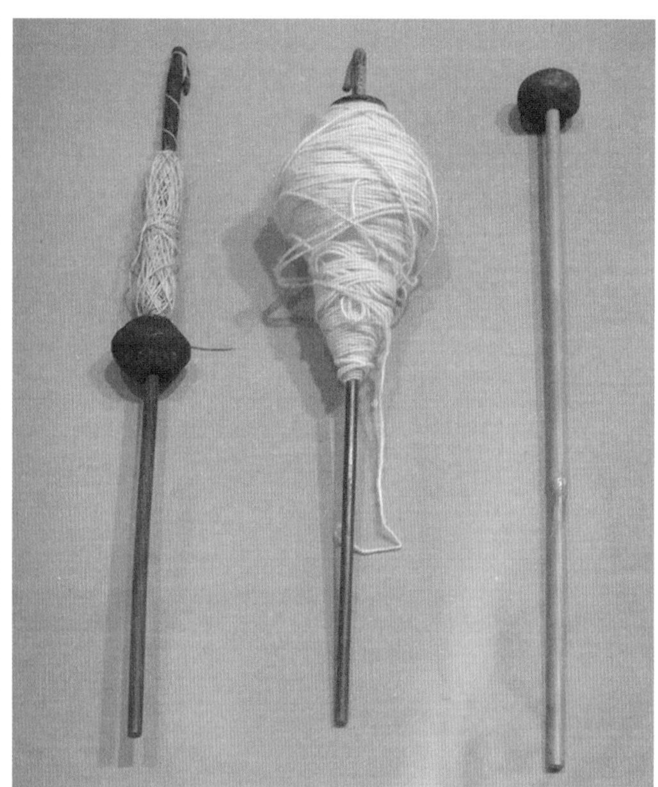

图2-39　工字型绕线架、绕线车、纺轮（实物来源：海南省博物馆）

图2-40　脚踏纺织机

染色技艺，即由母亲传授给女儿，从采集染色原料、取汁到色度的掌握，一一进行示范讲解，从而代代相传。

（一）常用染料

海岛热带雨林独特的地理环境优势造就了黎族植物染色资源的丰富，从这一方面来讲，黎族使用的染料多为植物类染料，较少用到动物、矿物类染料。植物染料除了靛蓝类蓝色染料为人工栽培外，其他几乎均为野生。植物染料可利用的部分包括根、茎、芯、皮、叶、花、果等。有的染料在使用时还必须经过专门加工后方可入染。黎族妇女在长期的辛苦劳作中，不断地尝试着各种植物的染色效果，每个黎族妇女的染色技术不尽相同。此外，黎族妇女染色技艺同时也具有各种偶然性和直觉性。通常在织绣过程中，如若碰到需要某种颜色时，而恰巧山上有某种植物正是这种颜色，她们就把这种植物捣碎与棉线相混，让线沾上色汁，或是用汁液直接滴染，从而达到染色的目的。黎族妇女在不断实践的基础上，不断完善染色技艺，这才出现了现今我们所看到的由母传女这种固定染色方式的传承。现今，黎族常用的染棉染料主要有：木蓝、乌墨木、牛锥木、谷木、姜黄等。总之，通过各种可能的手段达到染色的目的，而这种染色的技巧，是在实践中不断积累或者通过家族传承的，因此个人特色或者家族特色比较浓重。

（二）染媒

染媒，又称媒染剂，它是使对纤维没有亲和力的染料色素染上纤维的载体。在染色工艺中使用染媒是染色技术的一大进步，它扩大了色彩的品种，提高了色彩的鲜艳程度，增强了染料和织物的亲和关系，使被染物不易褪色。染媒的使用是妇女们从偶然间的发现到逐步掌握其性能后，在染色时总结出来的经验。我国各民族在不自觉的情况下或多或少都在染色过程中涉及染媒的使用，例如水族妇女会在靛蓝染色过程中加入野蕨叶灰来充当染媒，彝族妇女会在染黑过程中添加富含鞣酸高铁的核桃皮来使黑色加深……

各种染媒的使用有一定的地域性存在，黎族妇女则普遍使用螺蛳灰、草木灰或芒果核来充当染媒，起到助染的效果。芒果核在乌墨煮染时加入可以起到固定

图2-41　上：黎族染色传统染媒——螺蛳；下：螺蛳灰

颜色和使颜色鲜亮的作用，贝壳灰、草木灰含有多种金属元素也能起到染媒的作用。此外，在染料中加酒，对于改善色彩也起到一定的作用，酒还可以加强染料的渗透性，令棉纱有较好的染色效果和牢固程度。

螺蛳灰是黎族妇女普遍使用的主要传统染媒之一（图2-41）。经实地田野考察发现，依据各个方言区或是地区的实际情况不同，制作螺蛳灰这种传统染媒的方法也略有不同，下面就杞方言黎族和美孚方言黎族的螺蛳灰烧制方法进行简单的阐述。

杞方言黎族染媒的制作方法：

受访者：张眉学（音译），杞方言黎族，黎族棉纺织传承人，昌江七叉镇大章村委会

昌江县七叉镇会保山村村民将露底的砂锅或是铁锅置于火炭上，经过晾晒后的干竹片架在砂锅或铁锅内部的露底处，类似于我们现在的笼屉，干竹片上放一层螺蛳壳，再放一层干竹片，再放一层螺蛳壳，直至铺满整锅。火炭烧至干竹片成灰掉落与木炭灰混合，挑出已经烧脆的螺蛳壳，浇水冷却，将其碾压成粉末状即可（图2-42）。

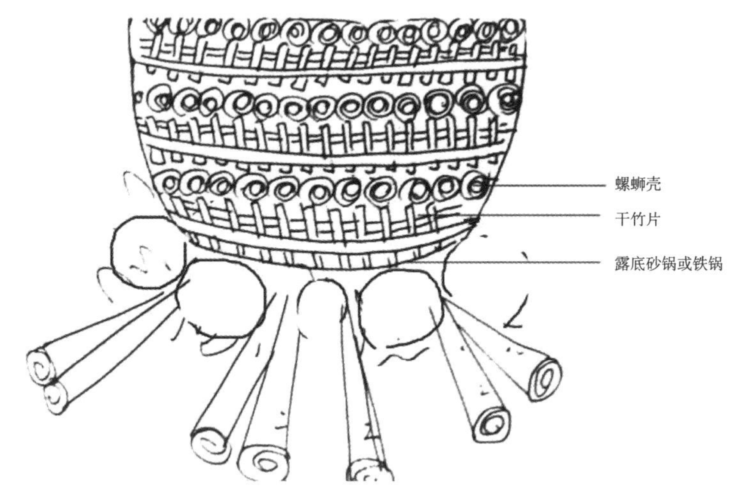

图2-42　杞方言黎族染媒螺蛳粉制作方法示意图

美孚方言黎族染媒的制作方法：

受访者：符亲英（音译），美孚方言黎族，昌江县坝王岭乙劳村委会

制作螺蛳壳灰主要用到牛粪。先将干牛粪堆放整齐，堆放高度约30厘米，此时将螺蛳壳平码于干牛粪顶层，并在其上放入一层干稻草。按照牛粪、螺蛳壳、干稻草的排放顺序放，共三层。在码放好的干稻草顶端放火炭燃至成灰，挑出螺蛳壳凉水冷却，捣碎即可。

通过以上杞方言黎族和美孚方言黎族螺蛳壳灰的制作方法，我们不难看出，这种螺蛳壳灰助染剂实际上或多或少都是以螺蛳壳为主，混合有少量草木灰等其他原料，各个成分中都含有大量的金属元素，效果叠加从而起到助染作用。

（三）染色技术

我国南方少数民族服装多以蓝色为主，因此，染色技术多围绕染蓝色展开，黎族染色技术也不例外。黎族的服装颜色多以蓝、黑、红褐色为主，以黄、绿等鲜亮颜色加以点缀。

❶ 染蓝技术

染蓝技术一直被南方少数民族所普遍采用，是应用最为广泛的染色技术之一。靛染原料获取容易，提取简单，且颜色耐脏、实用，因此一直是南方少数民族服装的最佳色彩选择。靛染即通过从靛类植物中提取植物染料来进行织物染色的方法。蓼蓝，民间俗称蓝草或是靛。早在夏朝，人们就已经对蓝草有了认识和使用，《大戴礼记·夏小正》就有关于种植蓝草的记载："启灌蓝蓼。启者，别也，陶而疏之也。灌也者，聚生者也。记时也。"[1]

黎族人常用的染蓝植物大概有四五种，其中以豆科的木蓝最为常用。用木蓝染色，首先要发酵造靛。采摘木蓝的嫩茎和叶子置于缸盆中，放水浸没至太阳下曝晒，直至几天后蓝草腐烂发酵，此为沤靛。当蓝草浸泡液由黄绿色变为蓝黑色时，剔除水中杂质，兑入一定量的石灰水，待沉淀以后将水倒出，留下底层深蓝色泥状沉淀物，即蓝靛，接着加入草木灰水和米酒，搁置时间视其发酵程度而定，

❶ 王聘珍．大戴礼记解诂［M］．王文锦，校注．北京：中华书局，1983：38.

一般为2~6天，这一道工序称为碱化。在这一发酵过程中，木蓝经水分解和氧化作用之后产生两种染色物质——靛蓝和靛白。靛白的特性之一是遇碱极易溶解，溶解后不仅可以染丝、毛织物，而且可以用来染棉、麻织物，从而扩充了染色的品种和范围，降低了染色的难度。至此，造靛过程完成。

之后，将待染织物置于染缸至完全浸泡，后取出经拧、拍、揉、扯等再放入缸盆，使其充分浸透，然后再次取出挤去水分，常温下晾晒直至蓝靛织物进行氧化还原反应。此道工序一般都要经过几次甚至十几次反复浸染、晾晒，才能达到预期的效果。随着染色次数的增多，颜色随之加深，直至数日后达到所需深蓝色。最后将染好的织物放入清水中漂洗即可。

❷ 染黑技术

黑色是除了蓝色之外，我国少数民族又一普遍使用的颜色。使用天然染料直接进行染色并不能得到我们实际意义上所说的黑色，需要借助染媒。其染色原理是：植物中的单宁酸与含有铁盐的助染剂在水的作用下使纤维表面生成无色的鞣酸亚铁，同时在常温状态下经过氧化产生不溶于水的黑色鞣酸高铁，使织物被染成黑色。以上原理是我们通过现代科学实验得出的化学反应方程式，但黎族的妇女怎么会明白这些晦涩难懂的化学反应呢？依据田野考察杞方言黎族的张眉学婆婆为我们做的染色演示，单纯地用天然原料乌墨木树皮并不能得到黑色，初染所呈现的是红褐色。随后，张眉学婆婆将这褐色的线拿至稻田间，放入田间的淤泥中不断揉搓，使污泥与线完全接触后埋至田间淤泥中，1~2个小时后，将覆盖满满淤泥的线取出并在溪水中清洗，此时，再看那红褐色的线已经变成黑色了。埋染时间的长短与染黑的深浅度相关。张眉学婆婆说，一般黎族老年人都喜欢稳重的黑色，因此都会把用乌墨木煮染后的线拿去田间再进行埋染，经过埋染后的颜色更加厚重、深沉。

从杞方言黎族的染黑技术中我们可以看出，少数民族在染黑技艺上的认知很直观，通常是通过长期的生活实践总结出来的，他们说不出其中深奥的化学反应，但无意间的操作又恰恰与这复杂的化学反应相吻合。我们可以猜测，黎族染黑技艺很有可能是妇女穿着用乌墨木树皮染色的衣服在稻田间长时间劳作（图2-43），被田间泥水浸泡后，发现衣物呈黑色并且很难洗去，从而逐步认识到稻田间的泥可以作为染媒与乌墨木结合染出黑色，经过不断的实践之后，确认了这种染黑技术，从而传承下来。

③ 染红技术

红色也是我国少数民族所喜欢的颜色之一。在我国少数民族的服装搭配中，黑、红色是最为常见的颜色搭配。少数民族中染红原料使用频率最高的是茜草。而杞方言黎族染红最常用的原料为牛锥木树皮或苏木树皮（图2-44）。用牛锥木树皮初染红色时，最初呈现的是略暗的橘红色，即使是初染成这种略暗的橘红色也需要煮染两个多小时。染红是一个漫长而消耗时间的过程，需要不断地搅拌棉线以便棉线充分且均匀地接触染料，需不定时地搅拌和观察，直至染出所需颜色。但晾晒过后的棉线颜色通常无法达到预期效果，这就需要进行重复染色，即煮染—晾晒—煮染—晾晒，周而复始。杞方言黎族染红的一个染色周期通常为20天，此时呈现出的染色效果则是杞方言黎族普遍着装中的深红色。如果继续染色至红褐色，则需要将牛锥木树皮用火烧焦后再加入水煮棉线进行染色，反复染色5天左右后，线色就会变成红褐色。

图2-43　乌墨树树皮（染黑色）

图2-44　苏木芯材（染红色）

④ 染黄技术

对于我国少数民族来说，较少受到中原皇权礼教思想的影响，黄色并不因被视为尊贵之色而不敢使用。黄色一般作为装饰用色而普遍存在于黎族的服装之中，在色彩搭配上，与少数民族常着靛蓝、黑色的服装形成强烈对比，可以起到修饰点缀的作用。

在自然界中，能起到染黄作用的植物很多，如姜黄、栀子、黄连等（图2-45），其中以姜黄和黄连为主要染黄植物，黎族染黄多用姜黄。姜黄是一味具有消肿化瘀功用的中药，形似姜，内

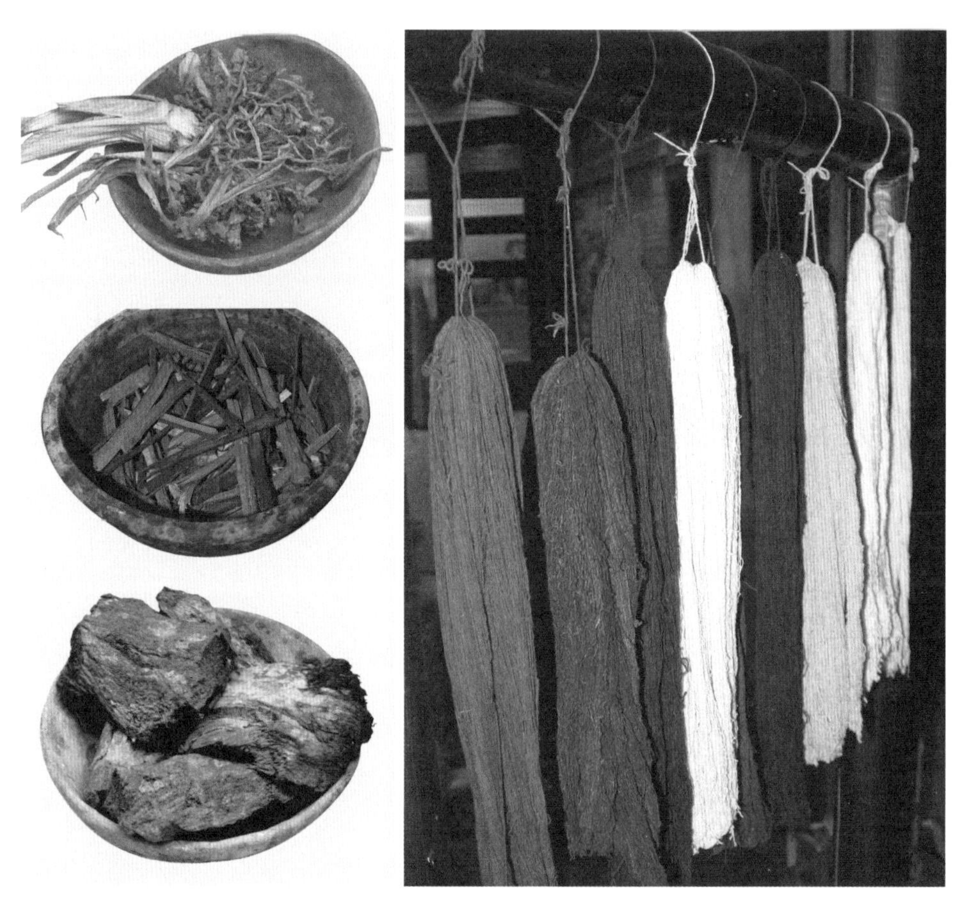

图2-45　左上：姜黄染黄色；左中：苏木木芯染红色；左下：乌墨树皮染黑色；右：植物手工染的棉线

为中黄色。与其他少数民族染黄用煮沸法不同的是，黎族多采用捣染法。用姜黄染黄之前，须将姜黄茎块用木杵捣碎，加少量清水后用手揉捏均匀，再放入棉纱与之一同揉、捏、搓、浸，直至姜黄汁充分渗入棉线之中，抖掉残留在线上的姜黄后，用竹竿挑起晾晒。姜黄染色的深浅变化同阳光有直接关系。初染姜黄颜色为淡黄色，晾晒过程中，如若充分接触阳光，晒干后的棉线会呈现出漂亮的暖黄色；如若碰上阴天，则晒干的棉线颜色会呈土黄色。除以上四种颜色的染色技艺黎族较为常用之外，另外还有一些偶尔会出现的颜色，如绿色。黎族妇女多用谷木树叶来染绿，同姜黄一样，用捣染法将树叶捣碎，加清水揉捏均匀，再将棉线入染即可。在染棉线的过程中，染色的深浅与染剂中所放原料的多少、染线的次数，以及天气的好坏有关。

（四）绞缬染锦

絣染，黎族称为结染，即扎染，史书多称绞缬中的一种，是先絣染纱线后织布的一种独特手工技艺。絣染是海南黎族丰富多彩的纺织技术之一，并被列为非物质文化遗产保护项目。宋元之际史学家胡三省在《资治通鉴音注》中对缬解释道："缬，撮采以线结之，而后染色；既染则解其结，凡结处皆原色，余则入染矣。其色斑斓谓之缬。"由于黎族的"绞缬染"突出了经纱结花染色技术，所以宋代以后文献中多有"结花黎"的说法。苏东坡在《峻灵王庙记》中所说的"结花黎"，指的就是掌握扎经染色工艺的黎族，当时黎族进贡朝廷和行销内地的"盘斑布""海南青盘皮（披）单""海南棋盘布"以及宋末元初出自儋州、万州的"缬花黎布"等，都是运用絣染工艺制作的（图2-46）。

絣染技艺的兴起，起初是全岛性的，后结染中心逐渐西移至岛西的东方、昌江地区，现今这种技艺仅在美孚方言及哈方言地区留存，其中以美孚方言黎族絣染最为普及，且别具特色。至明清时期，生活在海南岛西部，今昌江、东方境内的美孚方言黎族，将这种技艺发展到极致，并使其成为一种独创性的工艺广泛在族内传播，并有专门的扎染架，所扎系的图案极其细致、精巧。哈方言、杞方言黎族没有专门的扎染架，只是在染色前将经线一端缚于腰间，另一端挂于足端，进行简单的扎经，图案线条较为粗犷、简单，现今已罕见。

扎染又称扎缬，是绞缬的俗称，也是一种古老的印染方法。扎染的工序一般为描样、扎制、入染、解

图2-46　上：扎染架及其细节图；中：绞缬工艺（扎制工序）；下：绞缬扎染前后对比

结、漂洗等过程。美孚方言黎族扎染纹样非常丰富，这些纹样在美孚方言黎族妇女的脑中浑然自成，鲜少描样，并随着其生产、生活及思想情感的变化而变化。扎制工艺在整个扎染工序中尤为重要，扎结时，线结要扎牢，以免入染时脱落。扎染架是美孚方言黎族所特有的一种扎经工具。扎染架一般长2.5~3米、宽0.5~0.9米，木质，做工精美，刻有几何纹样。现多与其他现成材料混合而成，不似原来那么讲究。美孚方言黎族的绞缬染锦是在染色之前，先用短黑线段在整齐分布经线纱线的基础上，根据图案的形状及分布状况有计划地加以扎线，可将经线每8根、10根或16根为一捆结扎，作为一个整体来对图案形状进行控制，使纱线按照设计的纹样重叠、串联、合并。后将结扎好的纱线入染，其中，扎染架上固定纱线两端的部分在染色时不撤下，与纱线一同入染。因结扎的部分紧实，染液不能渗透其上，因此具有防染功能。染色完成后再用特制小刀去缬，这时结扎部分防染与未结扎染色的部分形成色差，并且由于结扎纱线纤维的毛细作用及手工结扎部分由于结扎松紧的不同，使纹样呈现出自然的多层次晕染效果。染色完成后再用踞腰织机织入纬线，从而织成绞缬染锦。美孚方言黎族织锦的最大特色是先在经线上扎线，然后染色，最后织纬，即先染后织。与别的民族先织布后扎染相比，由于其先扎染后织布。故纹样色调更加柔和，层次更加丰富，具有极强的艺术效果和感染力（图2-47 ~ 图2-49）。

图2-47　左：正在进行扎制工序的美孚方言黎族妇女；中：美孚方言黎族“祖先鬼”纹样；右：（上）最古老的“祖先鬼”纹样，（中、下）“祖先鬼”纹样的变体

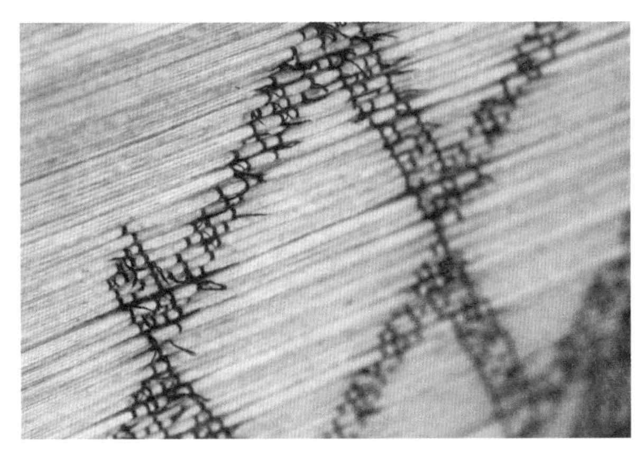

图2-48 絣染线细节

图2-49 昌江县七叉镇重合村美孚方言黎族妇女

三、织

对于一个有语言但没有文字的民族来说，黎锦就是一种特殊的文字，不仅借由黎族妇女的巧手记录民族的历史和生活，也集中体现了黎族妇女的创造力和艺术水平。历史上的古籍对黎锦赞誉有加，唐宋的“黎布”“黎单”“黎幕”“黎毯”“黎锦”等，都成为朝廷贡品或远销两广至大陆中原的商品。

（一）黎族传统织锦织造工艺原理及对比

黎族织锦工艺技术在明清两代发展到了最高峰，各方言区均有属于自己独特的花色品种，按照五个不同支系，在织造工艺上各有特点。润方言、美孚方言和哈方言黎族采用以染、绣为主的织造工艺。其中，润方言黎族的上衣以绣为特色，喜爱在单色布上刺绣装饰纹样，其双面绣的工艺高超巧妙、构图严谨；筒裙有经线显花、纬线显花两种形式，色泽精巧、华丽。美孚方言黎族的上衣以素面锦为主，筒裙絣染出众，朦胧淡雅、细腻优美。哈方言黎族地域宽广，织锦复杂多样，织绣结合，图案多变。

杞方言和赛方言黎族采用以显花编织为主的织造工艺。赛方言黎族的织锦是运用经线显花最为典型的锦类，其织造图案疏密有致、细小整齐，通过特殊的织造工艺呈现出凹凸的肌理。杞方言黎族的织锦则普遍采用彩纬彩经结合显花编织，既有经线显花，又有纬线显花。经线显花，是将经线浮在纬线上面，以表现多种色彩和图案。纬线显花则只在正面显花，背面平整、不见浮线，织造工艺要求较高。裙腰也是纬线显花，采用的则是反面编织的工艺。

❶ 纬线显花——单面挑花

纬线显花单面挑花这种织法在杞方言地区流行较广，在五指山市的几乎全部地区、琼中县的大部分地区以及昌江县、陵水县的杞方言地区均有使用。首先将排好的经线中相邻的两条经线分开，形成上下两层，若一共牵了180根经线，则90根奇数经线形成A层，90根偶数经线形成B层，用提综杆控制。织素面锦时，只需要在两层经线之间添加纬线，即可形成布面。每添加一次纬线，A、B层经线换位，交替成为面经和底经，将纬线紧紧地扣入其中。

若要使纬线显花，则在分成两组经线的基础上还要进行挑花分层。将A层经线按照“挑一根，压两根”的规律分成A1和A2两层，用提花板隔开，B层也同样按照此规律分成B1和B2两层。也就是说A1、B1层均有30根经线，A2、B2层则各有60根经线，以此来形成显花的最基础排列。这是为了方便进一步挑花而设置的，每织一排，将A1、A2作为参照，用提花刀挑出想要的提花效果。若第一综，A层是面经时，先在A层与B层之间加上与经线同色的纬线，然后在A层用提花刀挑花，分成两层，形成开口，加入色线。该行有几种颜色的纬线显花，则需挑花几次，然后加入对应颜色的纬线。第一层纬线编织后，进行换层，将B层的经线提起，用打纬刀打紧，完成这一综的编织。下一综自然是B层成为面经，织造原理与第一综一样，一直这样反复，则可形成想要的纬线显花（图2-50）。

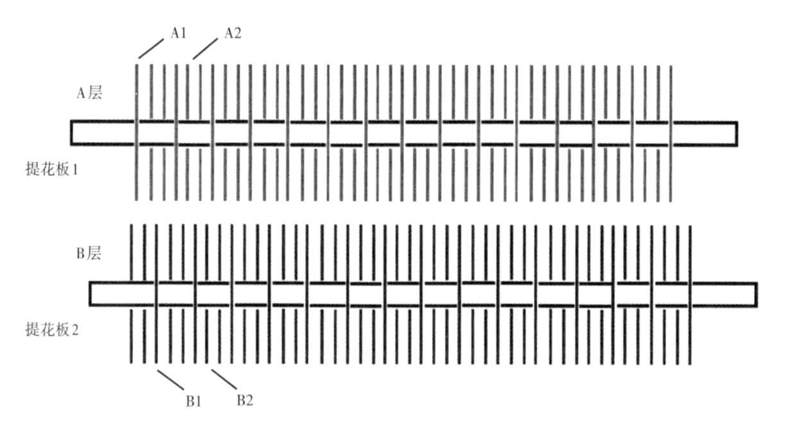

图2-50　分层示意

❷ 纬线显花——反面编织

纬线显花反面编织是杞方言黎族筒裙的筒腰通常采用的编织方法，不仅各地杞方言黎族均有运用，在赛方言和哈方言黎族的筒腰上也很常见。琼中县什运乡的百人纹筒裙是完全采用反面编织技艺的典型筒裙。编织时，仍然是将经线分为A、B两层，先在A、B层之间加上与经线同色的纬线，然后轮流在A、B层用提花刀挑花。由于是反面编织，所以提花刀在挑花时，在A层或B层经线下面的部分则为显花的部位，在背面能看到提花刀的部分则为不需要显花的部位。更为简单地来说，要哪里显花，就用纬线圈起哪里的经线，在背面固定。杞方言黎族筒裙的筒腰在反面编织时，因为宽度有限（5~8厘米），可以不用提花刀，直接用双手更方便操作。

一般正面编织时，控制A、B两层经线的工具有两个。一个称为分经筒，编织时用于压经；一个是提综杆，也称“号”（黎语“hau”音译），用于提经。分经筒与“号”的轮番使用可使A、B层交替出现在上层，进行编织。杞方言黎族的反面编织则需要一个分经筒和两个“号”。在编织时，“号1”“号2”分别控制A、B层经线，分经筒从旁协助。

❸ 经线显花——絣染后正面编织

经线经过絣染处理后，在织机上按照设计的花纹排列，同样将相邻两条经线分开，形成上下两层，在A、B两层中加入与经线颜色相同的纬线，形成有高低层次感和朦胧美感的布面。

❹ 经线显花——“dau bhou”

“dau bhou”为黎语，意为：浮着的花。图案特点是：一般由双色构成，通过两种颜色的对比显示图案，也就是主体图案和背景图案的颜色不同。从此织法的名字上可以看出，“dau bhou”与上面所提的絣染后正面编织的经线显花大不相同。絣染后编织的织锦仍然是平整的，而“dau bhou”则能形成凸起的花纹。

织造时，同样将经线分为A、B两层，按照提花图案的不同设置提花综杆。这里的提花综杆区别于控制整个A、B层经线提综杆“号”，被称为“小号”，而“小号”的多少由图案的难易程度来决定。根据图案的排列，“小号”分别控制A层和B层的部分经线，提起后织造出凹凸的条状，形成肌理的变化。

❺ 经线显花——"hyang"

"hyang"，音译为"央"，在杞方言黎族织锦中较为常见，各个地区都有应用。它将经线组织成为独特的图案和色彩，成为无限延伸的二方连续纹样，在织锦中通常起到隔开图案的作用。在五指山和琼中地区，"央"与纬线显花正面挑花的工艺共同使用，织造出形式骨架固定、图案色彩多变的筒裙。在织造时，因为"央"的复杂性，以织"央"为主，先在A层与B层之间加入纬线，对"央"的部分进行单独编织，也就是用单独为它设置的三层提花综杆进行提花。与此同时，挑花刀挑花，加入色线，完成经线立体显花的部分。之后按照设计的固定排列循环编织。

❻ 经线显花——"dau wu"

"dau wu"，译为果核心或果仁心，是形成立体花纹的一种经线显花形式，根据花纹的特色而命名。它在织造原理上的不同特点是：要将经线分为A、B、C三层，A、B层的功能是加纬线形成布面，C层可以排列不同颜色的色线，专用于提花。在编织时，先在A、B层加纬线，然后提起设置好的"小号"，在开口处放入打纬刀打紧，则形成一排花纹。"小号"控制的经线由C层中的一部分经线和A层或B层经线共同组成。具体来说，如果10排能形成一个图案，也就是通常所说的10个步骤能形成一个花，则每个步骤均需提起设定好的"小号"，然后反复地按既定的步骤织造。

❼ 经线显花——"di dau"

"di dau"，意为细小的花纹，其工艺最为复杂，要将经线分为A、B、C三层，再根据需要将A、B、C分成若干小层，例如分成A1、A2，B1、B2，C1、C2、C3等，显花时根据图案需要采取不同组合，可能是A1、C1的组合，也可能是A2、B2、C3的组合，用提花综杆控制编好的图案程序进行编织。这样混合显花的织锦图案非常细密，布面平整，可以呈现很多几何形的图案，并且两面均显花，只是图案相反，且正面图案要比背面明显，颜色也更为鲜艳，俗称"两面织"工艺。表2-1为杞方言黎族各类织锦的工艺特点、显花特点、用途、分布等对比。

表2-1 杞方言黎族传统织锦织造工艺对比

织法分类	编号	名称	工艺特点	显花特点	用途	分布	织锦举例（正、反面）
纬线显花	1	单面挑花	正面编织 提花刀正面挑花	正面显花，背面纯色平纹、不显花 正背面平整	筒身	五个类型	
	2	反面编织	反面编织 提花刀或手反面挑花	正面显花，背面全是浮线，较乱	筒腰 筒身	各型杞方言筒腰（即筒裙中部） 琼中型筒身	
经线显花	3	绑染后正面编织	扎染经线后进行编织，用经线来设计花纹	正背面图案相同，布面平整（右图白线）	筒头 筒身	王下型筒身 通什型、保亭型部分筒头（即腰头部位）	
	4	dau bhou	二层经线互换提花	正背面图案类似，正面图案明显，背面为暗纹 正面凸起，背面平整	筒身	保亭型	
	5	hyang	三层经线，每层都用于显花	正面显花，背面有色线，但不组成图案 正面凸起立体感强，背面平整（右图上下三条横条纹）	筒身	通什型、琼中型、王下型、大里型	

续表

织法分类	编号	名称	工艺特点	显花特点	用途	分布	织锦举例（正、反面）
经线显花	6	dau wu	三层经线，每层都用于显花	正面显花，背面有色线，但不组成图案 正面立体凸起，背面平整	筒身	保亭型	
	7	di dau	三层经线混合提花，步骤比dau wu多	正背面均显花，图案相似，正背面平整	筒身	保亭型	

（二）海南黎族传统织锦的织造流程

杞方言黎族传统织锦的织造可分为两大步骤，绕经和织纬。绕经，也称“上经”，指将经线整齐地排列到织机上的过程。织纬，含打综、分经、编织等工序。一般杞方言黎族女子在绕经之前，已经对要织造的织锦有一个大致的设想，例如采用何种工艺、何种颜色等。在第一个步骤——绕经的过程中就已决定了该织锦的基调，织纬的部分则是对织锦的进一步丰富和完善。

❶ 绕经

绕经是织造前十分重要的工序，也是织锦的基础。杞方言黎族女子使用的绕经工具：

（1）绕经架：一种“干”字型木架。两根横木长35～40厘米，纵向木杆长30厘米，在支撑横木的同时，留有5～10厘米的一段便于用手操作。

（2）竹签：长约40厘米，一般一头相连，呈“U”形。它的作用是让经线形成上下分层。U形竹夹可以将经线分为两层，适用于一般的纬线显花编织以及经线显花中的dau bhou织法。而dau wu、di dau这类需要将经线分为三层的织法，则需要三根竹签来实现。表2-2为杞方言黎族传统织锦绕经特点的对比。

表2-2　传统织锦绕经特点对比

织法分类	编号	名称	绕经特点
纬线显花	1	单面挑花	纯色经线，U形竹签
	2	反面编织	纯色经线，U形竹签
经线显花	3	絣染后正面编织	絣染经线，U形竹签
	4	dau bhou	双色经线，U形竹签
	5	hyang	多色经线，三根竹签
	6	dau wu	多色经线，三根竹签
	7	di dau	多色经线，三根竹签

绕经的根数是根据织物的宽度来确定的，织锦的布幅越宽，则需要绕更多的经线。操作时以一个角为起点，以菱形网格的结构绕线，绕完一圈回到原点，完成一轮。每一轮绕线时务必通过竹签，使经线按照一定规律排列，才能实现织锦时想要的效果（图2-51、图2-52）。

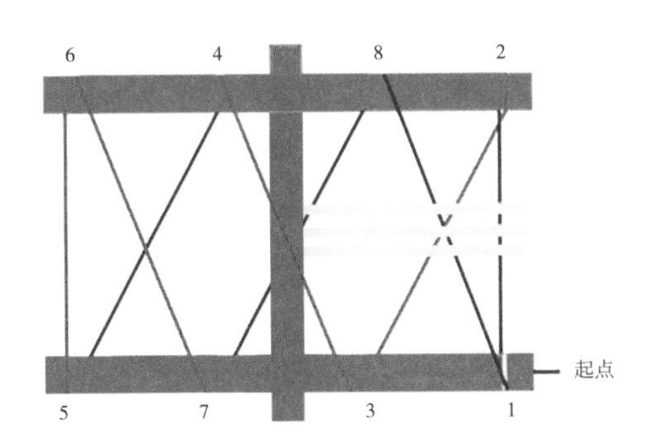

图2-51　绕经路线

图2-52　成形状态

❷ 整经

整经包括两个步骤：

（1）解经：将排列好的经线从绕线架上解下来，并将踞腰织机的各个部件装上去。

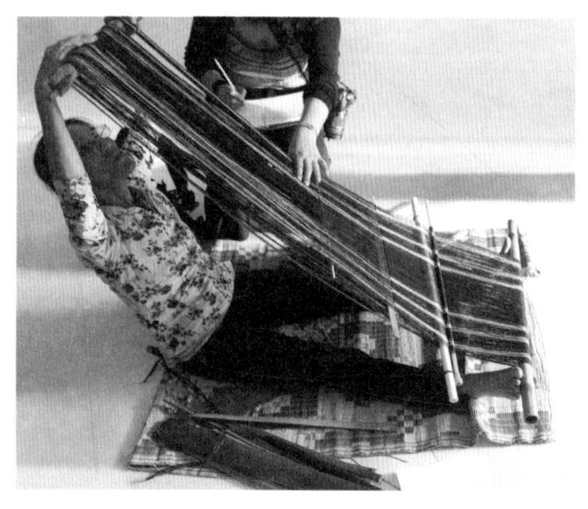

图2-53 女子整经方式

（2）整理：用拍打、拉伸等方法，将安装在踞腰织机上的经线梳理得排列有序、张力均匀。由于经线较长，通常需两个人配合整理，单人也可将套拉力经线圆棍固定在栏杆上或直接用足踩着整理（图2-53）。

此时被用于支撑经线的织机部件有：腰力圆棍、卷布轴、拉力经线圆棍及分经木。

❸ 分经

分经有两种方法：打综和挑经。

（1）打综：通过绑小线将经线与提综杆（“号”）连在一起，使分成的几层经线形成一个小组，同时起落。分成两层的经线，需要一个提综杆，三层则需要两个提综杆。基础综眼设定好后，使用经线显花原理的织锦，根据其所织织锦的图案来设定提花综杆（“小号”），每根综杆的综眼数和综眼的位置都不一样。

（2）挑经：按所织图案的需求，将经线分组，用提花板隔开。如上文在纬线显花织造原理中所提到的，将经线按照“挑一根，压两根”的规律分成两层，是后续挑花的基础。

传统织锦分经特点对比如下（表2-3）。

表2-3 传统织锦分经特点对比

织法分类	编号	名称	分经特点
纬线显花	1	单面挑花	提综杆控制B层 提花板分隔A1A2、B1B2
	2	反面编织	提综杆控制A、B层
经线显花	3	絣染后正面编织	提综杆控制B层
	4	dau bhou	提综杆控制B层 提花综杆控制A1A2、B1B2
	5	hyang	提综杆控制B、C层 提花综杆控制A1A2、B1B2、C1C2
	6	dau wu	提综杆控制B、C层 提花综杆控制AC1、BC2
	7	di dau	提综杆控制B、C层 提花综杆控制A1C1、A2B2C3等（组合多变）

④ 编织

提花综杆和提花板的设置为编织提供了基本要素，也形成了织物的风格和样式。特别在经线显花的织物中，编织前所做的分经工作，已经将所有的显花信息、图案排列顺序如计算机编程一般编入提花综杆了。在编织过程中，只需要按照既定的顺序提起提花综杆，并不断地加纬线，即可织成布帛。这样形成的织锦，有既定的图案形式，也使人们用既定的名称去称呼它们，如dau bhou、hyang、dau wu及di dau（图2-54）。

纬线显花的织锦编织更为复杂与烦琐，通过局部通经断纬的挖花工艺，可以形成更多样的图案。一般情况下，每一排都要再次进行挑花，用挑花板将显花部分的经线按图案要求提起，形成梭口，从而织入彩纬。在杞方言黎族传统织锦织造中，经线显花和纬线显花工艺往往同时运用，交替提织，织造出色彩、图案随意变化的精美织物（图2-55）。

图2-54　编织状态

图2-55　左：使用踞腰织机的润方言黎族老人　右下：踞腰织机局部图　右上：古老的踞腰织机

传统织锦编织特点对比如下（表2-4）。

表2-4　传统织锦编织特点对比

工艺	纬线显花		经线显花				
	单面挑花	反面编织	絣染后编织	dau bhou	hyang	dau wu	di dau
步骤1	在A、B层中引入同色纬线，用打纬刀打紧	在A、B层中引入同色纬线，用打纬刀打紧	在A、B层中引入同色纬线，用打纬刀打紧	提起提花综杆在开口处引入纬线（颜色不限），用打纬刀打紧			
步骤2	该行有几种颜色的纬线显花，则需挑花几次，然后加入对应颜色的纬线	用手分经，然后加入对应颜色的纬线	用提综杆将B层的经线提起，压紧梭口，完成一综的织造	用提综杆将B层的经线提起，压紧梭口，完成一综的织造			
步骤3	用提综杆将B层的经线提起，压紧梭口，完成一综的织造	用提综杆将B层的经线提起，压紧梭口，完成一综的织造	—	—			

（三）海南黎族传统织锦的数与序

远古的人类以及地处偏远闭塞地区的少数民族都曾采用结绳的方式来记数、记事，可见织物与数字有着与生俱来的必然联系。织物最基础的织造依据是把经线分为单、双两类，通过纬线在其中的来回穿插，形成素面锦。随着生产力的进一步发展、人们审美水平的提高，在简单分离单、双数经线的过程中人们开始寻找更为复杂的经纬交织序列关系。一个提综杆只能织出素面锦，要织出彩色织锦、织出复杂的图案，需要增加提花综杆或提花板，将经线或纬线分成更多的组后，才能产生更多的、富有变化的经纬序列关系（图2-56）。

图2-56　风格统一又富有变化的织锦图案

（四）海南黎族传统织锦之数的特征

数是表示事物量的基本数学概念，具有可计算性、编排性等特点。织锦的纱线数量直接决定了它的宽度、长度及厚度；图案上的数量重复产生的节奏感和韵律感，也使装饰效果更加生动。分析织锦之数的特征可以给今后织锦的创新设计带来更理性的思考。

❶ 纱线的数量

绕经时使用的经线数量，将决定织锦的宽度，这个宽度在筒裙上的体现是每一段的长度。例如，在杞方言黎族女子的三段式筒裙中，为使上沿正好卡在腰间，筒腰作为最明显装饰出现在臀部，筒腰多为5～8厘米，筒头多为15～20厘米（图2–57）。筒身则根据各分支的款式特点及个人高度及身材比例设定长度，一般以盖住膝盖为准。

织锦过程中所加纬线的多少决定织锦的长度。一般经线通过绕经架一周的长度为2.3～2.7米，也有特别大的绕经架，可以围出4米长的经线。若要把所绕经线织完，可形成2～4米长的织锦，但一般制作筒裙时（图2–58）只需考虑腰围或臀围的宽度，即30～50厘米，所以是否需要在中途变换图案以作他用，或织到需要的长度则停止都是织锦织造过程中需要考虑的问题。

图2–57　杞方言黎族女子筒裙

图2–58　赛方言黎族女子筒裙

纱线数量除了可以控制织锦的尺寸外，还可控制织锦的图案，这主要通过提花综杆控制的经线数量和提花板分割的纬线数量来决定。经线显花的di dau就是采用了更多的、不同组合的经线提花方式来构成细密的图案的。所以，经纬纱线数量的选择和组合排列决定织锦的用途及风格。

❷ 纤维强度

纤维通过加捻形成纱线，纤维的粗细、强度、加捻工艺等，会构成具有不同外部特征的织物。所以纤维的选择、后续加工、织造过程中的张力等都会造成织锦的不同观感。

首先，黎族女子多使用棉、麻纤维来织锦。棉纤维具有的强度高、透气性好等特点和麻纤维的吸湿散热快的功能已决定了织锦的部分性能。再者，年代较早的黎族传统织锦，多使用纺锤搓揉、捻动纤维来形成纱线。这种通过加捻形成的连续纱线，一般质地较硬，导致织成的织锦也较粗糙，但织成的图案较为精细（图2-59）。这些因素构成了早期黎族传统织锦的特点。

近代由于黎族女子采用购买的工业棉线、混纺线或丝线进行织造，织锦的风格和形象也大为转变。一方面，图案更大。现代机织的纺线较均匀，也较细，若挑花时一排只穿一股纬线，容易形成不明显的图案。为了图案更加醒目，也为了节省织造时间，现在的黎族女子一般使用6根纺线作为纬线。另一方面，色彩更艳（图2-60）。经过化学染料处理的纺线颜色选择更多，色泽更加靓丽，也为织锦的设计提供了更多的可能。另外，手感丰满。比起早期单根加捻的织锦，现代黎族织锦纱线的柔软质地和经纬构成的紧密程度，产生了完全不同的感官效果。

图2-59　同一条筒裙中不同的织锦带同时运用了四种人纹图案

图2-60 现代织锦

（五）海南黎族传统织锦结构特征

图2-61 哈方言黎族女子筒裙

数的累积构成织物，序的排列则是织物内在的组成方式。或简单、或复杂、或规则、或不规则，都将直接影响织物的外显形态。

结构特点是织物的主要特征，大部分的织物都由有序的结构形成。由于多年母传女织锦技艺的传承，黎族织锦具有很强的规律性。特别是在经线显花的dau bhou、hyang、dau wu及di dau中，经纬交织产生的交替循环已构成了坐标体系，形成了既定花纹。织物经纬交叉形成的坐标点与计算机的像素点类似，包含了织物结构中色彩、属性、位置等重要信息。结构的确定，使织物在织造过程中遵循着规律和秩序（图2-61、图2-62）。

织物的组织方法也是结构的体现，例如平纹组织结构、斜纹组织结构、缎纹组织结构等。这些机织物的组织结构主要通过纱线的特定交织顺序来决定。平纹组织的排列规律是交织次数较多而紧密，这样的序列形式使织锦具有质地牢固、手感硬挺的良好功能性。而琼中地区使用反面编织方法织造的织锦，则因为交织次数少，浮线较长，表现出手感柔软，具有较强光泽感和平滑感的特点（图2-63）。

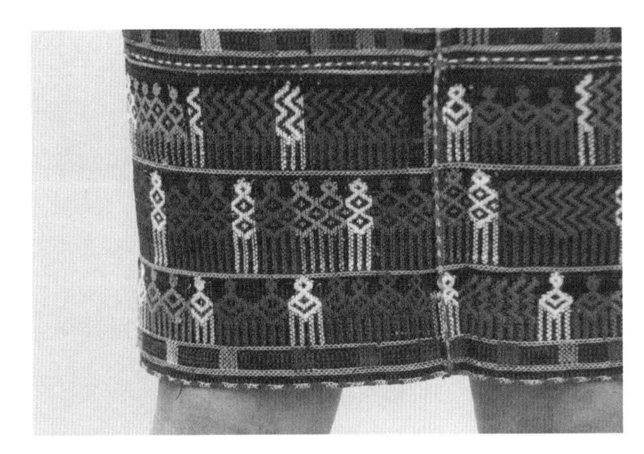

图2-62　哈方言黎族女子筒裙织锦细节

南宋时期的诗人艾可叔在《木棉》诗中生动地描述了黎族妇女从事纺织的情景："车转轻雷秋纺雪，弓弯半月夜弹云。衣裘卒岁吟翁暖，机杼终年织妇勤。"诗中真实地描绘了黎族妇女纺线织布的劳动状态。清代张庆长在《黎岐纪闻》中非常细致地记载了黎族妇女纺织时的情形："复其经之两端，各用小圆木一条贯之，长出布阔之外，一端以绳系圆木，而围于腰间，以双足踏圆木两旁而伸之。于是加纬焉，以渐移其圆木而成匹，其亦自有匠心也。"

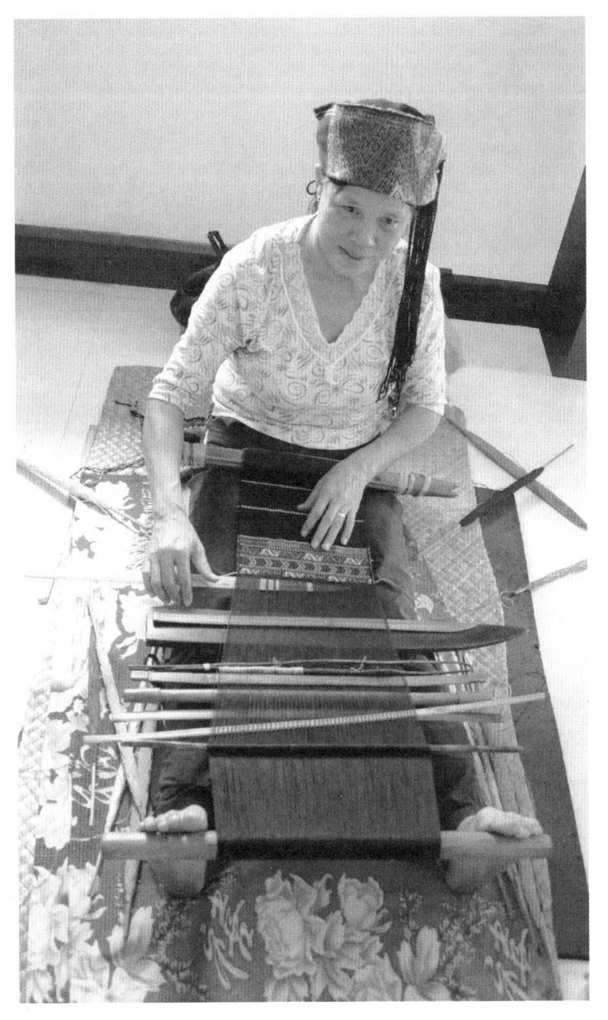

图2-63　杞方言黎族妇女用踞腰织机进行织锦

四、绣

黎族服饰刺绣又称织花绣，是织锦图案编织完成后，再进行补绣加工提升织锦效果，通常来说主体图案都是刺绣而成的，在图案中间的若干局部都需要刺绣来强调其效果。黎族每个方言区都掌握刺绣技艺，刺绣是在织好的布上绣上图案，或者在织花、提花的基础上再刺绣图案以增加美的效果以及强调图案的内在寓意。黎族织锦、崖州被、黎单和妇女的服饰、上衣和筒裙、出嫁时用的新娘服装以及定情用的荷包、花袋等物品都会出现刺绣图案。在黎族地区流传着“黎族姑娘爱织绣，不会织绣不是女人”的民间说法。刺绣时一般以棕黑色或白色的棉布为底料，然后用绿、红、黄、紫等颜色的线绣出精致生动的纹样。花纹多以直线、平行线、三角形、方形、菱形等几何图形表现抽象的人物、动植物等。黎锦刺绣大多在上衣部分进行装饰，按装饰位置可分为侧缝花、后背花、下摆花等。常用的刺绣针法有直针、挑针、铺针、扭针、缝珠针、切针六种方法，各种针法都有不同的线条组织形式和独特的表现方法。黎族织锦常见的有素绣、彩绣、连物绣、贴布绣、花边挑拱绣、金银盘线绣等。其中连物绣的线脚扣以金属、贝、珠、兽骨为装饰。黎族刺绣分为两种：一种是常见的单面刺绣，流行于哈方言、杞方言、美孚方言等地区；另一种是双面刺绣，主要流行于白沙县润方言地区。

单面绣的绣法主要追求正面线迹的工整细致，反面的针脚是否整齐则不做重点考虑（图2-64～图2-68）。在单面绣中，黎族有一种称为“牵”的工艺，是为

图2-64　赛方言单面刺绣

图2-65　杞方言单面绣——喜字

图2-66　杞方言单面绣——喜字反面

图2-67　杞方言“夹牵”工艺

图2-68　哈方言抱怀地区女子寿衣筒裙背面中间刺绣黄猄纹，为抱怀寿衣必有的纹样

了突出主要花纹，在织好的黎锦图案边缘绣上色彩反差大的线迹来勾勒主体图案的效果，这种技法主要流行于杞方言地区，汉族称为“钉线绣”，杞方言黎族女子上衣大多采用此种刺绣，筒裙则采用织绣结合的装饰手法。在上衣中，多运用平针形成菱形、三角形、十字形、折线形等几何图案，曲线图案较少。此种绣法能使所织的筒裙图案轮廓更清晰，形象更鲜明。“牵”时，不需要用针引绣线穿过布

面，而是将绣线直接放在布面上，再用针穿同色线将此绣线按照图案的轮廓钉在布面上。这样做的好处是，“牵”出来的轮廓会非常完整。左上半部和右下半部用红色线迹勾边，右上半部和左下半部则采用白色线迹勾边。一红一白分别形成上下、左右的形状对称和色彩对比，既突出变化也遵循秩序感。

双面绣就是正反两面所绣图案完全相同，相互对称。双面绣工艺要求较之单面绣要复杂得多，而且双面绣技艺仅在润方言黎族地区中流行，不见于其他支系。润方言黎族的双面绣技艺是黎族刺绣艺术的最高水平，工艺精细，针法均匀，构图疏密得当，色彩艳丽明快。正反两面的色彩纹样相同、针法一致，是润方言黎族服饰工艺中独一无二、最具代表性的特点（图2-69、图2-70）。我国著名的民族学家梁钊韬先生等编著的《中国民族学概论》曾这样描述：“黎族中的本地黎（即润方言黎族）妇女则长于双面绣，而以构图、造型精巧为特点，她们刺出的双面绣，工艺奇美，不逊于苏州地区的汉族双面绣。”这段话高度概括了润方言双面绣的精美程度，“堪比苏绣”的手法也被其他学者多次引用。不过通过研究发现，润方言的双面绣与苏绣中的双面绣还是有着本质的区别。苏绣中的双面绣多以丝线在真丝质地上绣成，纹样也以花草鱼虫为主，细腻温婉，多是基于物质生活满足后的闲情逸致。而润方言的双面绣整体造型及纹样质朴、粗犷，以棉线为主，刺绣纹样多为图腾崇拜及英雄崇拜的题材，如大力神、龙、凤、鹿等，是黎族妇女在与恶劣自然环境的搏斗、与艰苦生活的抗争后展示出的一种精神传达，是祈求祖先庇佑，表达族群间的团结抗争，是对生活的感悟。

图2-69 润方言双面绣——大力神

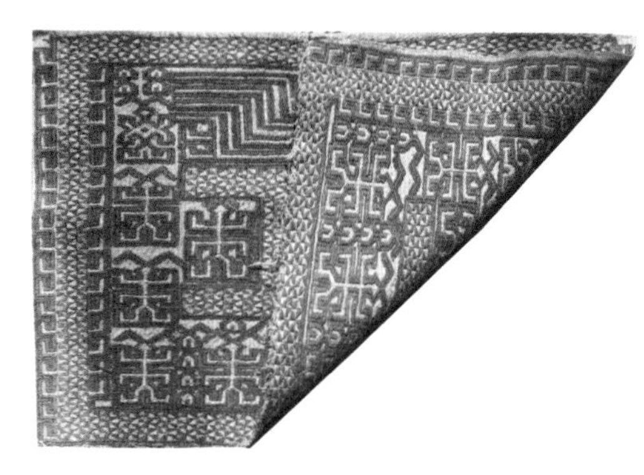

图2-70 润方言双面绣正反面比较

黎族的双面绣多是先分片在坯布上刺绣，绣好后再缝缀到服装上。润方言黎族的双面绣以白布为底，用红、黄、蓝、黑四种色线在其上施平针、扭针绣等。其双面绣绣品在女子上衣中的表现主要有三种：第一种为长约25厘米、宽约20厘米的绣片，装饰在贯首衣的左右两侧下摆部位（图2-71、图2-72）；第二种绣面宽约5厘米，长度不定，用作袖口、前后片中间部位的下摆饰边；第三种是在领口、衣身等边缘位置直接刺绣，润方言黎族女子上衣是将衣服缝份朝外翻折，用刺绣的方法以花卉纹、几何纹等将缝份固定在布面上。

在黎族刺绣中，基础的针法包括直针、扭针，兼有珠针、铺针、切针、戳针、铺绒和十字挑花等，也有特殊的针法如拉锁子、打籽绣等。其中，单面绣中铺针法和挑针法这两种传统的针法运用比较多，按照经纬行格加入色彩。单面绣的特点是纹样上疏密比较适宜，层次较清晰而且边缘整齐。双面绣正反两面的花纹和色彩都相同。据白沙县唯一双面绣省级传承人符秀英称，双面绣针法共有4种，但每种针法并没有固定名称，针法相对比较复杂，这也致使该技艺目前面临严峻的失传危机。

图2-71　润方言双面绣贯头衣

图2-72　润方言双面绣贯头衣细节

双面绣的色彩在丰富中遵循了配色热烈明快的原则。主要以黄色、绿色、红色为主，除此之外还使用棕色、浅黄色、粉红色等作为陪衬。图案题材丰富、工艺精湛，让润方言黎族的双面绣显得五光十色、美不胜收。润方言黎族的双面绣一般主体图案相对较大，主要是方形的骨架结构，用几何形表现出抽象化的形体。构图追求一种平衡感和对称感，图案一般为轴对称图形，又因为正反两面完全一样，所以整体性突出，每一幅双面绣作品都是一幅设计精巧、心思细腻的艺术作品（图2-73）。双面绣纹样厚重、古朴，却又富于变化，多以人纹、大力神纹和游龙、飞马、飞龙、对马、游鱼、花卉为主题，旁边以植物纹或者小动物纹辅以陪衬（图2-74）。其表现手法是在方形几何格内饰以纹样，在独立的主体图案中辅以其他纹样穿插，也有呈对称出现的两个或四个图案，以人纹、大力神纹和龙纹为典型。

黎族刺绣从色彩上分素绣和彩绣，素绣即在单色上用白线绣花，具有素中带艳的效果。彩绣有金银线盘绣、纳纱绣、羽毛绣、双面绣及锁绣等多种针法。黎族刺绣的艺术性，主要在于线条与色彩相互搭配的表现，靠的是一针一线的积累，它的巧妙之处即在于对被描摹物进行分析后，恰如其分地用线条的语汇再经过一次审美的升华（图2-75）。

图2-73　润方言双面绣人纹的多种表现形式

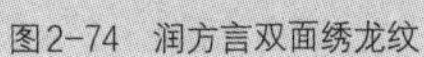

图2-74　润方言双面绣龙纹

图2-75　双面绣唯一省级传承人符秀英传授刺绣技法

第四节 龙被

一、龙被的历史

龙被是由单幅或多幅带有织绣图案的黎锦连缀而成的幕帐，是集纺染织绣于一体的精华呈现，其工艺难度大、文化品位高，在黎族人生活中有着至高无上的地位（图2-76）。

“龙被”的名称，最早出现在《海南岛黎族社会调查》一书中，是20世纪50年代由中南民族学院等单位组成的调查组调查成果汇编，在介绍黎族丧葬礼仪时将覆盖在棺盖上的绣有龙纹的大被称为“龙被”。龙被为黎语“faisdang”的汉译。在黎语中，“fais”为被，“dang”为龙，汉译过来就叫“龙被”。“faisdang”在黎族五个方言区中都有使用。此外，还有以下三种叫法：“fais long”“fais mo”“fais sai”。其中，“long”是“大”，也被称为“大被”，而“sai”指“祖宗”的意思，一般作“送祖宗”之用，等同于汉族的“寿被”。

图2-76 双凤朝阳日月增辉图龙被

黎族妇女使用踞腰织机织出纯棉底，作为龙被的被底。用天然染料染色未经加捻的丝线，精心绣出人物、动物、植物等纹样，色泽艳丽、造型丰美。龙被通常是由几幅织锦构成，四联幅龙被属贡品，民间多使用三联幅和五联幅。一般每村有1～2条龙被。蓝黑底的龙被为黎族传统丧葬用品之一，黎族村内有人死亡，即将其盖在死者棺材上面，葬礼结束后取回备用。

龙被在封建时期曾一度作为贡品进贡朝廷，也在黎族社会内部被用于重要的场合，一是用于重大的宗教活动，如祭祀、祈福等；二是用于日常生活中的喜事活动，如婚礼、祝寿、盖房等，此类型龙被多为红底，图案喜庆吉祥；三是用于白事活动，如法事、葬礼过程中的盖棺等。

明清以来，随着内地棉纺织品的普及，龙被日渐被用作民间日常生活用品，现存龙被多织于明清两代，龙被图案真实地记录了黎族人民的生活状况、宗教观念、与汉族的文化交流及织锦技艺水平（图2-76）。

二、龙被的纹样

龙被上的纹样图案分为主体吉祥图案、辅体吉祥图案两大类。

龙被上出现的主体吉祥图案有五个方面：①神话人物：祖宗、福星、禄星、寿星、八仙及五子登科图。②吉祥动物：龙、凤、麒麟、白虎、狮子、仙鹤、鲤鱼、公鸡、玉兔、龟等。③汉文字：福、禄、寿、禧字及对联分有楷、隶、行、草字体。④各种宗教图案：太极、八卦、禹门（龙门）等。⑤吉祥植物：神树（桫椤树：称活化石与恐龙同时代）、灵芝、仙草、仙果、莲花等。

龙被上出现的辅体吉祥图案类型有：①植物花卉：莲花、梅花、兰花、竹、菊花、木棉花、马鞭草花、龙骨花、牡丹、灵芝草、向日葵花、桫椤树（神树）、佛手果、石榴、仙桃等。②动物草虫类：鹿、青蛙、螃蟹、蝴蝶、海鸥、仙鹤、甘工鸟、喜鹊、蝙蝠、蜜蜂等。③自然吉祥纹类：日、月、水、火、河、大海、蓝天、大地、祥云、田野等。④生活、生产工具类：宝壶、聚宝盆、华盖、元宝等。⑤几何形体类：万字纹、龟背纹、回字纹、直线、平行线、方角形、三角形、菱形等几何纹（图2-77、图2-78）。

龙被三联幅是由三幅彩锦连缀而成，通常长2～3米，最长可达3.8米，宽1.1～1.4米，以龙纹、凤纹、麒麟纹和鱼纹为主体纹样，以花卉纹为辅体纹样。这类龙被主要在哈方言和杞方言地区流行，它是织绣技艺结合的产物，也是棉丝结合的产物，先用棉纱织出底布，再绣上染色的棉线或丝线为花纹图案，五联幅是由五幅彩锦连缀而成，通常长2～3米、宽1.1～1.5米，以白色、黑色和咖啡色或棕色的人纹、蟒蛇纹为主体纹样，黎族称为"鬼纹"，这是祖先崇拜的表现，这种龙被是哈方言抱怀地区、哈应地区的织物，是我们目前收集到的最古老的龙被

图2-77　双凤朝阳鱼跃龙门图龙被

图2-78　四灵喜送黄龙升天图龙被

之一。这种龙被的构图十分有趣，整个被面都是黑、白和咖啡三色相间的人形纹样，立体感很强；中间一幅彩锦织蟒蛇纹，蛇身上有许多人形纹，蛇是黎族的崇拜物，被信奉为祖先；而左右边的彩锦则织有一排排的人形纹，这样就形成了两两相对的布局。从这些纹饰中可以看出黎锦所蕴含、所追求向往的精神境界是上自先贤，下昭示着后代的宗教理念和艺术品位。

为什么龙被纹样出现较多的汉族图案呢？这些图案是“汉族”人拿来叫她们照图织绣的。所谓的“汉族”是指本民族以外会讲汉语的人，也就是指地方官吏。这说明了黎族地区的封建统治者为了取悦皇上和推行文化同化政策，实行强制手段，让黎族妇女按照他们的意图织造龙被图案及其他织锦品。

对此问题，早在1955年梁钊韬先生所著的《海南岛黎族社会史初步研究》一文中就曾指出，在中华人民共和国成立前，黎族村寨头目的服装就与众不同，头上围绕着两端绣有汉字的头巾和保留有清代遗留下来用藤织成的红缨帽，还有一条绣着汉族刺绣花纹，准备死时盖他自己尸体用的“龙被”。可见黎族部分头巾和龙被上的纹样是汉族的吉祥图案，是黎族人民学习、吸收汉族文化的体现。

从制作工艺来说，龙被的织绣技艺在黎锦中最为精美繁缛。制作时先织后绣，先用棉线织出无纹饰或两端带有简单条纹的数幅布作为底布，然后用彩色的丝线或棉线在底布上绣出花纹图案。从摘棉、脱棉籽、纺线、染线到织、绣出龙被，一般需要5～6个月的时间，甚至是一年的时间。

龙被的织绣有很多禁忌，非常严格，黎族传统习俗要求对龙被制作者有严格的限制和筛选制度。未成年女性不能参加龙被的织绣，参加者必须技术高超且身体健康，该妇女必须来自世代都有子孙传承的家族。符合条件的女性从7岁起就要跟着母亲学习基本的棉纺织技术，直到她基本掌握纺织技术后，母亲才开始向她传授制作龙被的技艺，并且在学习纺织制作龙被的过程中，要在村里单独的房子里学习，外人不能随便出入。要祭祖仪式之后，才能开始织绣龙被。请道公来“割红”，杀一只白鸡作为祭品，请祖宗保佑该妇女早日完成织造任务。龙被做完后也要举行祭祖仪式，感谢祖宗保佑使龙被顺利完成。从开始起步到完成织绣工作的这段时间里，不管是半年或一年的时间，每天都不能间断。无论工作多忙多累都得坚持织绣龙被，如果工作忙不过来，也要拿织物动一动，或者绣一绣，否则龙被就不灵了，老祖宗不认。织造时，必须在村外搭草寮或用山栏园边的草寮为织造场所，在那里织造以避免外人看见，特别是“禁母”（在黎族传统宗教观念中，是指身上附有一种能作祟祸害别人鬼魂的妇女）和小孩，“禁母”看见了会扰乱织造的进度及使龙被成为不祥之物，小孩看见了会生病，因为龙被上的纹样都是各种鬼纹，将对小孩不利。

三、龙被中的龙纹造型特征

龙被以制作精美而闻名于世，曾一度成为封建王朝的珍品之一。龙被融合了黎族传统民间文化与中原汉族贵族审美意识（图2-79）。

红色底布的龙被主要用于婚礼、祝寿、盖房升梁方面的喜庆事（图2-80）。黎族龙被是中原宫廷进贡之物，受封建统治阶层审美观的影响，其整体风格和宫廷的服饰龙纹非常接近。由于黎族与中原地区民族的审美观念不同，黎族龙被中的纹样与中原宫廷服饰龙纹仍有一些差别，从风格上看，黎族龙被的色调更加温婉、柔

图2-79　龙凤呈祥百灵同辉图龙被

图2-80　红色底布龙被（选自王学萍《黎族传统文化》）

和，纹样中的辅助图案也通常采用植物纹、凤纹、鱼纹、汉字纹等，而中原宫廷的服饰龙纹常采用云纹、水纹等辅助纹样，从整体上看这与宫廷服饰龙纹的威严、霸气的风格有一些区别。龙被的色彩更加稳重、古朴、温婉、亲切。

单幅龙被出现较晚，主要在海南岛西南沿海的黎族地区使用，以红色为主，用于婚礼、祝寿、盖房升梁等方面的喜庆之事。图案主要有《云龙图》《双凤朝阳图》等。

此外，还有一种称为“鞍搭”的织锦，据南宋周去非的《岭外代答·服用门》中记载：“五色鲜明，可以盖文书几案者，名曰鞍搭。”可见，鞍搭并不算是龙被，它只是一种盖文书几案的装饰品。

现在的民间大被，图案有《祖宗图》《龟寿图》《万字图》等。乐东黎族自治县千家镇永益村，以妇女擅长纺织而出名，村里的妇女不仅织筒裙，也织大被。她们先把棉花用手捻纺轮纺成纱，再用天然植物染成色线，然后运用踞腰织机，采取单面织的纺织技术织成。以白色或红色为底，织上黑色或蓝色的图案。织好大被后要举行简单的仪式，感谢祖先保佑平安顺利完工。人们认为如果不举行仪式，则祖宗会怪罪，会损害人的眼睛。织出的大被与过去的龙被有一定的区别，人们既可以当被子盖，也可以做成随葬品（图2-81）。

黎族人与自然和谐共生，形成了一种稳定的、和谐的关系。大自然的动植物以及由此而衍生出来的诸如龙凤形象等，对黎族人民的艺术创造行为产生了强烈的影响。这种影响体现在龙被创作的过程中，将动植物的轮廓线条简练地勾勒出来，从而形成生动鲜明的艺术形象。

龙被的构图严谨、色彩艳丽、层次分明、款式多样，有着十分鲜明的艺术形式上的特征，这种艺术形式是黎锦所共有的。只有将龙被的内容与艺术形式结合，才能显示出龙被的艺术本质。龙被图案不仅内容丰富、题材广泛，而且构图严谨、五色鲜明，故有“粲然若写”“夺天造”之誉。

图2-81　千家镇永益村大被

第三章 黎族服装结构研究

黎族社会以血缘集团和家族姓氏、部落群体、地域分布等因素划分为五大方言地区。各方言支系传统服饰有着非常丰富的文化内涵，款式各异，装饰制作工艺独到，图案异彩纷呈。

第一节　哈方言黎族服装特征

一、地域分布及分类

海南哈方言黎族是黎族的重要支系之一，人口分布广，人数占海南黎族人口一半以上。哈方言主要聚居在乐东黎族自治县（抱由镇、千家镇、志仲镇、大安镇、万冲镇、尖峰镇、黄流镇等）、陵水黎族自治县（椰林镇、黎安镇等）、昌江黎族自治县（叉河镇、石碌镇、七叉镇等）、东方市（三家镇、大田镇等）、三亚市，部分散落在五指山市（番阳镇）。哈方言自身又分为十二个小支系，分别是哈应、罗活、抱怀、抱由、抱曼、抱湾、否现、志（只）贡、志（只）强、哈南罗、哈日、尼下（德霞），不同的小支系也有各自的特点，在生活习俗和服饰文化等方面相互影响。

乐东黎族自治县（以下简称“乐东县”）位于海南岛西南部，陆地面积约2766平方千米。乐东县濒临北部湾，东连五指山市、保亭黎族苗族自治县，东南与三亚市交界，东北与白沙、昌江两个黎族自治县接壤，西北与东方市毗邻。乐东县户籍人口54.96万人，黎族人口占全省人口37.7%，县政府驻抱由镇。

乐东县靠山临海，地势北高南低，地形由山地、丘陵、平原三部分组成。东北系黎母山、东为五指山，中部有乐东盆地，西南为乐东平原，沿海有海成阶地、沙堤等。昌化江、望楼河、白沙河为主要河流，属热带海洋性季风气候，光热量足，雨量充沛，但山区与沿海地区差别较大。乐东县是我国木棉主要产地之一，县内自然资源丰富。

东方市属于海南省直辖县级市，位于海南岛西南部，昌化江下游，濒临北部湾，陆地面积2272平方千米。东方市户籍人口46.52万人，黎族人口占20.43%。

东方市地势东高西低由东南向西北倾斜。境内西、北部是平原和台地，面积较大，其中感恩平原是海南最大的平原，主要有昌化江、感恩河、南港河等。东方市属热带海洋性季风气候，气温高，雨量少且集中，干湿显著。

陵水黎族自治县（以下简称“陵水县”）位于海南岛东南部，东北与万宁市交界，西南与三亚市毗邻，西与保亭接壤，北与琼中黎族苗族自治县相连，东南濒临南海。全县地势西北高东南低，地形主要由山地、丘陵、平原三部分组成。境内最高峰为吊罗山的主峰三角峰，有大小河流150多条，以陵水河最大。陵水县属于热带岛屿性季风气候，具有高温多雨、多热少寒、干湿季分明的特点。

昌江黎族自治县（以下简称“昌江县”）地处海南岛西部，东连白沙黎族自治县，南倚乐东县，西南与东方市以昌化江为界对峙，西北濒临北部湾。昌江县常住人口23.2万人，黎族人口占全县38%，县政府驻石碌镇。昌江县地形复杂，背山面海。地势东南高西北低，呈逐级下降。昌江县属热带季风气候，四季不明显。

三亚市是海南省第二大城市，古称“崖州”，位于海南岛南部，南邻南海。三亚市户籍人口66.93万人，其中黎族人口占36.2%。三亚市地势北高南低，依山面海，为山地、丘陵和滨海平原地形区，属于热带季风气候，冬暖如春，夏无酷暑。

在服饰文化方面，哈方言黎族传统服饰不仅传承了自身的古老文明与历史记忆，更体现了黎族传统文化的精髓和特点。经过上千年民族文化的沉淀和积累，哈方言黎族人的生活环境、颜色偏好、审美倾向、宗教文化、节日活动等重要信息都蕴含在哈方言黎族人传统的服饰中。

哈方言黎族服饰色彩古朴，服饰图案造型古拙，图案题材内容丰富，具有很强的写实性。哈方言黎族女子服装的形制特点是，上衣无纽居多，对襟长袖，“罗活”和“哈应”支系的衣领为小立领，衣襟后摆短于前摆，可以直接看到筒裙后腰的图案，并且上衣两侧腰下各有开衩，下着筒裙。上衣图案主要集中在门襟、下摆处，图案排列粗疏，结构简洁（图3-1、图3-2）。筒裙图案丰富，主要纹样有黄猄纹或是以哈方言黎族人生活场景为题材的图案纹样，在主体纹样四周规律地排有若干零星散碎、结构简单的昆虫纹或几何纹（图3-3）。

哈方言地区人口数量众多，其居住的地域和环境也最为复杂，这些因素使哈方言黎族服饰的款式造型、装饰方法、搭配组合也呈现出明显的地域特征。从服

图3-1　哈方言黎族女子传统服饰正面

图3-2　哈方言黎族女子传统服饰背面

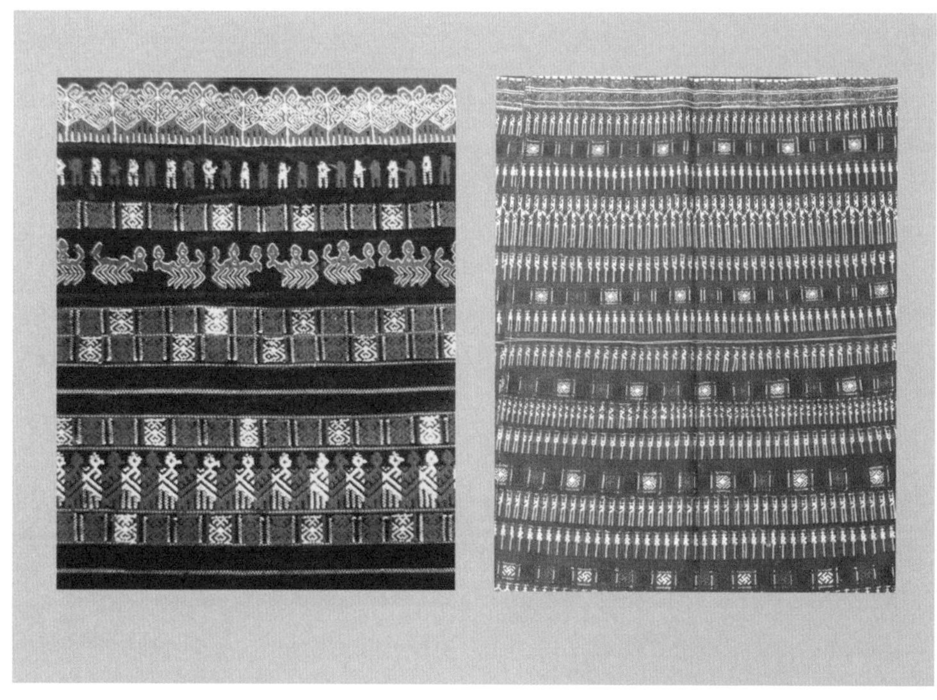

图3-3　哈方言黎族传统服饰中的纹样

饰的地域差别来看，哈方言黎族女子传统服饰可分为罗活式、抱由式、志贡式、志强式、哈南罗式、抱怀式、哈应式这七个服装类型。每个类型的传统服饰都有较为明显的服饰特征，使哈方言黎族女子传统服饰呈现出丰富多彩的服饰风貌。

二、服饰结构分析

（一）哈方言黎族男子服饰

哈方言黎族男子固有的服装分为两部分：腰布和上衣。《感恩县志·黎防志·黎情》中对哈方言黎族男子服饰有过记载："夏黎，性犷悍，不剃头，挑分前后，由后扭绊回前分盘。赤身露腿，下体以小白布一条包裹阳物。"这里的"小白布"即为腰布。腰布又称"丁字裤"或"犊鼻裈"，有些地方也称"小白布"为"吊襜"。吊襜是由梯形布和长方形布构成，两块布面料相同，为木棉布或野生麻粗布。吊襜上端梯形布上沿裁成腰围的长度或稍微长一些，围在腰上并盖至臀部中间。腰布下端长方形布条的长度，则要根据穿着者的身材而定。男子的下端布是由后到前夹在两腿之间，多数腰布没有任何装饰，为面料的原本颜色（图3-4）。

男子上衣开胸、无纽、无领，有长袖和短袖两种形制。男子上衣都是用两块长布条构成，两侧缝着袖子，后身中间劈缝。哈方言黎族男子上衣面料相对简单，是用野生麻纤维织造而成（图3-5）。

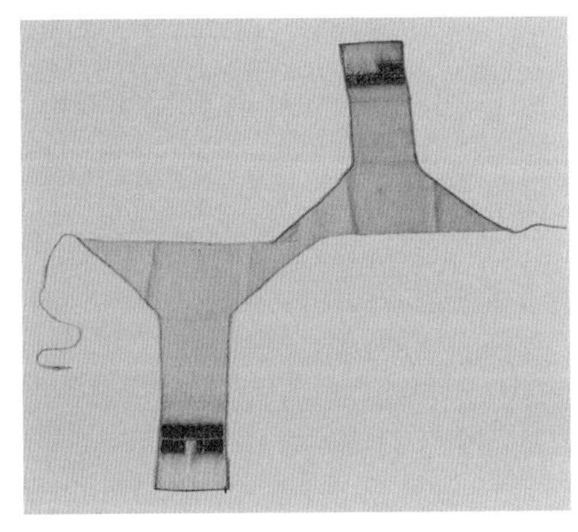

图3-4　哈方言黎族男子吊襜

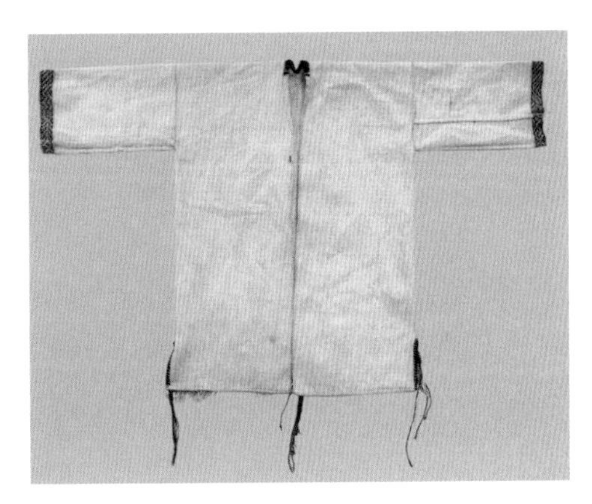

图3-5　哈方言黎族男子上衣

图3-6 哈方言黎族男子传统发式（选自王学萍《黎族传统文化》）

哈方言黎族男子传统的发式为长发，也有结发髻于额前类似角形的发式。男子发式梳理步骤如下：首先经两耳上通过头顶弓形梳成前后两部分，再把头颅前面的一半头发卷成发束，最后将头颅后面的头发和前面的余下头发缠在一起，与前面卷成束的头发在额上结成角形状的髻。哈方言黎族男子很重视头发的梳理，在任何时候都会在发髻上插一把小木梳。乐东县头塘一带的罗活支系男子结长而尖的髻发于额前，常插一把木梳或一至两根豪猪硬毛（也有用骨簪、银簪绾发的），并缠上绣花黑头巾（图3-6）。

（二）哈方言黎族女子服饰

❶ 哈应支系

哈应支系主要分布在黎族聚居区边缘地带的三亚、陵水、东方、万宁等地，通常穿长而宽大的筒裙。哈应女子服装形制上衣下裙，上衣长袖、低领对襟，领口有纽，门襟上也有三四个纽扣，衣身上没有编织或刺绣任何图案；下身筒裙肥大，裙长至小腿的中部与下部之间，头戴黑色头巾。女子平时所穿戴的服饰，无论是上衣还是筒裙、头巾等都是以黑颜色为主。从整体上看全身服饰都是暗色调，只有裙尾和头巾尾部有精美而变化多样的图案，头巾的图案部分会垂在胸前（图3-7～图3-9）。

有的地区的哈应女子所穿的上衣和筒裙装饰较为丰富，上衣对襟部位绣花，上衣背面腰部有图腾纹样。女子筒裙图案丰富，筒头、筒腰（裙眼）、筒身、筒尾四个部位的花纹图案各不相同。筒头部分基本以彩色的横线纹为主；筒腰为彩色织带，高约3厘米；筒身部分约15厘米，横向织有标志性纹样，以人形纹、蛙纹、

图3-7 哈应支系女子上衣

鸟纹为主；筒尾部分为几何形纹样。筒裙分为日常装、节日盛装和婚礼装三种，个别地方还有丧服。

哈应支系女子最具代表性的服饰是婚礼服，婚礼服筒裙制作精致，图案精美。婚礼服筒裙图案以人物为主，通过图案描述哈应人在举行婚礼时的各种活动。筒裙婚礼服的图案内容主要有“迎娶”“送娘”“送礼”等故事情节（图3-10）。

图3-8　哈应支系女子筒裙

图3-9　哈应支系女子头巾

图3-10　哈应支系女子婚礼图筒裙纹样

❷ 罗活支系

罗活支系主要聚集在昌江县，在服饰方面最具代表性的要数石碌镇的罗活支系。

罗活支系女子上衣无领、开襟、长袖、无纽，前衣摆长后衣摆短，有日常服装和盛装服装之分。日常的服饰图案纹样较为简洁，色彩以黑色为主，深蓝色为辅。盛装服装上衣较有特色，下摆有多层重叠，而且每层下摆有不同造型色彩的花纹图案，从外表看，好像穿了好几层华丽的上衣。罗活女子下穿短筒裙，裙长至膝部以上。罗活服饰图案精美，其中的图案大多反映日常生活以及人们生产劳动时的景象，也有动物纹和植物纹出现（图3-11～图3-14）。

图3-11　罗活支系女子平常服上衣

图3-12　罗活支系女子筒裙

图3-13　罗活支系女子盛装

图3-14　罗活支系女子多层盛装

有的地区的罗活支系女子盛装上衣下摆吊有带铜铃的彩色流苏，有的衣摆系有小白珠和小铃铛。这种盛装，当地人称为女大礼服，一个女人一生中只有一套，只有在隆重的节日活动时才能穿着。

❸ 抱怀支系

抱怀支系主要集中在乐东县千家镇一带，女子上衣分为日常服饰和节日盛装两种，这两种服装形式基本一样，只是在材料和图案纹样上略有差别。两种服装类别的上衣大多是低领、长袖、无纽，也有对襟短衣的样式，色彩为蓝黑色。节日盛装的上衣袖口、对襟、背后和下摆都镶有花边（图3–15）。

女子下穿长至脚踝的长筒裙，这是哈方言众多支系中最长的筒裙。筒裙是由三幅棉布组成的，每幅棉布都是相同的颜色，在底布上织绣的图案内容与配色形式却差异极大。通常来讲，裙头少图案装饰，裙眼及裙尾图案装饰丰富，有的筒裙甚至有通幅全图案装饰（图3–16）。筒裙在穿着时需用一根绳带在腰部系扎，作为腰带固定筒裙。抱怀女子习惯头缠黑色头巾，在头巾两端织有图案，并有戴大耳环的习俗。

图3–15　抱怀支系女子上衣

图3–16　抱怀支系女子筒裙

❹ 抱由、抱曼支系

抱由支系主要集中在乐东县县城周围，东方市也有少许抱由支系人口。

抱由、抱曼支系的女子服饰结构大体相同，即女子上衣无领、无纽、对襟开胸，下穿短筒裙，裙长不及膝部，也有的穿中短裙，长度在膝部上下。

❺ 志贡支系

志贡支系也称多港支系，该支系女子上衣为黑色或者蓝黑色，开胸对襟、直领，领前有一粒纽扣。上衣的对襟、袖口和下摆都有刺绣精细的花纹图案。部分村寨的志贡女子上衣开胸无领，也无纽扣，前摆长后摆短。

志贡女子穿短筒裙和中筒裙。筒裙是由两块黎锦拼缝在一起的，裙头为无花纹单色织锦。筒裙的图案色彩艳丽、细致、风格独特。

⑥ 志强支系

志强支系女子的上衣通常用自纺的棉、麻纤维织造，色彩以黑色为主，也有的以蓝黑色为主。上衣对襟无领、无纽、长袖，通常在上衣衣领以下约10厘米处缝有一对细小的彩色绳带，用来代替纽扣系扎。平常穿的上衣无任何图案，盛装上衣也只是略有花纹图案（图3-17）。

志强支系女子下穿短筒裙，筒裙分日常服装和节日盛装两种。平常服筒裙都是黑色的，花纹图案很少，而盛装筒裙则在裙身上织有较多图案，多为人形纹和动物纹（图3-18、图3-19）。

⑦ 哈南罗支系

哈南罗支系女子上衣对襟、无纽。领口仅用小绳作为系带。下穿短筒裙和中筒裙，但以穿织绣华丽的短裙为多。该支系已婚女子通常束发于脑后，并插上骨簪或者金属簪子，头顶披织有花纹图案的头巾。哈南罗女子喜欢戴耳环、项圈、手镯等饰品，有文面和文身的习俗。

图3-17　志强支系女子传统上衣

图3-18　志强支系女子平常服筒裙

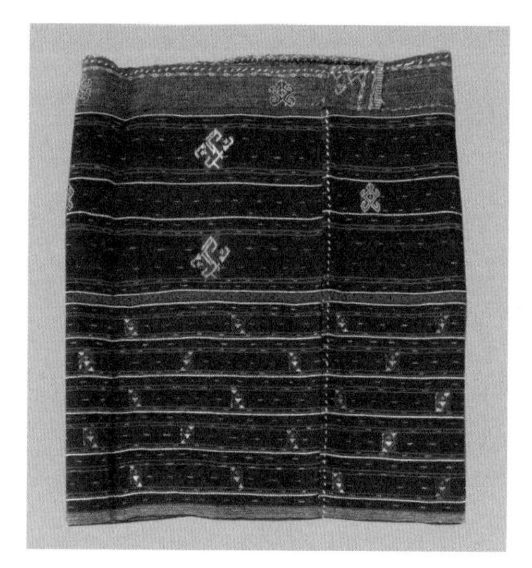

图3-19　志强支系女子盛装筒裙

第二节　杞方言黎族服装结构分析

一、地域分布及分类

杞方言黎族是海南黎族的第二大支系，人口约占黎族人口的24%。从人口分布情况看，他们的主要聚居地是五指山市、琼中黎族苗族自治县和保亭黎族苗族自治县，小部分散居在昌江黎族自治县、陵水黎族自治县、乐东黎族自治县、万宁市和琼海市等。

五指山市，包括五指山市的水满、南圣、毛道、红山、毛阳、番阳等地，这里的杞方言黎族人保留了最传统的杞方言文化。

保亭黎族苗族自治县和琼中黎族苗族自治县，两县的杞方言黎族人由于长期与哈方言、赛方言黎族混居，文化特点已有交融和改变。

昌江黎族自治县（王下）、陵水黎族自治县（大里）、乐东黎族自治县（尖峰）、万宁市（长丰、北大、三更罗、礼纪、南桥）和琼海市（会山镇）等市县，这些杞方言黎族人周围居住着其他方言黎族，但服饰仍然保持着杞方言传统服饰的风貌，只在细节上发生了细微的变化，各具特色。

要区别和界定分布在不同地区的杞方言黎族，最直接的就是他们的服装形制和服装上的刺绣图案。这是因为服装上的刺绣图案表现着每一个杞方言族群的文化特征，这不仅是区别杞方言黎族与黎族其他四大支系的关键，也是区别杞方言内部族群的标志。同时，通过刺绣图案的演变，还可分析出黎族各支系交流过程中的文化传播现象和影响力。

杞方言黎族男子在日常生活中往往担当着对外交往的角色，与女子相比，他们和外界接触更为频繁，从传统服饰演变为现代成衣。在问及当地村民有无男子传统服饰时，他们都面露羞怯、掩面而笑，这是因为他们认为传统的男子腰布过于暴露，所以很少保留，使得男子传统服饰在民间基本消失。因此，本节的论述以女装为主，对杞方言黎族传统服饰的分类，也以女子服饰上的主要差异作为依据。

从服饰的地域差别来看，杞方言传统服饰可划分为通什型、琼中型、保亭型、昌江型（王下）和大里型五个类型。

（一）通什型

着通什型服饰的杞方言黎族主要生活在现五指山市，遍布市内通什镇（原名冲山镇）、南圣镇、毛阳镇、毛道镇、水满镇、红山镇、番阳镇等地区。“通什”为五指山市的旧称，是黎语音译，当地读“tōng zhá”，是山高水寒的意思。由于时代发展的需要，2001年7月通什市更名为五指山市。但当地生活的杞方言黎族人对“通什”这个名字却有着不能割舍的情结，特别是一些老人，一直以“通什”来称呼阿陀岭下、南圣河畔这块美丽的盆地。对当地人而言，“通什”有着不可替代的历史传统和文化底蕴。值得庆幸的是，2012年6月15日上午，五指山市政府驻地冲山镇经海南省政府批准，正式更名为通什镇，让这个记忆深处的名字再次出现在人们的眼前。据海南日报报道：“此次更名，是为了充分尊重通什镇的历史传统，积极发挥‘通什’历史文化名城的作用和地名优势，此举符合当地群众的传统生产生活习惯，有利于激发广大干部群众的工作热情。”因此，以“通什型”来命名生活在这片区域的杞方言黎族所着的服饰颇为妥帖。

通什型女子服饰分为两类，一类是以通什镇为代表的纯色上衣与及膝筒裙的组合，另一类是以水满乡为代表的不对称装饰上衣与及膝筒裙的组合（图3-20）。

图3-20 不对称装饰上衣与及膝筒裙（正背面）
（选自海南师范大学“榕树计划”）

❶ 通什型通什镇服饰

据记载，民国以前，通什镇是一个只有几间破烂的船型屋，居民寥寥、野兽出没的荒凉山谷，这里的杞方言黎族过着刀耕火种的生活，也保留了最朴素的通什型女子上衣。

上衣立领、对襟、连袖结构，没有任何绣花、织花装饰，仅采用黑色的素面锦。领座较窄，采用白色绲边装饰，并采用细小的白绳系带。上衣装饰重点集中在门襟两边左右对称的金属扣饰上，上衣（图3-21左图）中三角形扣饰和圆形扣饰各自对应，交替排列；上衣（图3-21右图）中左侧门襟全为圆形扣饰，右侧门襟全为三角形扣饰，它们互为一组，顺序排列。这些仅用于装饰的金属扣饰，并列成排，银光闪耀，十分华丽，是杞方言黎族女子服饰中最有特色、最能区别于黎族其他方言的装饰（图3-21、图3-22）。

上衣门襟、开衩、袖口处使用白色绲边或彩色刺绣贴边，既隐藏了毛边，又对裁片和结构线进行了强调。白色或彩色的边缘衬托着黑色为底的上衣，对比分明，成为一种装饰。侧缝开衩长约15厘米，增加了活动量。

黑色织花头帕是通什型女子服饰的特色，头帕由一条长约1.2米、宽约25厘米的织锦在侧面缝合形成，缝合后织锦长60厘米，加上尾部45厘米的流苏，整个头巾长1米、宽25厘米。头巾尾部用彩线织出菱形方格图案，织制时比织筒裙还要精细，且色泽鲜艳绚丽，是杞方言黎族的精美工艺品（图3-23）。

图3-21　通什型通什镇女子上衣

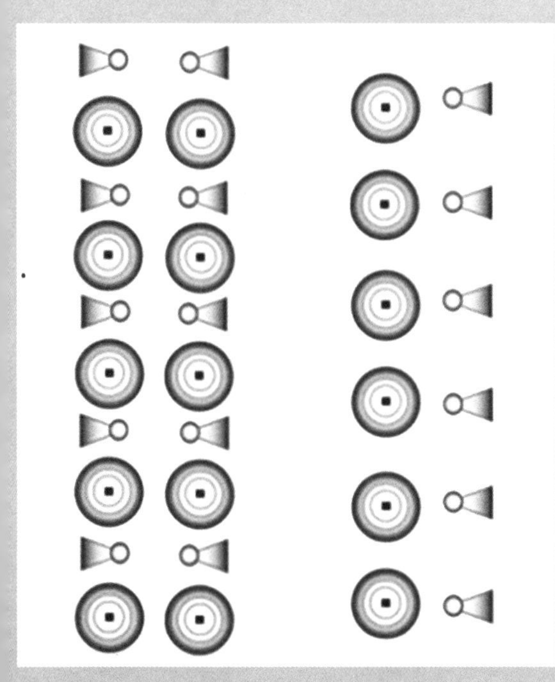
图3-22　金属扣饰对比

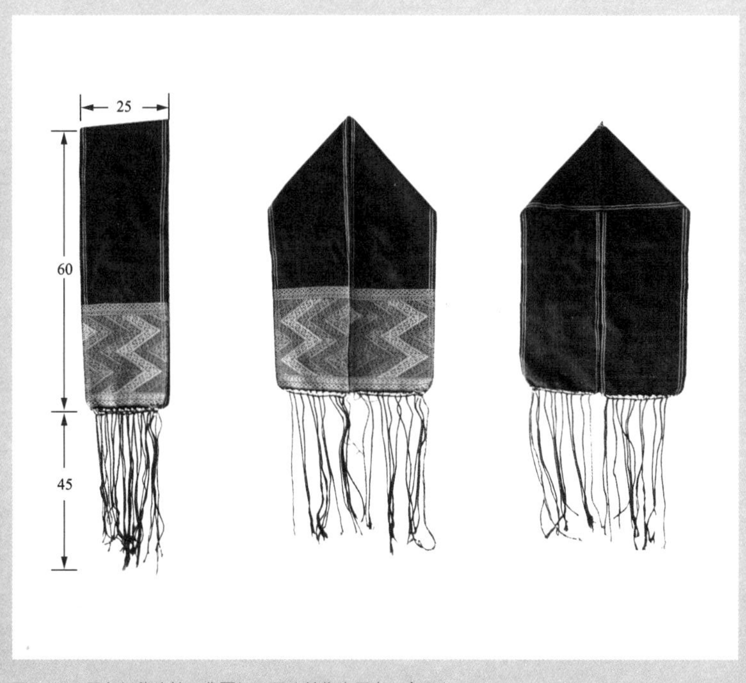

图3-23　黑色织花头帕正背面打开图（单位为厘米，余同）

织花头帕有两种佩戴方式：缠裹型，顶搭型。

缠裹型：如图3-24所示，头帕缠绕头部，帕尾流苏自然垂于身侧。具体步骤如下：先将头帕打开，将头帕中央折叠处对准额头正中，两手向后用力，使帕尾紧紧地束于耳后（步骤1～3）；从后向前拧转，将尾部的织花部分从右向左绕过额头，放于左耳后（步骤4～6）；取几根流苏分别从两侧绕向脑后打结，固定头帕（步骤7～8）；将头帕在头顶形成的尖角，塞进额头处头帕的夹缝中，再调整头帕位置，将所有的头发藏于其中，最后整理流苏，使其自然垂于身侧（步骤9～10）。

顶搭型：如图3-25所示，无须将头帕打开，直接将织锦部分对折，使最艳丽的尾部织花出现在最上方，然后将头帕直接搭于头顶，流苏自然垂于身后。

在番茅村的海南省民族技工学校，有一件男子半袖麻制上衣。具体制作年份不详，但能看出面料较新，应是制作后没有人穿过或者保存得较好。上衣沿袭杞方言黎族男子的传统形制，圆领、对襟，裁片构成形式与女上衣相似，都以水平肩线为轴，前后片连裁。不过此款男上衣在后片有破缝，共由4块裁片组成，分别是：左衣片、右衣片和左、右两片袖片。除了领窝部分，裁片都呈长方形，采用白色棉线手工拼缝，领口处有黑色绲边，并缝有小绳，小绳与女装中的功能相同（图3-26）。

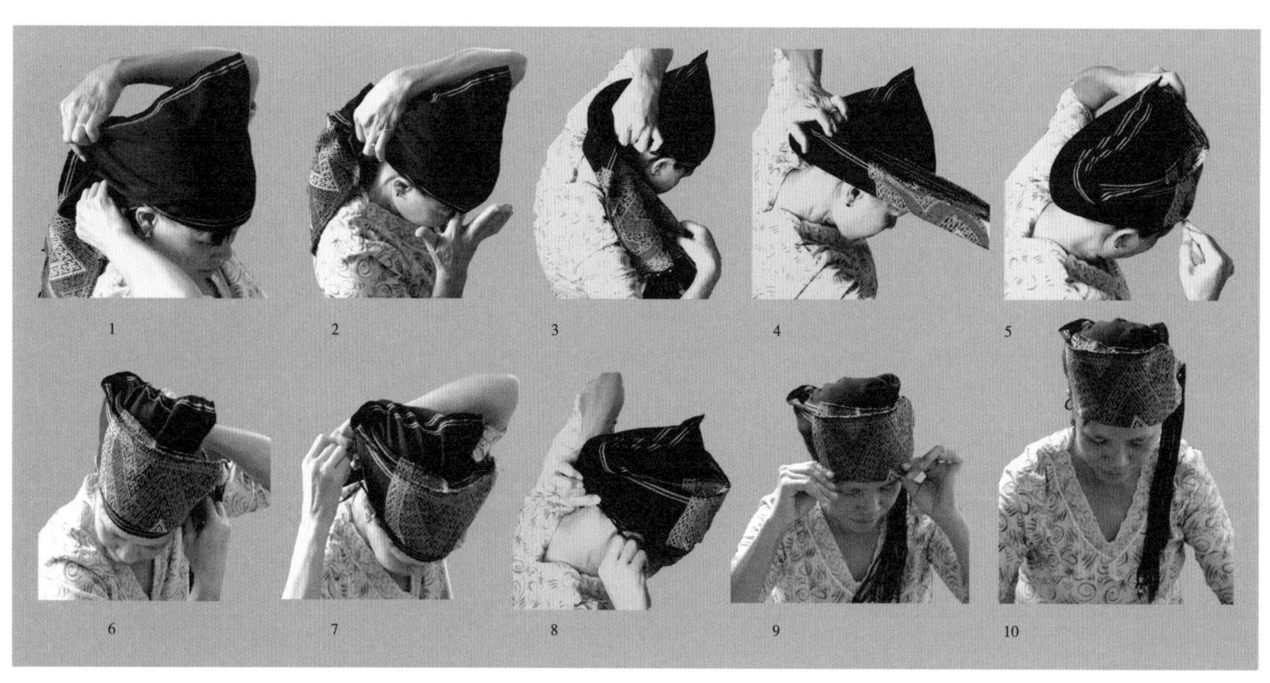

图3-24　头帕佩戴方式一

图3-25 头帕佩戴方式二

图3-26 通什型男子上衣

❷ 通什型水满乡服饰

1964年，现在的五指山市通什镇被设立为海南黎族苗族自治州的州府。州政府的成立，带来了经济的繁荣和人口的激增，通什型女子服饰也逐渐由简入繁。这类装饰华美的服饰在五指山市水满乡保存得最为完整，主要特点如下：

上衣衣领呈挖领窝状，无领片结构；衣片、袖窿使用白色绲边，袖片增加肩部、肘部的刺绣图案，袖口处有8～10厘米的白色贴边，贴边上装饰黑色花边。对襟处金属扣饰位于领口下约16厘米处，从腰到下摆均匀排列。相比通什镇女子金属扣饰（位于领口下约8厘米）位置下降，可以更多地露出里层穿着的肚兜（图3-27）。

图3-27　通什型水满乡女子服饰

上衣增加了前后衣片的刺绣装饰。两片前襟处刺绣两行竖向的暖色对称条纹，下摆处的两个不对称装饰，如前文所述，一边是直接在上衣上刺绣；另一边则是另取一块面料，先刺绣好图案后，再缝制到服装上，称为前襟贴片（图3–28）。左下摆为直接刺绣，右下摆的贴片在左右及下方缝死，上方空出作为口袋。口袋上方用深色花边装饰出长方形图案，以此为特征区分直接刺绣的一边。左右下摆的装饰图案，多块面分割与组合，常见的有菱形、正方形、长条形等形式，组成杞方言黎族女子口中的田地纹、雷电纹等图案。

图3–28 通什型女子上衣及下摆细节

后衣片下摆装饰大幅人纹、蛙纹，约占后片面积的2/5。在背脊中间有长柱形图案，称为“人祖纹”，是生命繁衍、子孙长续的哲学观念符号，也是氏族的象征和标志。在一定的文化圈中，同一图腾信仰也就意味着同源共祖，人祖纹作为杞方言黎族血缘关系的标志和象征，发挥着重要的作用。不过，随着氏族观念在当代社会的淡化，杞方言黎族女子服饰背面的人祖纹也被赋予了更多的装饰意味，标识功能已经逐步退化（图3–29 ~ 图3–32）。

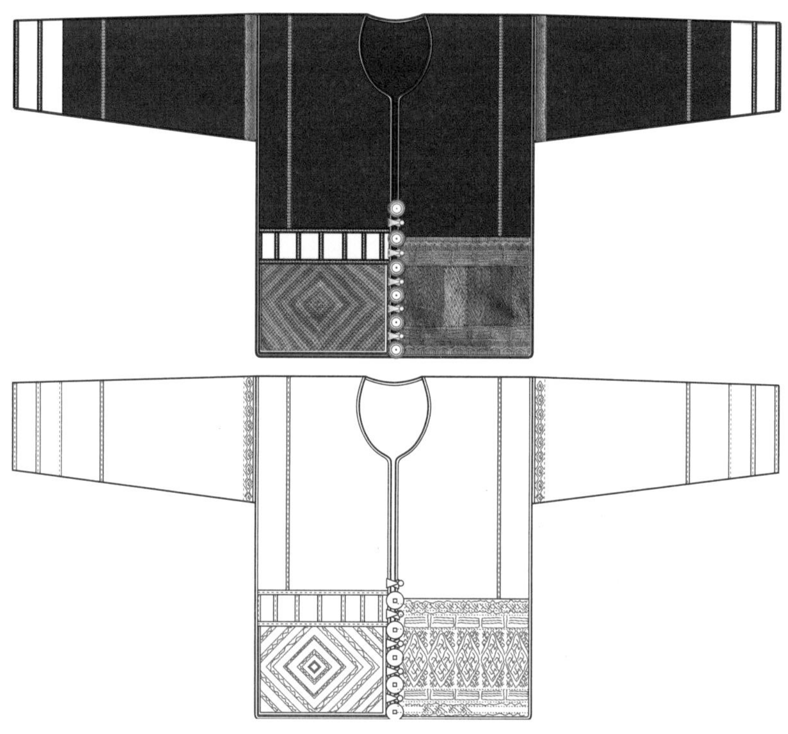

图3-29　通什型水满乡女子上衣正面款式图

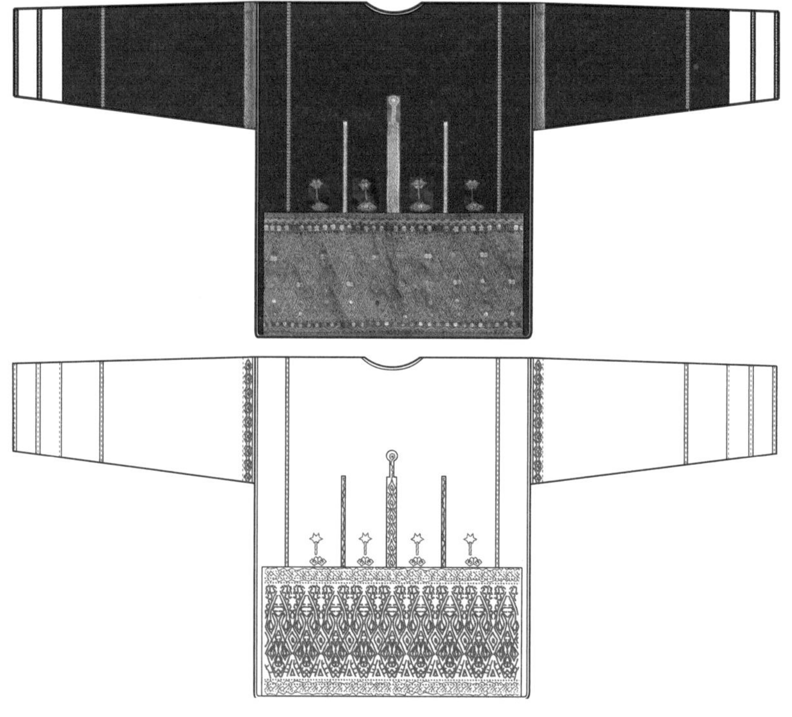

图3-30　通什型水满乡女子上衣背面款式图

如图3-33所示，上衣腋下不缝完，留有开口，一是用于通风散热，适应杞方言地区炎热气候；二是留有开口也为胳臂抬伸留有活动余地，类似于袖下无形的插片结构。

水满乡服饰与通什镇服饰在上衣装饰上相差很大，但下身穿着的筒裙区别很小。两地均以三段式结构为主，长度及膝，色彩艳丽，主体图案多为人纹、动物纹。

通什型女子佩戴的配饰中，有一种琉璃珠项圈最为特别。制作方法是先将一颗颗的琉璃珠用细铁丝穿成串，再将细铁丝围成20~30圈略大于头围的圆圈。一圈一圈的琉璃珠环绕在颈间，与铝制的项圈相映成趣，还能起到衬托项圈的作用（图3-34）。

❸ 通什型其他服饰组件

通什型女子传统服饰中还喜穿黑色肚兜来遮掩、保护胸腹，但随着时代的发展，肚兜已被工业制品的文胸或针织背心所取代（图3-35）。

通什型上衣有两种装饰形

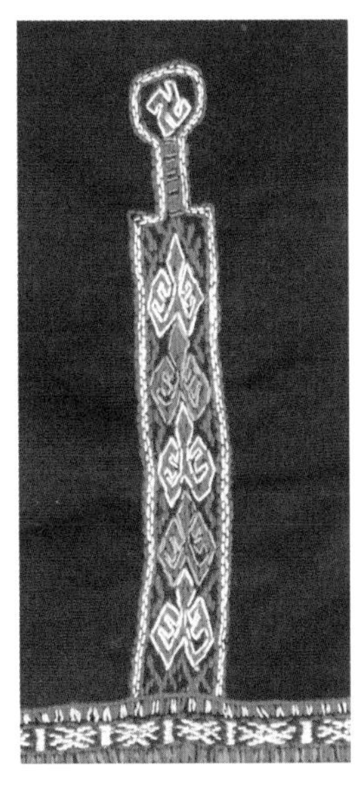

图3-31 通什型人祖纹款式一

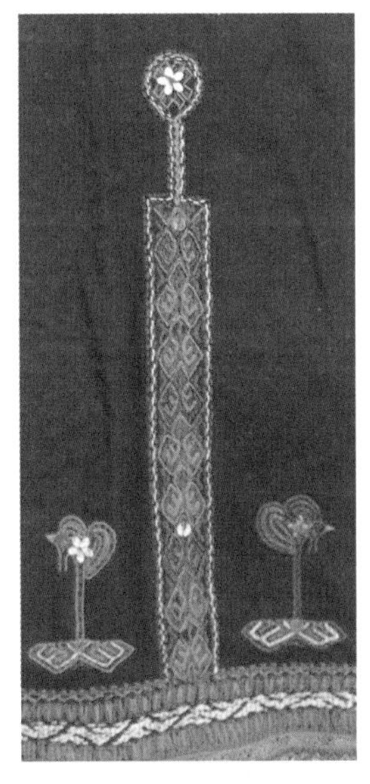

图3-32 通什型人祖纹款式二

图3-33 腋下开口细部

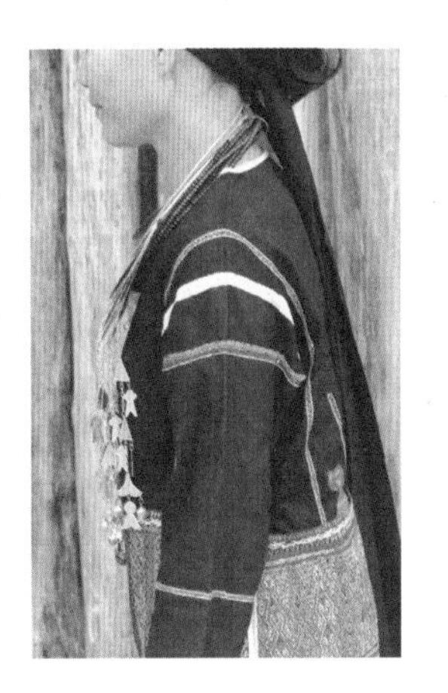

图3-34 通什型琉璃珠项圈

式，一种是在下摆边缘刺绣横条纹，另一种是在前衣片下摆以及后衣片、袖片上均刺绣植物纹。上衣为纯黑色，下摆仅有的一处二方连续图案作为装饰，使上衣具有稳定、端庄的感觉。在前衣片下摆处采用两条横向的平行图案装饰，并在中间刺绣植物纹，左右双肩上也绣有相应的植物纹，极为美观（图3-36、图3-37）。

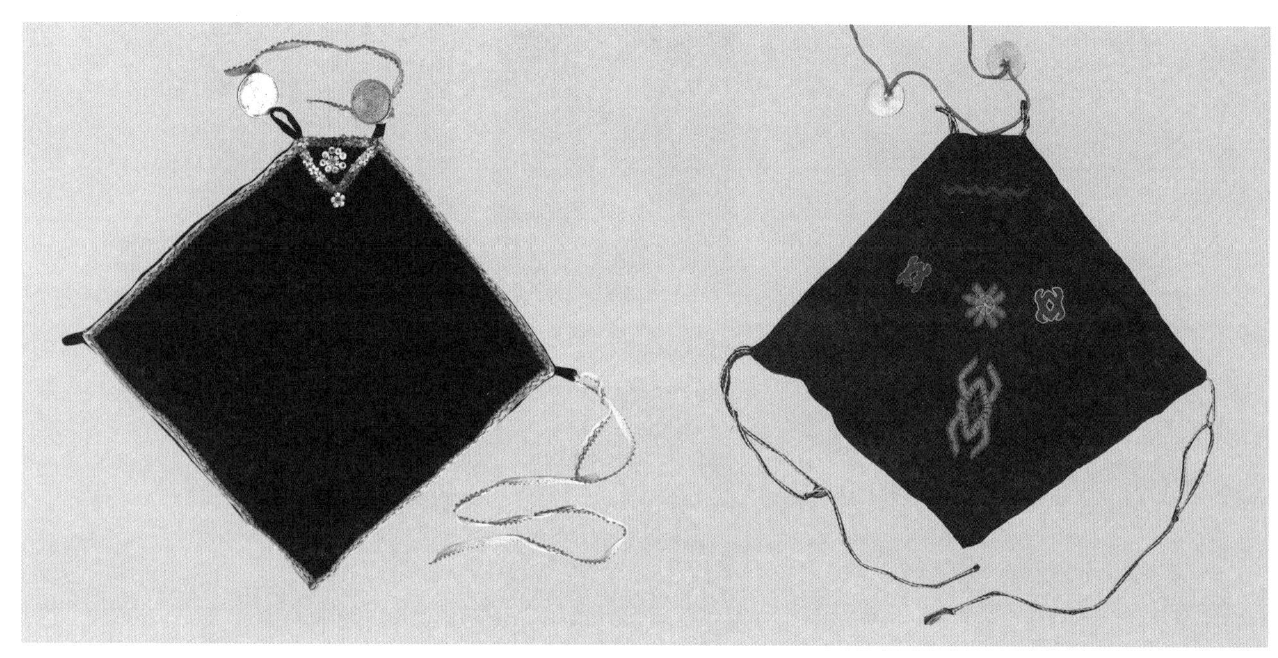

图3-35　通什型肚兜形式

图3-36　通什型妇女上衣

图3-37　通什型妇女盛装上衣

（二）琼中型

琼中黎族苗族自治县的地貌呈穹隆山地状，由高山、低山、丘陵、台地河道、阶地等构成。地形西南高、东北低，地势自西南向东北倾斜。生活在这里的杞方言黎族主要分布在西南部的红毛镇、什运乡、营根镇等与五指山市相隔不远的高山地带，服饰特征与通什型十分相似。而居住在琼中东部和南北部的杞方言黎族受汉族影响较深，不论男女全部改穿汉装，大部分人改讲汉语，习俗也已与周边汉族相似。

琼中型服饰同样采用基本的白色绲边、金属扣饰及袖口贴边，装饰部位也与通什型基本相同，主要特点如下：

一是上衣衣领有立领和圆领两种形式。立领结构较通什型多，且领座较宽，便于进行刺绣装饰和缝上细长的红色飘带用于系带。图3-38所示的两件琼中型上衣，来自琼中县什运乡番道村，是琼中型服饰中装饰较少的样式。除上衣下摆处有宽约8厘米的刺绣装饰，两件上衣仅在领型上有所区别（左图为挖圆领，右图为立领），并且在裁片构成、袖口装饰上都与通什型的纯色上衣十分类似，但大部分琼中型女子上衣领部缝有实用而美观的红色飘带。

二是袖片肩部、肘部的条状刺绣短而宽。如肘部图案，一般通什型宽为0.8～1厘米，长为袖口宽；琼中型宽为1～1.5厘米，长为袖口宽的一半。袖口的白色贴边上通什型多缝黑色装饰条，琼中型会拼接红色布条（图3-39）。

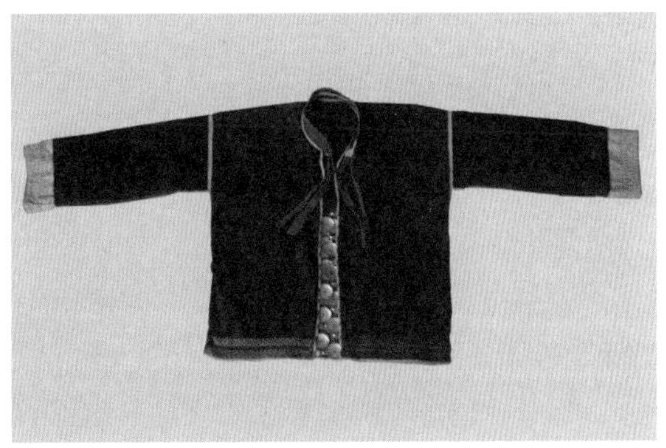

图3-38 琼中型女子上衣

图3-39 肘部图案对比

三是上衣前衣片下摆图案多为鸟纹、花卉纹等，无通什型前襟处的竖向图案。从海南省民族研究所收藏的这两件上衣来看，琼中型前衣片下摆装饰图案有对称和不对称两种形式（图3-40、图3-41），并且这些刺绣图案都是直接作用在衣片上的，没有通什型上衣中的前襟贴片（口袋）这一单独裁片。由于这两种服装类型的地理位置较近，妇女交流频繁，她们相互学习、相互借鉴，很多服饰元素都已通用，通什型的前襟贴片这一裁片已大量出现在琼中地区，使得两地服饰呈现出日趋相似的态势。

四是琼中型女子上衣背面有约占后衣片面积1/3的长方形图案，上方正中为琼中型人祖纹，两边对称排列三条竖向条纹，第一、第三条较人祖纹更短，第二条延伸至肩部；也有人祖纹两边只有两条对称竖纹的情况，第一条长于人祖纹，第二条也延伸至肩。同为族系标识，同处后片背脊中间，通什型的人祖纹较长，称为长柱花；琼中型则较短，称为短柱花。长柱花的长度一般在20厘米上下，短柱花则一般短于10厘米，两者的具体长度根据地区的习惯和个人的喜好有上下微调的幅度（图3-42、图3-43）。

五是琼中型女子上衣更重视红色的运用。上衣立领上的红色系带和袖口上的红布拼接都说明了这一点。通什型给人的印象更多的是黑、白、彩色的对比，在黑白色勾勒的框架中，装饰五彩缤纷的刺绣图案。而琼中型则更善于运用黑、白、红色的组合，通过红色刺绣、红色布条的组合变换来表现深浅、虚实的装饰效果。

六是琼中型筒裙为三段式，长度及膝，以红色系为主，并注重人纹的运用。

图3-40 对称装饰

图3-41 不对称装饰

图3-42 琼中型女子上衣背面

图3-43 琼中型女子上衣背面

（三）保亭型

保亭黎族苗族自治县南邻三亚市，属开化早、发展快，黎族、苗族、汉族三种文化交融的地区。服饰较为特殊，分为两大类：保城镇服饰和毛感乡服饰。当地大部分杞方言黎族与赛方言黎族居住在一起，服饰的形制和装饰风格都已趋近赛方言黎族，特别是保亭县城保城镇周边的杞方言黎族女子的穿着已与赛方言黎族女子基本相同，只有稍微边远一点的毛感、新政地区的筒裙上仍保留有杞方言黎族的特色图案，故可将保亭型服饰作为最特殊的杞方言服饰。

这里居住的黎族是黎族五大方言中最早受汉文化影响的，女子上衣形制已为偏襟。加之当地经济发展迅速、交通便利、原材料充足，面料可直接从市场上购买，制作方法也采用缝纫机机缝，与黎族其他几个方言区形成鲜明的对比。

❶ 保亭型保城镇服饰

保亭型杞方言黎族女子上衣形制为右衽、立领、长袖，大襟向左开，从衣领

图3-44　保亭型白色绲边上衣

图3-45　保亭型印花布绲边上衣

向右斜，排有距离不等的布纽扣作为固定。上衣面料一般为素面锦，多为黑色、蓝色，也有粉色、绿色等。领片及大襟部位有撞色绲边或细窄的印花布绲边，作为边缘装饰（图3-44、图3-45）。

保城镇女子筒裙仍采用传统的手工织造，与赛方言黎族女子筒裙相似，裙身极为宽大，长度及踝，宽度为制作者的手臂长度，穿着时需在腰部折叠固定。图案多为细密的二方连续图案，一般4～5排为一个单元进行重复，一个单元中的每个图案寓意各不相同。保城镇杞方言黎族女子说，她们非常珍惜自己织做的筒裙，将其视为生命，所以以人的结构关系来命名筒裙的四个部分：头—眼—胃—尾（图3-46）。

居住在保亭县的杞方言黎族，无论服饰的外显特征（上衣形制、装饰，筒裙尺寸、图案）还是生活习惯都与当地赛方言黎族无异，但他们的语言和他们的族群都属于杞方言这一支系，这是任何外在因素也无法改变的。

❷ 保亭型毛感乡服饰

保亭县毛感乡的服饰很大一部分结合了杞方言黎族和赛方言黎族的特点。以图3-47中的小女孩为例，她所穿着的上衣虽是立领偏襟的形制，但在面料的选择和色彩的组合上却体现出杞方言黎族的风格。特别是下身穿着的筒裙，又恢复到适体的宽度和及膝的长度。女子上衣（毛感乡什春村）胸口处刺绣的红色图案也是此种融合的体现。据制作这件上衣的王珠玉说，这件上衣是她在1963～1964年这两年间制作的，胸前的公鸡图案是为参加“三月三”在三四年前补绣上去的。

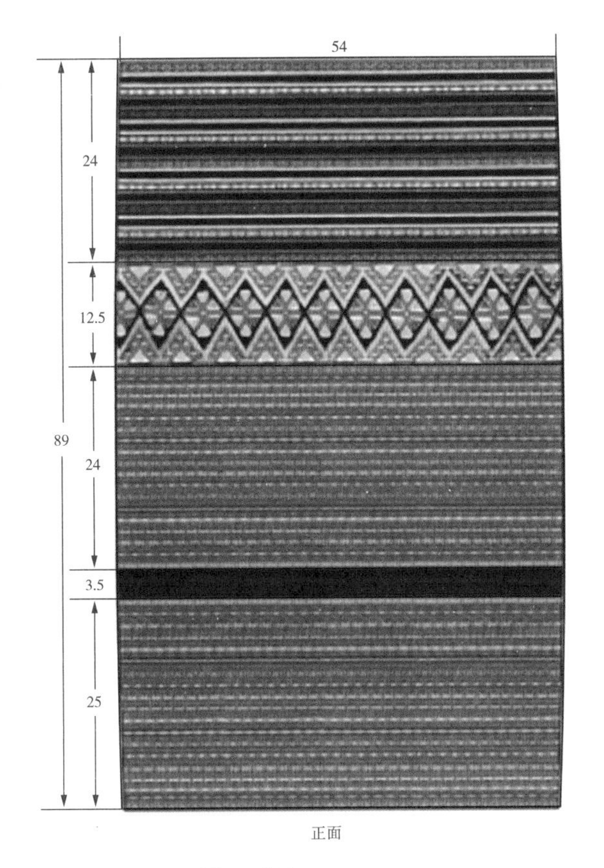

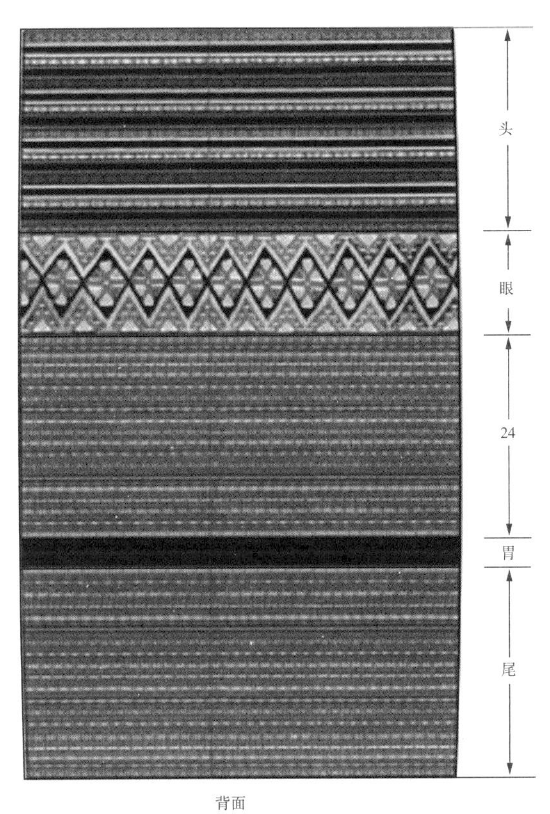

图3-46　保亭型保城镇筒裙正背面

王珠玉还提到，1949年以前，这里的上衣都是对襟结构的，到中华人民共和国成立后才逐渐改成偏襟（图3-48）。

毛感乡的筒裙一般也为三段式结构如图3-49所示。裙头多为深色，宽度较通什型、琼中型宽；裙腰也较宽，且位置下降。筒裙上织造的龙拿扇子纹、八字纹等是当地的特色图案（图3-50、图3-51）。

还有一种筒裙采用赛方言较为古老的装饰手法，一般为赛方言黎族女子穿着，可以区分保亭的赛方言黎族和杞方言黎族。这种筒裙由三到四段织锦组成，长度及踝。第一段和第二段多为黑色或蓝色的素面锦，中间或织有色彩艳丽的裙腰。第四段裙尾部分织有细密的图案，宽约20厘米，大部分还嵌入云母片，看上去闪闪发亮（图3-52）。

图3-47 保亭型毛感乡女孩服饰
（选自符桂花《黎族传统织锦》）

图3-48 保亭型毛感乡女子上衣

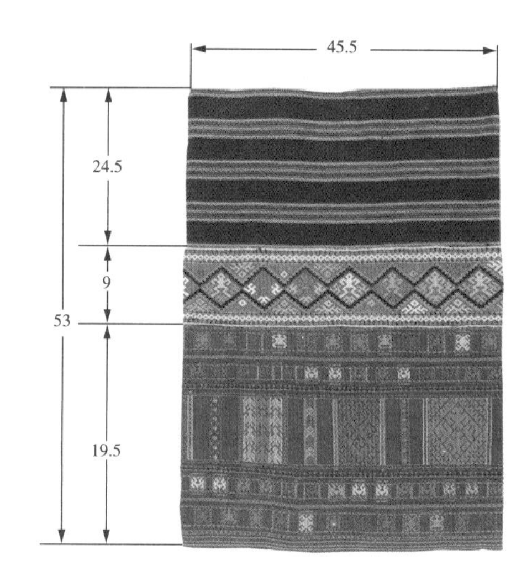

图3-49 保亭型毛感乡女子筒裙

图3-50 龙拿扇子纹

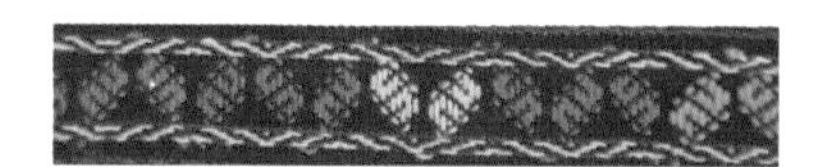

图3-51 八字纹

图3-52 赛方言黎族女子筒裙

（四）昌江型（王下）

昌江黎族自治县是哈方言、美孚方言黎族的主要居住地，仅在霸王岭北部的王下乡和七叉镇的乙在、南在、白石林等地有杞方言黎族居住，人口为3400多人，以王下乡洪水村最为集中。洪水村地理位置偏僻、交通闭塞，近乎与世隔绝，村子里很多老人一辈子都没出过山。在前往洪水村考察的途中，道路两侧一边是悬崖与峭壁，一边是河流纵横，前方则是一个弯道接着一个弯道，似乎没有尽头。然而，就在转角处一条倾斜近乎50°的坡下，约150间船型屋突然闯入视线。错落有致的金黄屋顶和四周苍翠的连绵青山显得十分和谐。村落里的椰树婆娑，柔柔地呵护着这个古朴的村庄，一切都显得那么朴实静谧（图3-53）。据海南省非物质文化遗产研究会会长王海昌认为："从村中的百岁老人可以推断出洪水村已有上百年历史，并极可能是从五指山腹地迁移过来的。"

由于洪水村地理位置险要，这里的杞方言黎族极少与外界交往，其民族服饰和民族风情都极好地保持了原貌。女子上衣形制与通什型、琼中型、大里型相同，但装饰部位、图案和风格却自成一派（图3-54）。

图3-53　船型屋

图3-54 昌江型女子服饰

上衣为圆领、对襟、长袖。领口、门襟、开衩处采用绲边装饰，显示出她们对红色的偏好。袖口和前衣片对襟处刺绣几何形图案作为饰边，对襟处的刺绣非常讲究，要从侧面才能看出明显的图案。后衣片中心有两条贯穿背脊的竖纹，下方两个形似X的对称图案和方形饰块是昌江型服饰的特色。两侧开衩，开衩长度略短于通什型（图3-55）。

筒裙长度及膝，多由两条织锦拼缝而成，颜色对比强烈，图案更大、更粗犷，白色纱线的部分是絣染工艺，与醒目的挑花图案相映成趣。大部分昌江型筒裙的主体图案在下方的织锦上，用两个对比色构成一个图案，显得十分大气（图3-56、图3-57）。

图3-55 昌江型女子上衣正背面

图3-56 昌江型女子筒裙及裁片分解图

图3-57 昌江型筒裙主体图案

昌江型头巾与其他几个类型的首服在图案、色彩及佩戴方法上都有所不同。首先，头巾色彩多为紫红色或红色，与服装上的色彩相呼应。其次，头巾尾部垂下量多且长的流苏，佩戴时置于胸前或身后，形成摇曳生姿的形态（图3-58）。

图3-58 昌江型女子头巾正背面佩戴图

（五）大里型

穿着大里型服饰的杞方言黎族生活在陵水黎族自治县。陵水县与昌江县的情况相似，境内多其他方言黎族（赛方言、哈方言），是一个“大杂居、小聚居”的市县。当地杞方言黎族主要生活在陵水县北部的本号镇。该地区靠近琼中县，女子服饰从外形上看与琼中型较为类似。立领上的红色飘带、袖口上的红色条纹均与琼中型如出一辙，最大的不同在于大里型女子会在敞开的上衣内穿着白色肚兜，并将肚兜下端露于筒裙外，形成短衣、大肚兜的层叠穿搭，这是其他四个类型服饰中没有的。通什型、琼中型的黑色肚兜下端多塞在筒裙里，不显露出来。大里型上衣的前衣片刺绣也别具一格，在从中部到下摆的大面积红色刺绣中穿插红色布条，形式规整、富有节奏感，并与袖口上的红色条纹形成呼应（图3-59）。

上衣后衣片下半部刺绣大幅的人纹，上半部则为独特的植物纹。这种植物纹花型较大、排列紧密，为大里型杞方言黎族独有。相较于其他四个类型，大里型女子服饰不仅装饰图案独特，色彩也更加古朴。除上衣领口、袖口和前衣片上相互呼应的红色布条外，上衣刺绣图案与筒裙图案以暖色为主，且明度不高（图3-60、图3-61）。

图3-59　大里型女子服饰
（选自王学萍《黎族传统文化》）

图3-60　大里型女子上衣背部
（选自王学萍《黎族传统文化》）

图3-61　上衣背部图案细节

二、服饰结构研究

（一）服装形制

杞方言黎族女子上衣的形制特点是无领或立领、对襟、长袖。下裙称为筒裙，根据生产环境和便于生活劳作的需要，或长而宽，或短而窄。如图3-62所示，穿着长筒裙的杞方言黎族女子主要生活在平原地区或小丘陵地带，物质生活条件较好，接受汉族文化影响较早、较多，如保亭县的保城、响水等地区。而短筒裙则主要是居住在山涧、小溪、河流等地带的杞方言黎族女子穿戴的，如五指山、琼中等地区。究其原因，最主要的因素是穿着短筒裙与自然环境相适应，更适合于跋山涉水。

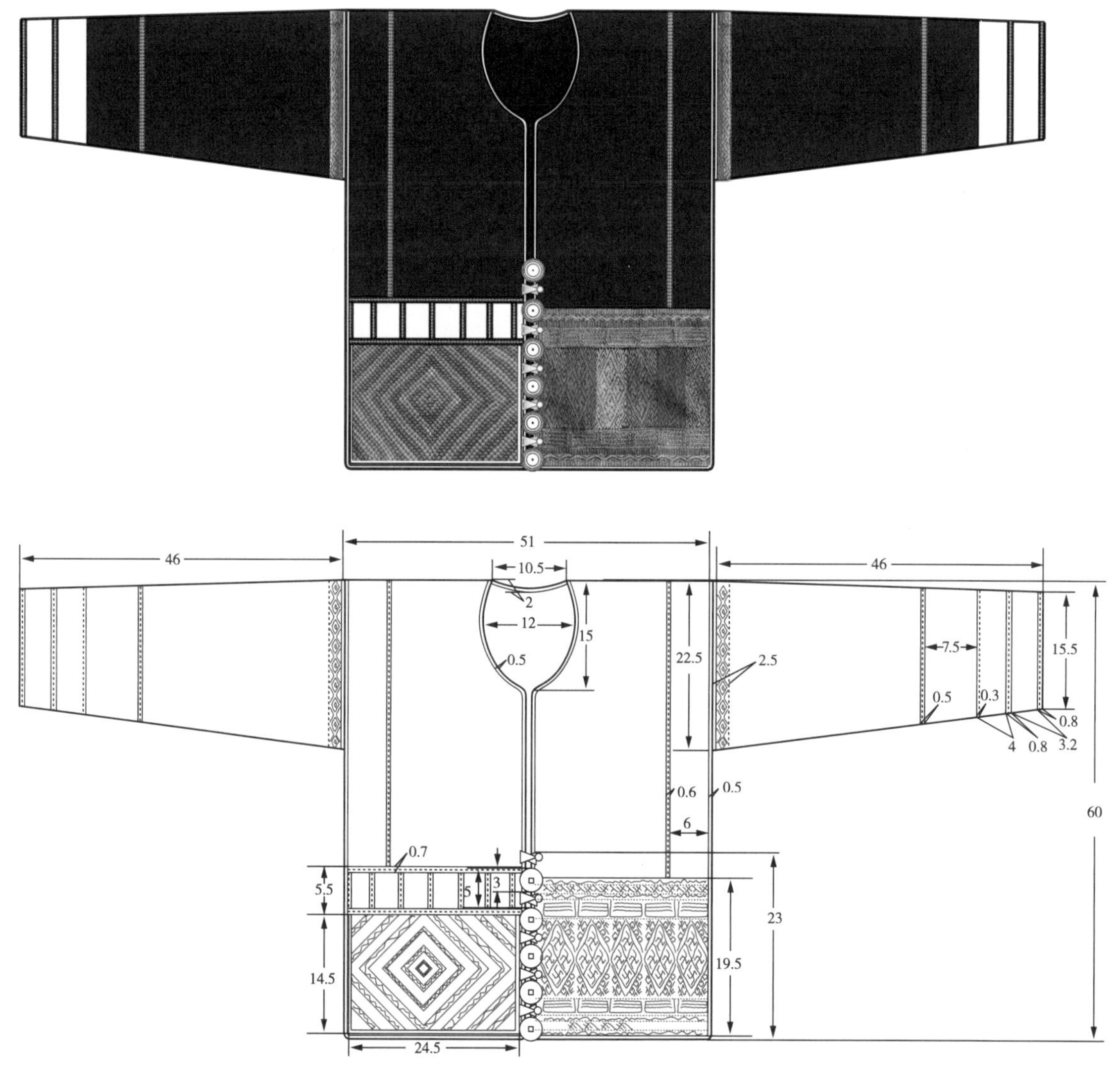

正面结构图

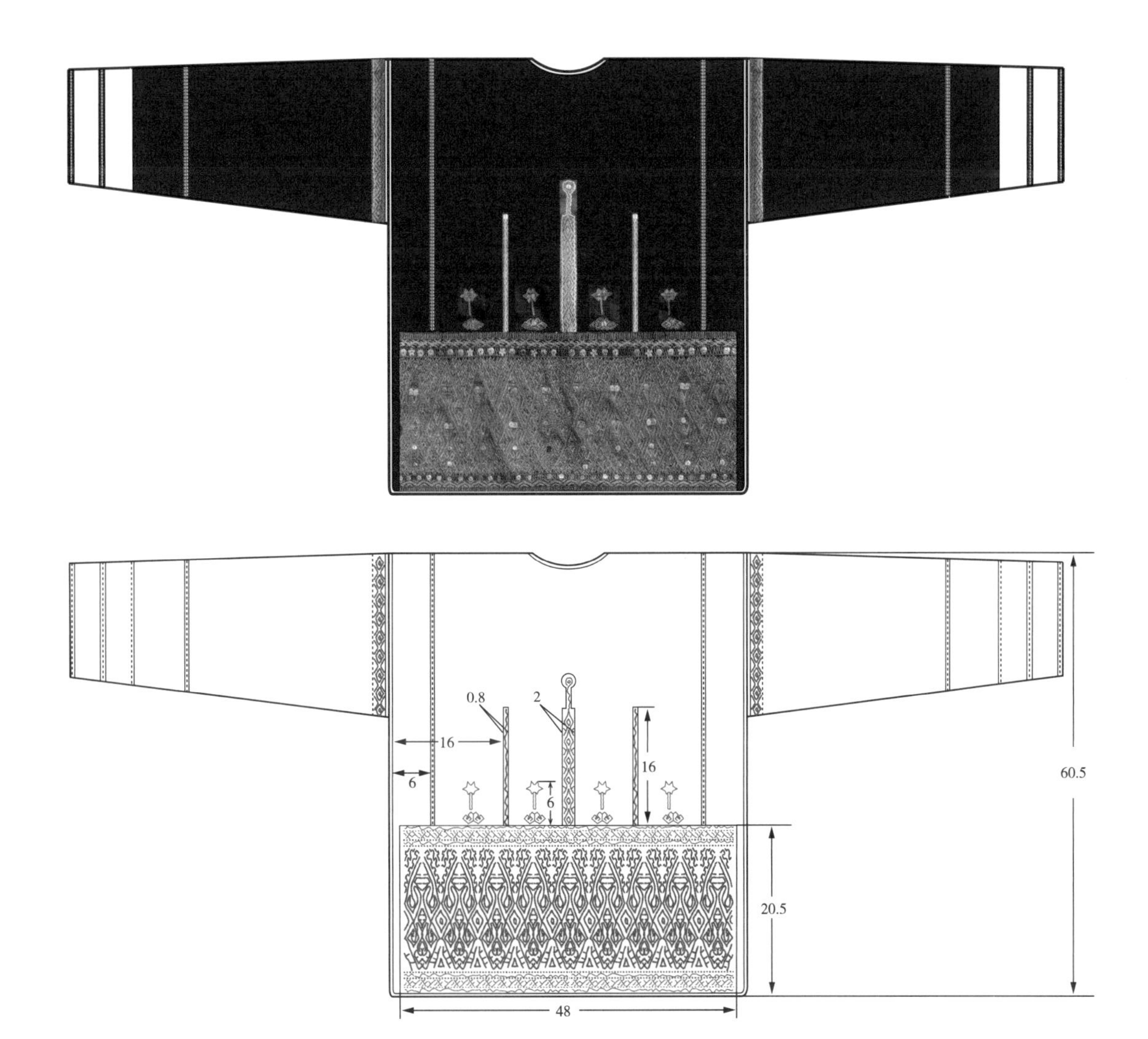

背面结构图

图3-62 杞方言黎族女子传统上衣

陵水大里和琼中地区（大里型和琼中型）的杞方言黎族女子还在对襟上衣内穿着菱形肚兜，前者内衣一般为白色，后者为黑色。首服有长巾、头帕、绣花带三种形式，各地有细微差别。配饰方面有头钗、项圈、胸挂、手环、脚环等多种，一般盛装时才会完整穿戴。表3-1将杞方言黎族女子传统服饰的组成成分做了一个梳理，基本概括了杞方言黎族女子所穿戴的全部服饰组件，根据地域的不同，会有搭配上的差异。

表3-1 杞方言黎族女子传统服饰组件

品类	分类	传统服饰组件名称	形制	材料
服装	1	肚兜	菱形、系带	白色或黑色棉布
	2	上衣	对襟、无领或立领、窄袖、无纽	蓝色或黑色棉布
	3	筒裙	样式一：及膝窄裙 样式二：及踝长裙	彩色织锦
配饰	4	长巾	长条状	黑色棉布
	5	头帕	带穗、织花	黑色棉布及彩色织锦
	6	绣花带	下垂串珠、绣花装饰	黑色棉布、串珠
	7	头钗	样式一：三叉形 样式二：单个为三角形，有单叉和多叉之分，下垂装饰	银或锡
	8	项圈	样式一：多层串珠 样式二：单层圆形 样式三：多层月牙形，有下垂装饰	银或铝、琉璃珠
	9	胸挂	圆形银牌、下垂装饰	银或锡
	10	手环、脚环	圆环形	银或锡

杞方言黎族男子传统服饰由头巾、上衣和腰布（也称“吊襜”）构成。头巾多为深色的素面锦，用于包缠头部。上衣形制有两种：一种有袖、另一种无袖，并且无领、对襟，也无纽扣，由缝在对襟上的小绳系扎。男子腰布由前后同样大小的素面锦在腰部固定构成，侧缝不缝合，长度及膝，通常施以条状刺绣，无大型的适合纹样。图3-63是保亭毛感地区男子外出打猎时的形象，该男子头缠黑布，不穿上衣，只着腰布，肩扛猎枪，背挂蓑衣，头上还插着鸡尾毛，塑造了一个勇敢、刚强的杞方言黎族男子形象。现在各地区的男子服饰早已变化，只有在极偏僻的地方或博物馆，才能看见杞方言黎族男子传统服饰（图3-64）。

图3-63 杞方言黎族男子猎装
（选自符桂花《黎族传统织锦》）

图3-64 杞方言黎族男子传统服饰
（选自王学萍《黎族传统文化》）

（二）结构特征

从上述介绍的杞方言黎族服饰形制概况可看出，杞方言黎族男女服饰与南方其他少数民族服饰在形制上相差不大，更为突出的特点主要表现在其结构上。通什型杞方言黎族女子生活在五指山腹地，其服饰较为传统且具有典型性。本节以通什型杞方言黎族女子服饰为例，从服装的构成方式、分割线的装饰手法、服饰的搭配组合及服装数据分析四个方面来讲述其结构特征。

❶ 服装的构成方式

通什型杞方言黎族服饰是最传统的杞方言黎族服饰，其各部分裁片采用古老的踞腰织机织造。上衣一共由五片裁片、五片装饰贴片及三条绲边组成。五片裁片分别为：衣片、左右袖片及左右袖口贴片，它们构成了通什型女子上衣的基本骨架。五片装饰片为一片前襟贴片和四条袖口装饰条，其中前襟贴片是通什型女子服饰的特色，形成杞方言黎族独有的风格。从裁片分解图可知，上衣的衣身是由一幅素面锦沿肩部水平线对折而成的，制作方法是：首先在前襟处将衣身从中破开并挖出领窝，使用绲边将整个衣片的毛边包裹，再与袖片（已使用绲边包裹袖窿）、袖口贴片进行拼缝，最后装饰上袖口装饰条及前襟贴片。纵观整件上衣，裁片的长宽分割比例适度，各裁片的分割配置也十分均衡匀称（图3-65）。

女子筒裙由三条杞方言黎族传统织锦作为面料拼缝而成，分别称为：筒头、筒腰和筒身。筒裙上及腰线，下及膝盖，臀围处为筒腰（图3-66）。

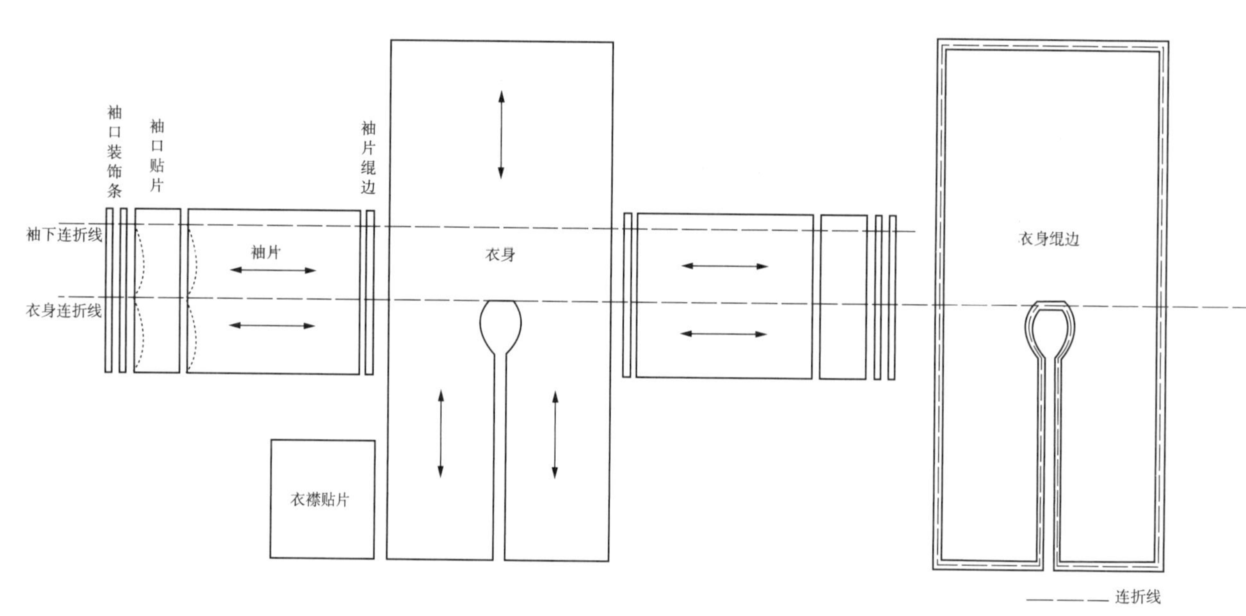

图3-65　通什型女子上衣裁片分解图

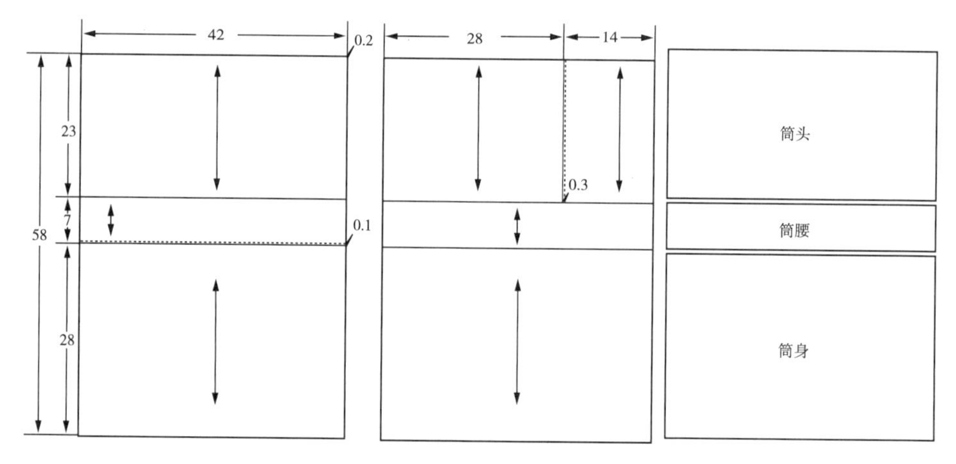

图3-66　通什型女子筒裙裁片分解图

❷ 分割线的装饰手法

黎族传统服饰承袭的是中国传统服饰的脉络，不在衣片上做多余分割，分割线仅为必要衣片的布边，且多为直线。直身的原因是多方面的，首先，踞腰织机织出的布是长方形的，布的形状决定了布边是直线；其次，一块黎锦从采集原材料到织成往往会耗费数月的时间，这份辛勤的劳动成果是黎族妇女不愿丢弃的，所以她们秉承物尽其用的原则，用整幅布去拼合一件衣服。再者，海南岛炎热的气候使得她们需要通风透气的服装，所以上衣不需要紧裹身体、完全合体。

由于上述原因，各方言黎族均直接采用布边相连的方法组成服装，连接后的布边作为分割线的形式存在。润方言黎族女子喜爱在分割线上用彩色绣线补缀花边，或者沿着分割线绣网格图案。而杞方言黎族女子的做法是使用宽0.8～1厘米的布条来包裹衣片的毛边，布条与衣片异色，多为白色或红色，形成色彩对比。包裹后的绲边宽度为0.4～0.5厘米，一方面起到遮盖毛边的作用，另一方面将破缝线变成了装饰线，既改变了接缝的性质，又美观大方。

图3-67　杞方言黎族新娘服饰
（选自符桂花《黎族传统织锦》）

❸ 服饰的搭配组合

正如文字与标点的组合可以形成不同的语意，服饰各要素之间不同的组合方式也能构建起各式各样的服饰文本。杞方言黎族女子服装与配饰的搭配主要体现在上半身，图3-67中的杞方言黎族新娘在胸前佩戴了各式项圈、胸挂，似乎把全部的家当都戴在了身上。加之头上摇曳的头巾，使得服装与饰物整体搭配协调，并且富有动感。

另外各型杞方言黎族女子上衣的前胸部位都不加刺绣，这样在盛装佩戴饰物时，银项圈、胸牌等饰物就可以被深色的上衣底布衬托出来，从而更加突出饰品的闪亮效果（图3-68）。同时，宽窄相间的三段式及膝筒裙也与上衣配搭相得益彰，一般是数条窄横纹隔一条宽花纹，色彩绚丽、错落有致。

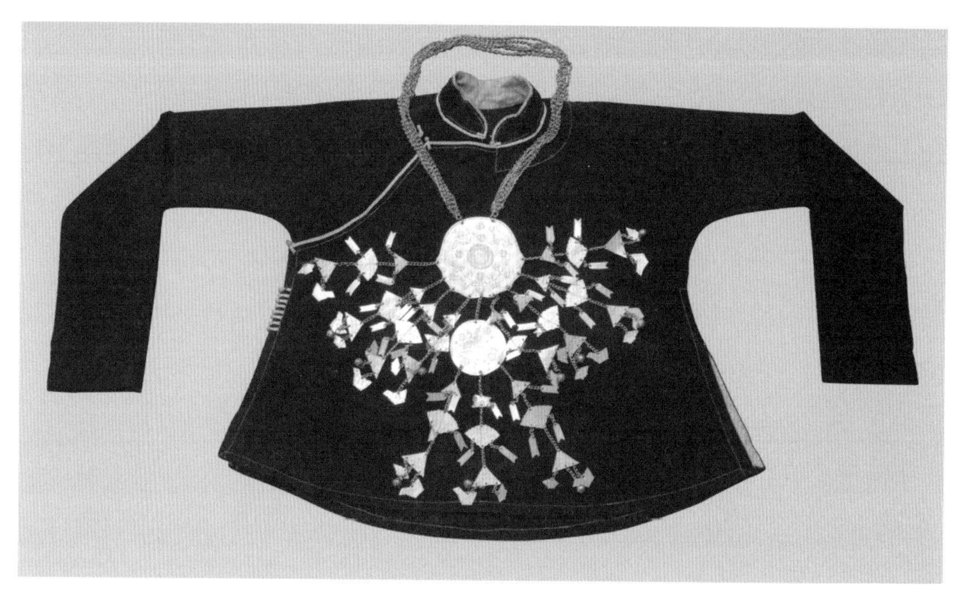

图3-68 保亭型上衣和胸挂

❹ 服装数据分析

受现代成衣事业发展的影响，杞方言黎族女子逐渐采用工业织造的布匹来制作上衣，所以上衣款式、结构、装饰也出现了新的特征。最大的不同是出现了西式的袖型，有了袖窿弧线，并且各裁片的大小也可以不再受踞腰织机幅宽的限制。此时，对传统服装的数据收集和分析显得尤为珍贵，杞方言黎族各地区传统服装的尺寸、图案大小和布局均有不同，这不仅体现了当地杞方言黎族人的生活环境、生产条件，也传达出他们不同的审美爱好。

以较有代表性的通什型杞方言黎族上衣为例，进行详细的数据分析，为了更好地分析其结构特点和装饰特点，该结构图不仅标识出了各结构裁片的尺寸，也标明了手工刺绣、贴片等装饰细节的尺寸。根据图3-69可知：由衣（44厘米 × 51.5厘米）、袖片（35厘米 × 18厘米）、袖口贴片（10厘米 × 18厘米）拼缝而成的上衣衣长为51.5厘米，袖通长为134厘米，上衣下沿可及臀，一般能遮住筒裙的筒头，故大多杞方言黎族筒裙的筒头部分多采用素色织锦或图案较简单的织锦。前衣片（右）下摆处的方形裁片为上文提及的前襟贴片，长21.5厘米，约占整个前衣片长度的2/5，前衣片（左）上的直接刺绣装饰则不足前衣片的1/3，其余部分的用料、装饰等都在左右对称的情况下，杞方言黎族女子在服装正面通过尺寸

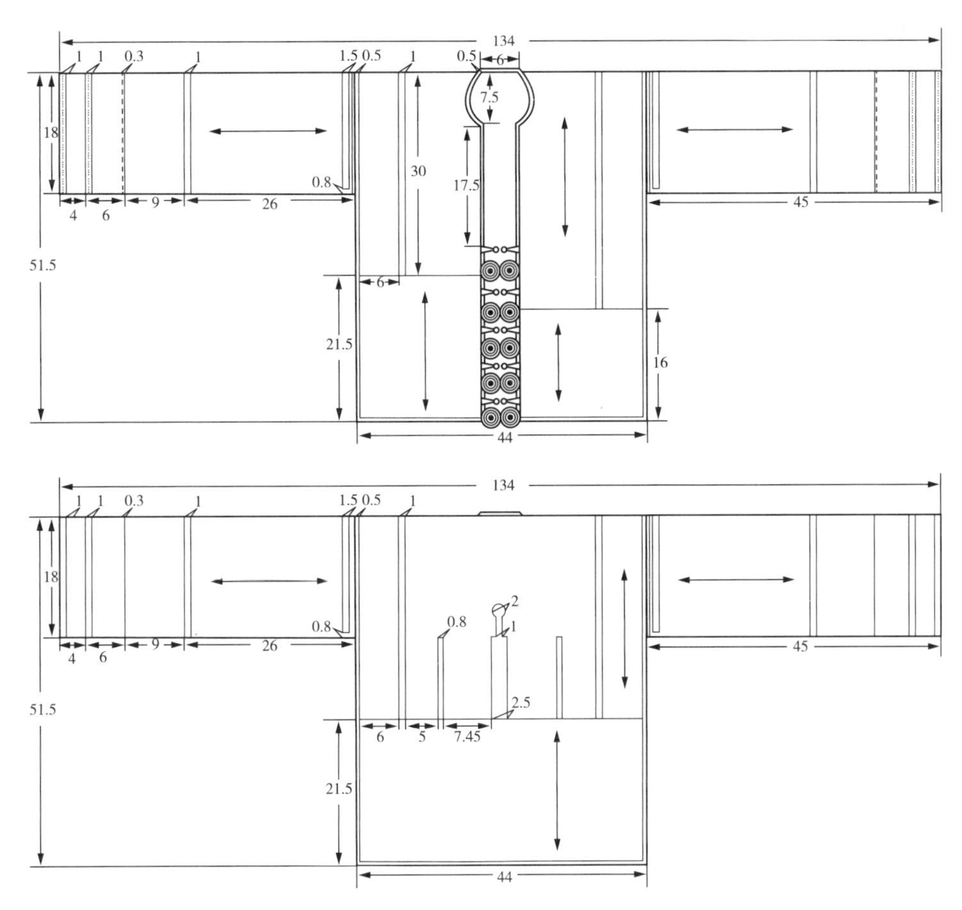

图3-69 通什型女子上衣数据分析结构图

大小的不同，形成的比例错位，是在各少数民族服饰中较为特殊的。另外，上衣背面下摆的方形刺绣块长21.5厘米，占后衣片面积的2/5，带给人稳重大气之感。

筒裙的结构在前文已提到，多为三段式结构，由三条织锦拼缝而成。构成此款筒裙的三条织锦尺寸分别是42厘米 × 23厘米（筒头）、42厘米 × 7厘米（筒腰）以及42厘米 × 28厘米（筒身），形成约3.5：1.4的比例，筒身比筒头略长，使视线上提，增加小腿的拉伸感，让人显得更加修长（图3-70）。

另外，杞方言黎族女子的身材都较为娇小，但她们上衣胸围的最大值为120厘米，最小值为85厘米，最常见的数值为96 ~ 104厘米，可见她们所穿着的上衣均是非常宽松的。上衣长度相差不大，常用值为51.5 ~ 55.5厘米，最长的衣长可达60厘米。筒裙在宽度上的变化也不明显，最大值与最小值仅相差3厘米，从这里也可以看出杞方言黎族女子普遍骨架偏小，身材匀称。由于筒裙是筒状，为了便

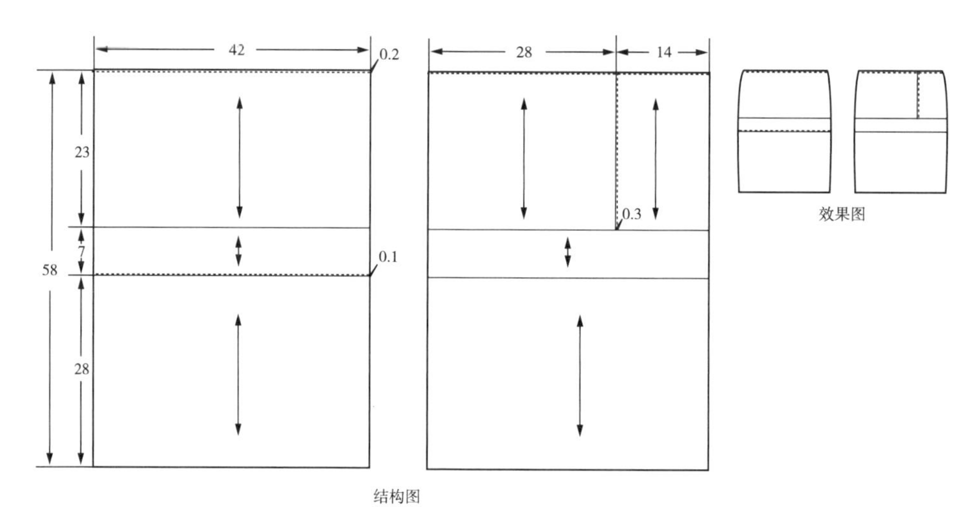

图3-70 通什型女子筒裙数据分析结构图

于穿脱，它的宽度必须略大于人体的臀围，从筒裙的宽度范围可推算出杞方言黎族女子的臀围为81～87厘米。筒裙的长度是个人高矮决定的，并且有人喜爱及膝的穿着，有人喜爱筒裙能完全盖过膝盖，所以长度较为灵活，最长与最短之间有11厘米的差值（表3-2）。

表3-2 杞方言黎族女子服装数据统计

名称	部位	最长（厘米）	最短（厘米）	常用（厘米）
上衣	胸围	120	85	96 ～104
	衣长	60	50	51.5～55.5
筒裙	宽度	44	41	41.5～43.5
	长度	64	53	58～62.5

第三节 润方言黎族服装结构分析

一、地域分布及分类

作为黎族最古老的一支，润方言黎族的文化较为完整地保留了骆越先民的诸多习俗与特点，如贯头衣、文身等服饰现象。其呈现出的服饰形态，除了特殊的地理环境及气候原因的影响以外，经济结构、宗教信仰等物质与精神的因素都赋予了润方言黎族服饰独一无二的特点。

由于海南岛相对封闭的地理位置和独特的自然环境，润方言又处于海南岛腹地——五指山地带，因交通闭塞，与外界的交流鲜少。而得天独厚的热带海洋性气候环境又为润方言黎族先民提供了丰富的生产生活资料，在相当程度上延缓了润方言黎族工业化、现代化的脚步，这也是润方言黎族能够将原始服装贯头衣及文身文化保留至今的原因之一（图3–71）。

图3–71　劳作归来的润方言黎族妇女（选自王学萍《黎族传统文化》）

目前最早记录润方言服饰的图片拍摄于清末民初约1915年，是2006年美国专家金博格·埃里克赠送给五指山市海南省民族博物馆的26张照片之一，这是目前为止发现的记录海南黎族生活的最早照片（图3–72）。从这张照片可以看出润方言黎族女子，穿着贯首衣，头发在脑后盘髻并插有骨梳，有的还包着头巾。最右侧的女子还看得出脸上有文面纹样。有两个女子手里拿着烟斗，黎族人以前抽的是竹筒烟，这个习惯应该是从汉族地区传入的。妇女们身边放着竹篓或藤篓，说明是她们出门随身携带的生活用具。从照片看，男子穿无领斜襟大褂，领口处似有一粒盘扣，应该是受汉文化影响，虽然无法确切判断照片中润方言黎族男子服饰的具体形制，但可以肯定的是其男装与女装有很大差别。

图3–72　海南润方言黎族女子服饰的最早记录（选自约1915年外国传教士拍摄的老照片）

当代黎族研究著名学者王献军曾将润方言黎族女子服饰归结为三种形式：一是白沙式，女子穿贯头衣，不分前后，后来后面留有毛边，发展为正面、反面穿法。衣两侧有花边，为双面绣，精美秀丽。二是高峰式，女子服饰同上，但下边为两层花边，花纹多为几何纹、动物纹，工艺粗犷，流行单面绣。穿短裙，有四层花，有鹿、马、鹰、鱼、龙、乌、人、房纹等。三是元门式，女子上衣为圆口，领口上拴穗，前后襟边沿花边已简化，衣侧仅有两条窄花边，也为单面绣，裙边花粗大。[1]这三种形式虽然装饰手法各异，但其基本形制都为贯头衣。根据目前史料记载及博物馆、民间收藏等实物来看，润方言黎族女子的服装以第一种居多，而且刺绣装饰部位更为丰富，第二种与第三种形式均未见实物，《黎族传统织锦》一书中有第三种形制的图片记载。从图片可以推测，这种贯头衣贯口处拼接了一条两三厘米宽的布条，布条以红布绲边，两端加带有贝珠装饰的流苏，这样从外观上形成了带有领子的贯头衣（图3–73）。

图3–73　白沙润方言黎族妇女盛装（选自符桂花《黎族传统织锦》）

综合历史和实物记载，润方言黎族女子服饰通常为上着黑色或蓝黑色“贯头衣”，衣身两侧有润方言黎族特有的双面绣做的镶饰，四周辅以绣花。精美的刺绣尤以白沙地区的牙叉、南叉、南开、金波最具特色。上衣袖口绣彩色花纹，衣襟下边沿、衣背下摆部有宽边横向绣花装饰，主体纹样以黎族“祖图”人形纹为主，龙纹、凤纹也较常见，配以鹿、羊、黄猄、鱼、猪、鸡、鸟等花纹辅以装饰。衣服结构依据踞腰织机所织布幅的宽度来进行分割，呈现出东方平面传统造型的特征。有的女子上衣缀有串珠、贝壳、铜钱、流苏等作为装饰。

润方言黎族女子筒裙是海南黎族五大方言区黎族女子筒裙中最短、最古老的一种，裙长最短的仅有28厘米左右，可谓是名副其实的“超短筒裙”。这种紧身的短裙与宽大的贯头衣搭配，呈现出上松下紧的形式美感。超短筒裙的裙身由三条织锦带拼接而成，花纹以人纹、动物纹和植物纹为主。小腿部打黑色或蓝黑色

[1] 王献军．黎族服饰文化刍议［C］//杨源，何兴亮．民族服饰与文化遗产研究：中国民族学学会2004年年会论文集．昆明：云南大学出版社，2005：123.

绑腿，以红色布条或带有刺绣的彩条系扎。

润方言黎族女子的头饰大体分为三种：第一种是女子头缠净色或带有刺绣装饰的黑头巾，由宽约10厘米的布条一圈圈平缠，从正面看像是戴着一无顶宽边黑帽，有的女子还在头巾一侧或骨簪尾部用红绿线挂穗，使其飘于一侧或左右两侧，颇具动感和美感；第二种是头缠白底的头帕，刺绣有各种各样的花纹图案，左右两边有垂穗，这种形式相对较为少见；第三种是发髻上插具有本方言特色的“人形骨簪”，简洁大方。节日里盛装时佩戴银项圈、手镯、耳环，以及山猪牙做成的项链，当地有辟邪之说。

润方言黎族男装无论从形制还是色彩上比女装要简单得多，而且区域性差别不大，加之汉文化影响程度大，现在基本难以找到当时的实物。从现有资料来看，大体可以分为三种类型：第一种为比较原始的服装形制“包卵布”或“吊襜”；第二种为对襟盘扣受汉文化影响的服饰；第三种为打猎时所穿的猎手服。

另外，《后汉书·南蛮西南夷列传》里曾有记载“项髻徒跣，以布贯头而著之”，其中“徒跣”是指赤脚，从已有图片中可以看出，润方言黎族男子与女子早期是不穿鞋的，这也与其的居住环境有关。在实地考察中，根据白沙县南开乡莫南村符丽花阿婆介绍，后来受汉族及其他少数民族的影响，润方言黎族男女后期也出现了穿草鞋的情况。

二、服饰结构分析

润方言黎族女子的上衣被称为贯头衣，因为穿着时要从头套入，所以得名“贯头衣”。在中国历史上，根据考古发掘材料证明，公元前3000年的“三皇五帝”时代，就已经有了这种服饰的记载。在距今5000年前的甘肃辛店遗址中出土的彩陶上就绘有不同动作的人物形态，其穿着基本能辨认为贯口式服装。自新石器时代至1世纪，贯头衣在相当长的时期、极广阔的地域和较多的民族中普遍应用，基本上替代了旧石器时代的部件衣着，成为人类服装的祖型。《后汉书·东夷列传》记述倭（古日本人）服装：“男衣皆横幅，结束相连。女人被发屈紒，衣如单被，贯头而著之。”《后汉书·南蛮西南夷列传》也记录了两广一带交趾人“项髻徒跣，以布贯首而著之”的情况。而同一时期对海南岛上服饰情况也有记录，

《汉书·地理志》卷二十八载："（海南岛）民皆服布如单被，穿中央为贯头。"贯头衣在我国古代的分布，我国著名作家、服饰研究专家沈从文也做了分析和论述，在《中国古代服饰研究》中提出贯头衣："从地理分布来看，自蒙古西部向南，横跨了半个中国。从我国古文献上看，可以向东展示到日本。"❶

随着社会经济水平及生产力的发展，贯头衣逐渐退出历史舞台，以残存的形式保留在一些民族服饰中。润方言黎族就是保留这种贯头衣形式服装时间跨度最长、使用最连贯、最完整的民族，至今在海南白沙地区仍然能够看到，不能不称为奇迹。由于贯头衣出现的年代久远，又缺乏同时代的贯头衣考古资料遗存，文献的记载就显得孤零，说服力也偏弱。润方言区黎族女子保留至今的贯头衣制法、穿法与文献记载基本吻合，便成为印证古代贯头衣款式或材料最好的例子。黎族考古学家、民俗文化学者黄学魁说，润方言黎族是贯头衣的传承者和保护者。虽然现存有关贯头衣的文献和考古资料较为缺乏，但黎族服饰文化中所完整地保留的贯头衣形制，反过来也使贯头衣服装这一史实得到了有力的印证（图3–74）。

图3–74 润方言黎族女子贯头衣

❶ 沈从文．中国古代服饰研究［M］．上海：上海书店出版社，2002：15.

（一）贯头衣结构分析

由于受早期生产力的影响以及纺织技术水平的制约，这种按布幅宽度直接裁剪缝合的方式可以最大化地利用布料，更好地适应当时人们的生产生活。海南润方言黎族女子的贯头衣具有鲜明的“十字型”结构，保留了最原始的服装裁剪方式。

润方言黎族女子贯头衣实物测量以北京服装学院民族服饰博物馆藏品为例。此款贯头衣收藏于20世纪90年代初，从面料的质感、纱线的颜色、刺绣的纹样来看，属于典型的润方言黎族女子上衣。贯头衣整体来看分为七片矩形结构拼接而成，主体为黑色棉布，刺绣为红、黄搭配的大力神纹样，从织布、染色到缝制基本可以判断为手工缝制，因此选取此套服装进行测量具有代表性（图3-75～图3-77）。

图3-75　润方言黎族女子贯头衣

图3-76　双面绣大力神（一）

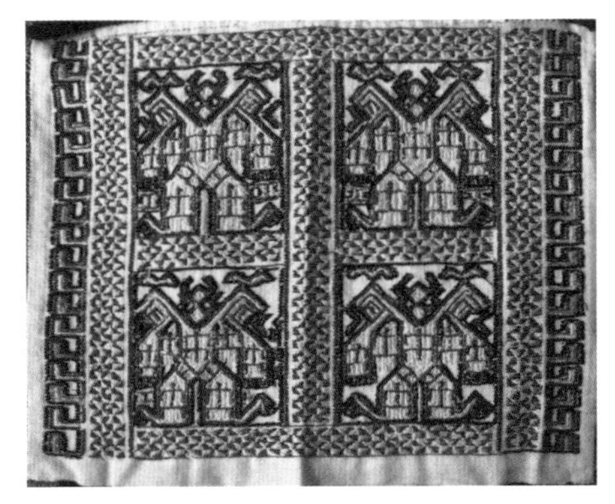

图3-77　双面绣大力神（二）

通过图3-78所示的详细测得数据，可以得出以下结论：

首先，从服装款式图及服装结构左右片的展开图可以看出，贯头衣正面与背面完全一致，具有典型的中国传统服装结构——十字型平面结构。根据测量数据显示，贯头衣以水平衣身翻折线为x轴，衣身贯头垂直开口延长线为y轴，呈十字型左右、上下对称（图3-79）。

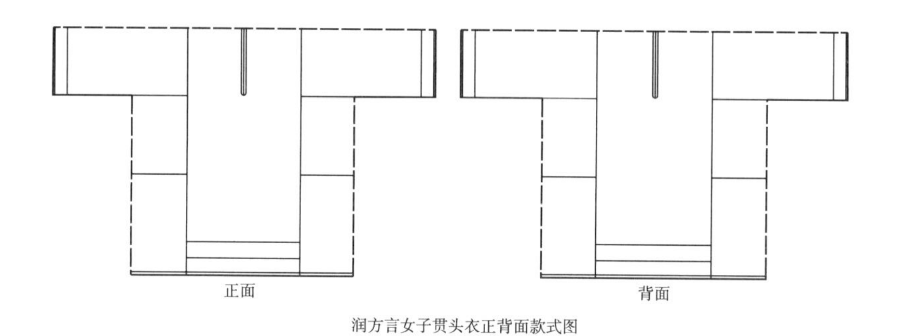

润方言女子贯头衣正背面款式图

下摆贴边
后
肩连折线
侧缝连折线
前
衣侧
袖口贴绣布
下摆贴边
衣侧下摆绣布
下摆贴边

图3-78　润方言黎族女子贯头衣结构图和裁片分解图

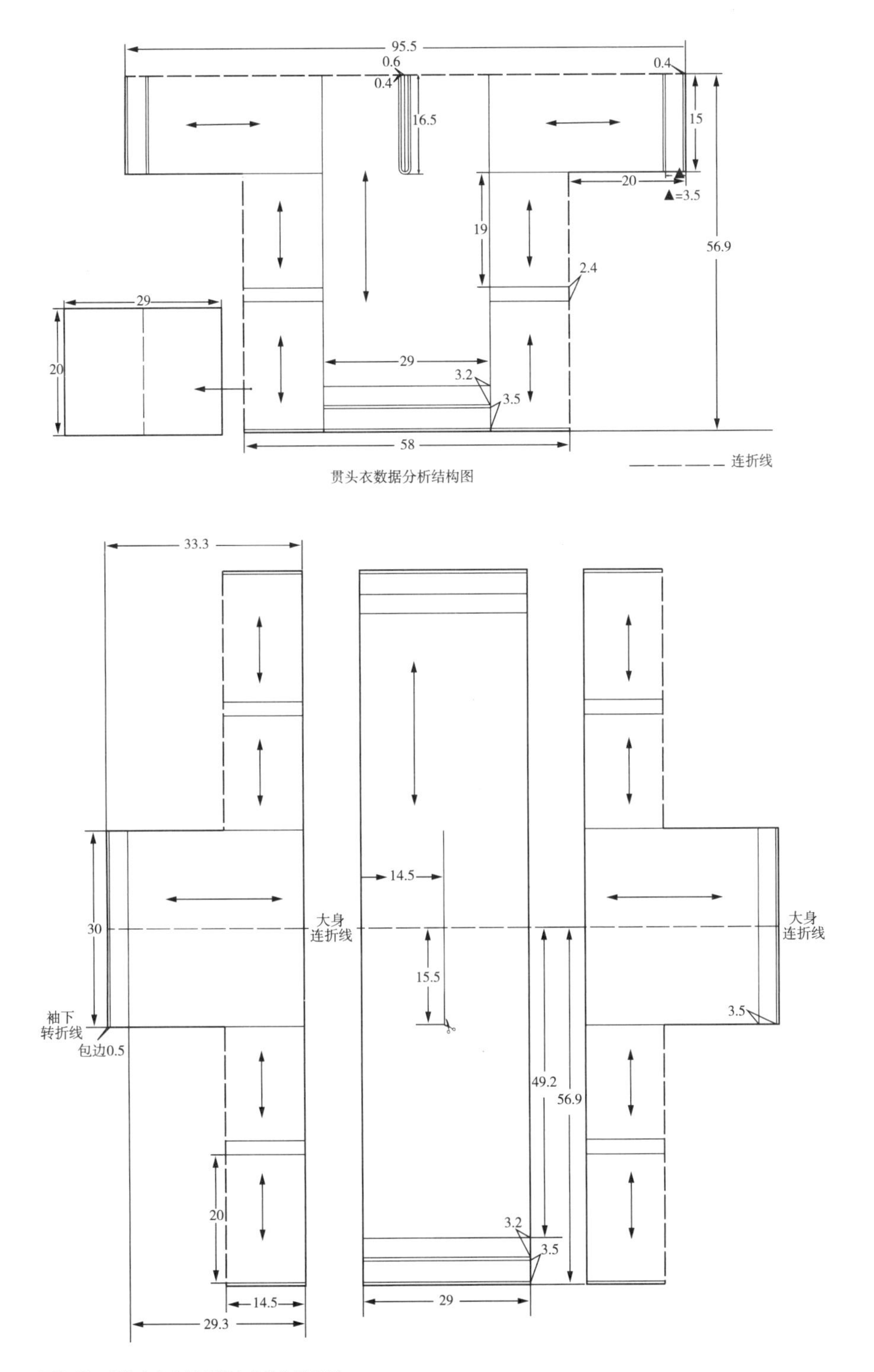

图3-79　贯头衣左片结构和右片结构展开图

其次，上衣共由七块素色织锦拼合而成，一块长约117.8厘米、宽约28.5厘米的布幅以大身翻折线为中心对称，构成贯头衣的前后身。两块长约39厘米、宽约32.5厘米的布幅对称翻折与前后身相连接成袖子。四块宽约28厘米、长约19厘米的布幅翻折连接在衣身两侧，形成腋下及胯部两边的结构。从以上数据可以看出，构成上衣的七块素色织锦的宽度大致均在28～33厘米。

最后，从结构展开图可以看出，贯头衣领口直接由衣身布幅翻折后贯口而下，长度为16.5厘米，领口处有0.4厘米的红色绲边。虽然开口两端有1.2厘米的长度距离，但由于领口的处理工艺，可以将其作为绲边量忽略不计。由此可以得出，贯头衣开口为直开口，横向并无减量，从服装款式图及服装结构左右片的展开图来看，润方言贯头衣可视为更原始和古老的服装形态。

（二）贯头衣工艺分析

贯头衣除了在结构上极具特色外，也是织与绣的完美结合，正反面一致、分割线变装饰、绣片做装饰的特点都使其呈现出了独一无二的面貌。通过对近10套贯头衣进行图像采集及数据测量工作可以看出，其制作工艺具有以下六个特点。

第一，布料运用零浪费。“贯头衣”属于平面裁剪，几乎全部由直线构成，在裁片分割上，润方言黎族的贯头衣前片有两条纵向分割线，将前身衣片分为三个大的部分，中间部分相当整个前片宽的一半，为30～40厘米，衣身两侧的布幅及衣袖的展开宽度与前片中间部分的宽度几乎相等。这是由于润方言黎族女子使用的工具为踞腰织机，女子席地而坐，双脚顶住木杆，双手上下左右按照纹理挑花走线，因此织出的布幅与其身形有很大关系。根据女子高矮胖瘦的不同，布幅宽度为30～40厘米。贯头衣的制作方式就是充分利用布幅的宽度，做到了纺织原料使用的最大化。不但节省了布料，而且制作起来方便简单。

第二，正反面一致。由于润方言黎族特有的双面绣刺绣工艺，以及在衣服分割线上做刺绣补缀的装饰手法，使得润方言黎族贯头衣呈现出了与众不同的特点，即正反面无论从色彩、针法均没有太大差异，如果不是当地妇女，根本看不出正反面有任何不同（图3-80）。

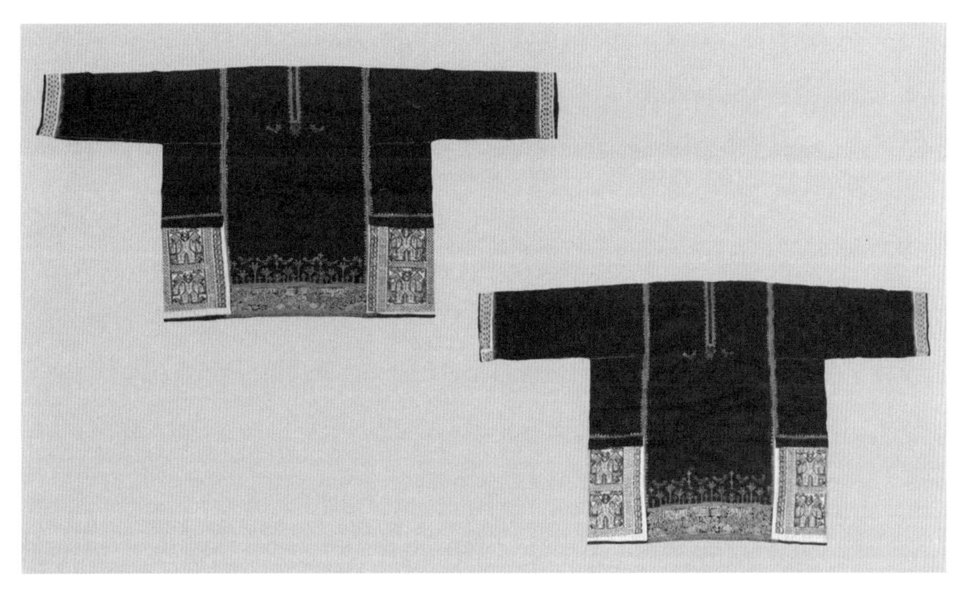
图3-80　贯头衣正反面对比（左为正面，右为反面）

白沙润方言黎族在治丧期间，亲属在孝期间均要反穿衣服。因此，贯头衣的正反面一致的特点应该与此习俗有关，既表达了对死去亲友的尊重与哀悼，也是润方言黎族女子本身对美的需求的一种表达。

第三，服装上的分割线与众不同。润方言黎族女子的贯头衣基本由自织的布片拼合而成，对于布片拼合处，润方言黎族女子也有着独一无二的处理方式，即分割线上补缀花边。一般布边向外翻折之后劈缝，用彩色的0.2厘米长的横向明线将其拼合，或者用彩色绣线沿着分割线绣网格纹样，然后用刺绣花纹将翻折在外的布边遮盖，显得十分精巧（图3-81）。

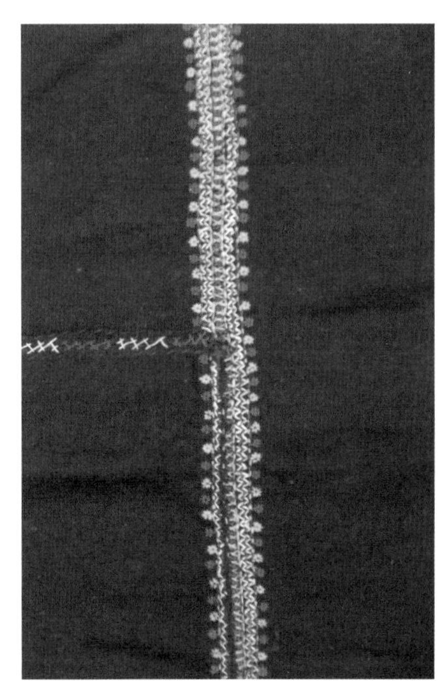
图3-81　结构线变装饰线

将分割线变成装饰线，变不利为有利，从而改变了接缝的性质，是对结构拼合缝份的完美修饰，表现了润方言黎族女子精益求精的美好生活态度。

第四，衣领口、袖口、下摆及两侧饰以双面绣。润方言黎族女子大多先在棉织坯布上加工好绣片，再与衣身连接起来，缝制成衣。润方言黎族妇女衣身两侧的双面绣图案为此种方式制成，而贯头衣的袖口、领口、前中衣片下摆以及后中衣片下摆为直接在衣服上进行刺绣。贯头衣两侧的双面绣上方都装饰有一个2厘米宽的布条，据白沙县双面绣省级传承人符秀英介绍，这是上一辈的老人穿下来的习俗，叫“遮羞布”，据说是双面绣的主纹样——龙、大力神等怕羞，意在遮挡一下，表达对图腾的崇拜和尊敬之意。另外这种现象只出现在一面，或许有区分正反面之功用。

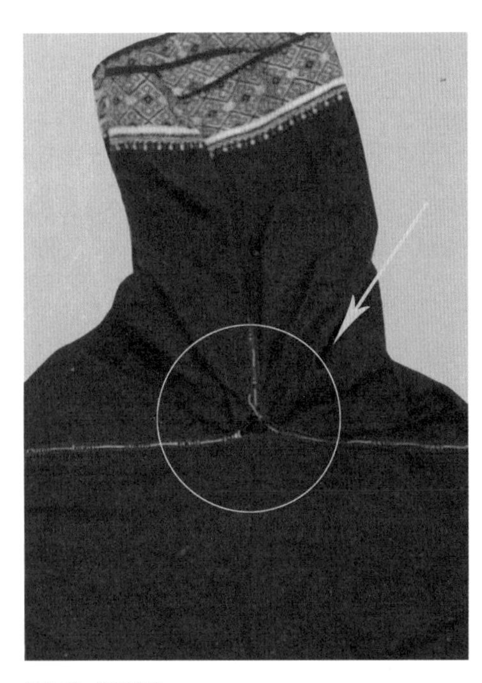

图3-82 腋下留孔

第五，腋下留气孔。通过对实物测量以及到白沙县牙叉镇什清阳村的实地考察，对润方言的“贯头衣”有了一点新的发现。在“贯头衣”腋下缝合处，大部分都留有一个边长1.5厘米的等腰三角形小孔，布片在连接处未做完全性缝合。双面绣省级唯一的传承人符秀英称，这样形成的小孔主要起到通风、透气的作用，也便于活动，有很强的实用性（图3-82）。

第六，丰富的装饰工艺。虽然贯头衣形制简单，但润方言区有些分支的妇女在制作中通过加入其他工艺元素，如领口用白绿两色的珠串连成三条立体装饰边，衣身前后用小珠串成方格的几何形图案，或在上衣上偶尔也缀有贝壳、穿珠、铜线、流苏等装饰。虽然整体外形简单，但运用了丰富的装饰手法，体现出细节的张力。

（三）超短筒裙结构分析

人体本身有很多优美的曲线，在服装体现人体美的时候，往往也会突出这种曲线。润方言黎族地区的筒裙是五个支系中最短的，仅仅包裹住臀部，将腿部的线条及文身淋漓尽致地展现出来。其实润方言黎族地区超短筒裙产生的本意并不是为了视觉上的夸张，而是具有实用价值。在黎族五大方言区中，润方言黎族的主要活动范围在山区，而且过去长期从事着刀耕火种的原始生产方式。超短的筒裙也是为了在崎岖的地势上行走方便，在采集和碰到野兽的时候，能够更加灵活

（图3-83）。

当然，筒裙的长度并不是润方言黎族地区女子服饰给人带来的唯一要素，筒裙上细致而精美的织锦工艺才是筒裙美感的最好体现。下面以上文中所选取的北京服装学院民族服饰博物馆贯头衣所搭配的超短筒裙为例，对其进行数据测量与工艺分析（图3-84）。

图3-83　润方言黎族筒裙实物外观

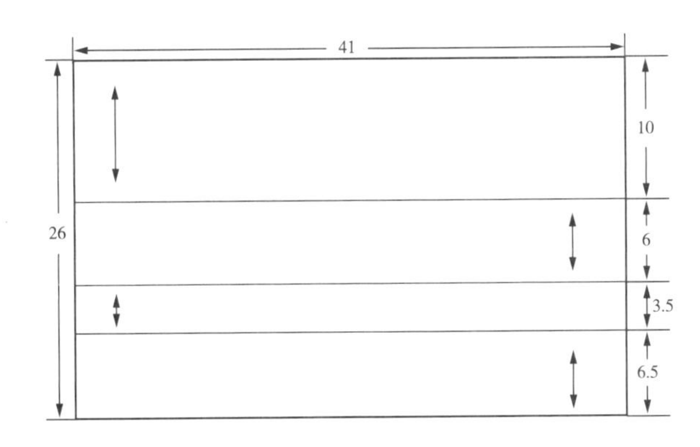

图3-84　润方言黎族筒裙结构数据分析图

该超短筒裙整体形制非常简单，整体呈矩形，由三种不同纹样的织锦带共同组成，颜色以润方言黎族典型的红黄配色为主，辅以黑色、白色等绣线点缀其中。纹样主要有几何纹、植物纹、动物纹，其中裙头纹样最为简单，为波浪形曲线与直线构成的几何纹；裙腰为对鱼纹和蛙纹，并组合成为单元纹样；裙尾纹样最为复杂和艳丽，主纹为大力神纹、蛙纹，几何纹与植物纹作为装饰。

经过对实物正反面分析及数据测量，可以得出，该筒裙是由三条宽度分别为10厘米、6厘米、10厘米，长约82厘米的纹样、颜色不同的织锦带翻折拼合缝制而成。其中裙尾的织锦带从反面可以看出，有两条分别为3.5厘米和6.5厘米的织锦带拼接痕迹，据推测这只是节省材料、对织锦带的最大化利用。筒裙的腰部与尾部平铺的宽度约有3厘米的差值，这主要是由于女子腿部活动使裙尾产生松量，其在制作时并没有考虑收腰，仍为上下等宽的矩形。

超短筒裙总的工艺尺寸呈现出以下特点：裙长一般为28～38厘米，裙身平铺宽为30～40厘米，宽度与所穿人的胖瘦程度有关。筒裙大致是由三条织锦带拼接缝合而成，裙头宽为8～10厘米，通常被上衣盖住，所以织窄条纹，花纹最为简单，为水波纹纹样；裙腰部分较窄，为6～8厘米，花样较多，颜色一般以咖色、黑色为主，间或用粉红色、红色、黄色等点缀，纹样多为蛙纹、大力神纹以及植物纹等；裙尾宽为10～12厘米，纹样和色彩也最为丰富，主色多为鲜艳的红色和黄色，纹样以蛙纹和大力神纹为主，而且每一个单独纹样形成一个小的几何单位，并进行错综排列，形成一种强烈的节奏美感。

筒裙的短小鲜艳和贯头衣的简洁宽大形成上宽下紧的服饰形态，具有独特的形式美。

第四节　美孚方言黎族服装结构分析

一、地域分布及分类

黎族五支中，美孚黎族人数最少，约占海南黎族人口的4%。其服饰特征主要为：女子穿蓝黑色或黑色有领、对襟、窄袖上衣，下穿绞缬染织花或织锦长筒裙，扎黑白相间条纹布头巾或缠织锦带穗头巾。男子穿深蓝色或黑色大衣或穿有领、对襟、窄袖上衣，下着两幅布缝制的围裙（图3–85）。

图3–85 美孚黎族女子服装

二、服饰结构分析

以现藏于北京服装学院民族服饰博物馆的美孚黎族女子上衣为研究案例，收藏时间约为20世纪80年代末90年代初，收藏地点为海南省东方市。服装有明显的穿着痕迹，且领部红色部分有破损。全手工制作，素织，材质为棉。有领、对襟，系绳固定，仅在前中下摆贴布处有刺绣。后中拼接部位、袖窿拼接部位的缝份全部露在外面，且均为素色织锦布边。侧缝有开衩，开衩处有彩色夹角，并另附白色薄棉布于衣身侧缝处，将袖下侧缝接缝处覆盖。前胸至后背中部另附一幅素色织锦，左右幅宽方向为布边，分别在前中、后背横向固定，后背呈左右通透的特殊结构，被称为“挡背布”。一片袖结构，接缝处与一般一片袖接缝在下面不同，其是在前片上，且左右袖接缝处为握手缝（正反面缝份相扣缝合，为净边的一种缝合方法）。领面采用素色织锦的同时，另附两条红色薄棉布，且后中心处相隔一定距离，露出领面素色织锦。前中左右两片红色领面至下摆处各附一块素色织锦，一侧与前中固定，另一侧上、下固定，中间留口，形成口袋开口，下摆为外翻卷边缝。衣身主体颜色为蓝黑色，装饰镶条主要集中在领口、袖口、侧缝开衩及前胸至后背这一独立裁片与衣身固定的部位，颜色主要以白、红、蓝三色为主，装饰较其他方言区黎族上衣朴素（图3-86）。

从图3-87所示的测量数据可知，此款美孚黎族女子上衣衣身是由两幅素色织锦沿肩部水平线对折而成，无肩缝，袖子直接接于衣身处，水平伸手，为典型的十字型平面结构。构成上衣结构的五幅素色织锦宽度均在27～28厘米，分别是用两块长33.4厘米素色织锦作为袖片，另长95.5厘米的两块素色织锦对接形成前、后衣身，从前胸上部至后背另附一块长40.3厘米的素色织锦，并分别将上下裁边处固定在衣身上。因后中心接缝及衣身与袖接缝处可以明显看到素色织锦紧密的布边，结合美孚黎族织造工具踞腰织机的织布特征，构成上衣的五幅素色织锦宽度方向均为布边，且出自同一匹织锦。其中，挡背布从前胸上部至后背中部，且后背部呈左右通透效果的独特结构为美孚黎族所特有，其作用是避免直接看到被汗浸湿的上衣贴在

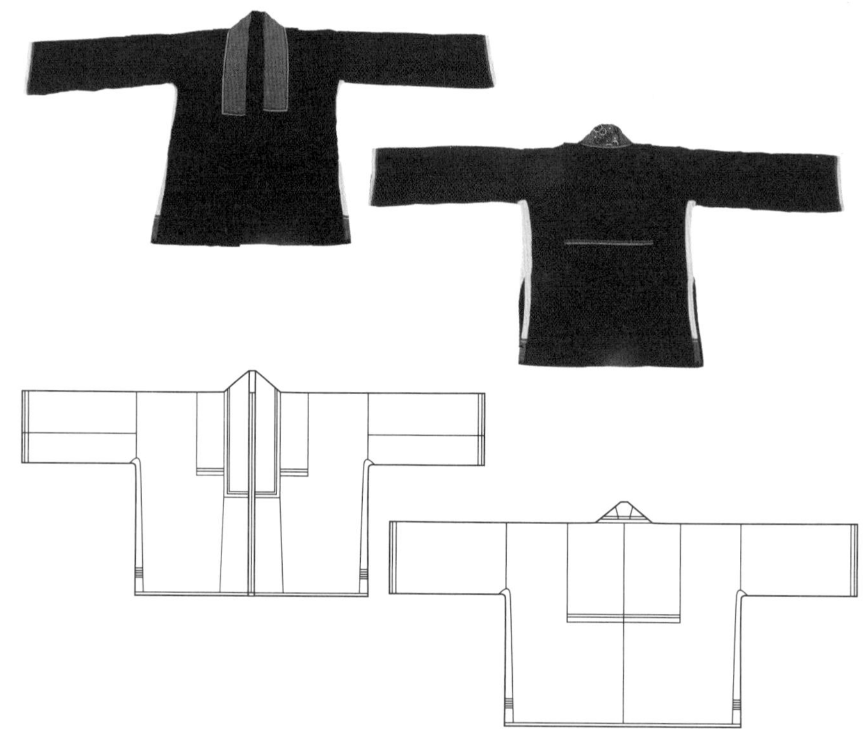

图3-86　海南东方美孚黎族女子常装上衣款式图

身上。一片袖接缝在前身，自袖下连折线向前9.6厘米处将袖片幅宽方向两裁边缝合。将此款美孚黎族上衣自然平铺，其衣身素色织锦绱领横开剪口所在直线位置恰好为衣身水平连折线，测量前衣片长47.1厘米，后衣片长48.4厘米，前衣短后衣长，且前胸上部至后背中部另附素色织锦也是前短后长，分别为17厘米、23.3厘米。在实际测量中，此款美孚黎族女子上衣左、右边数据略有差异，因其从织布到缝制成衣全部手工制作，且在穿着过程中也会导致手织面料发生变形，故左、右数据差异在2厘米以内可忽略不计（图3–87）。

需要强调的是，美孚黎族衣身左、右两片后中、衣身袖窿与袖片这两个部分均为直接对接，缝份外露0.3厘米，并未进行劈缝或是倒缝处理。此外，如简要工艺说明图所示，在袖口贴装饰条时，首先将袖口连同缝份外翻0.8厘米，其中包括0.4厘米的缝份，并在距袖口翻折0.4厘米处拼贴装饰条。一片袖自袖下连折线向前将袖片幅宽方向两裁边做握手缝，距净边缝合位0.6厘米处手缝明线以起到固定、装饰的作用。左右袖片握手缝，右袖片倒向上方，左袖片倒向下方（图3–88）。

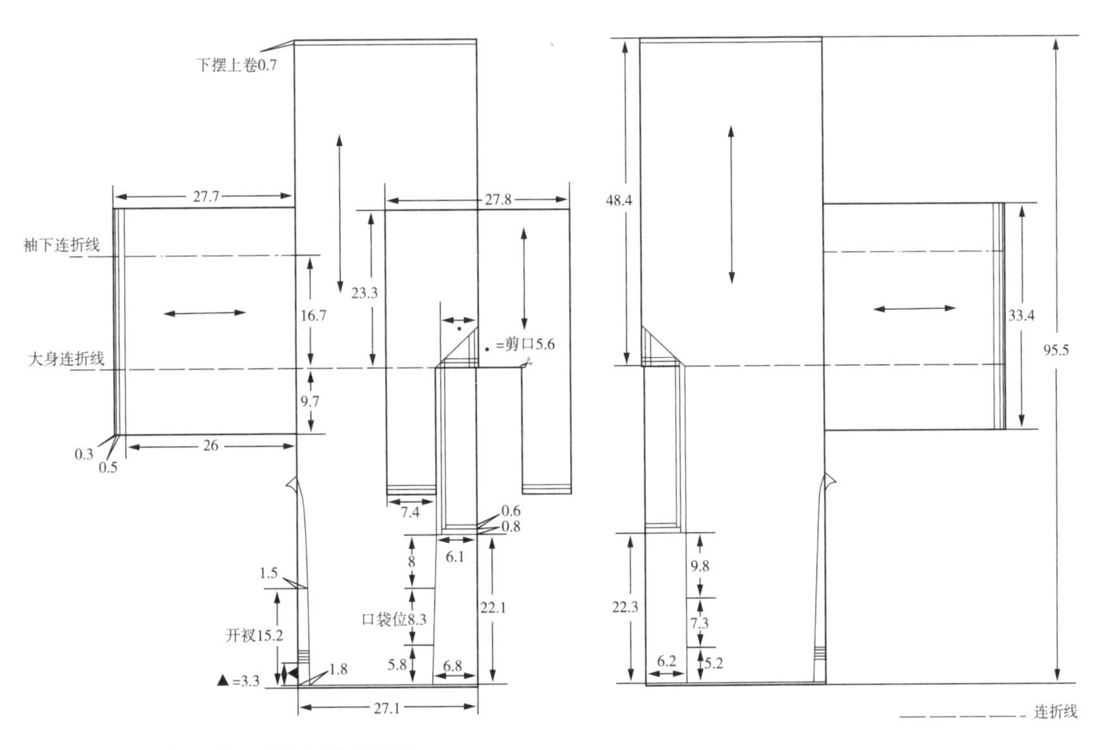

图3–87　海南东方美孚黎族女子常装上衣数据测量图

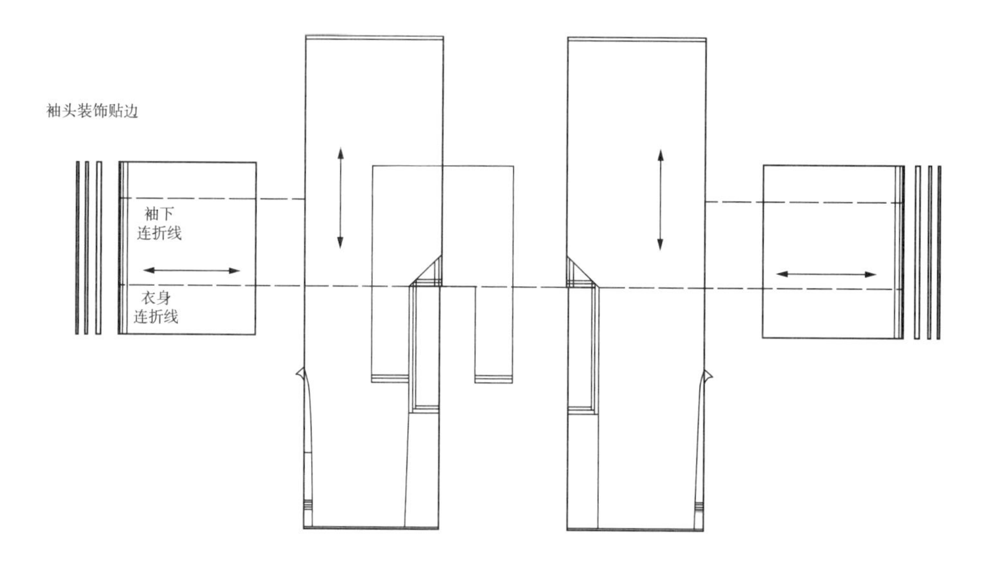

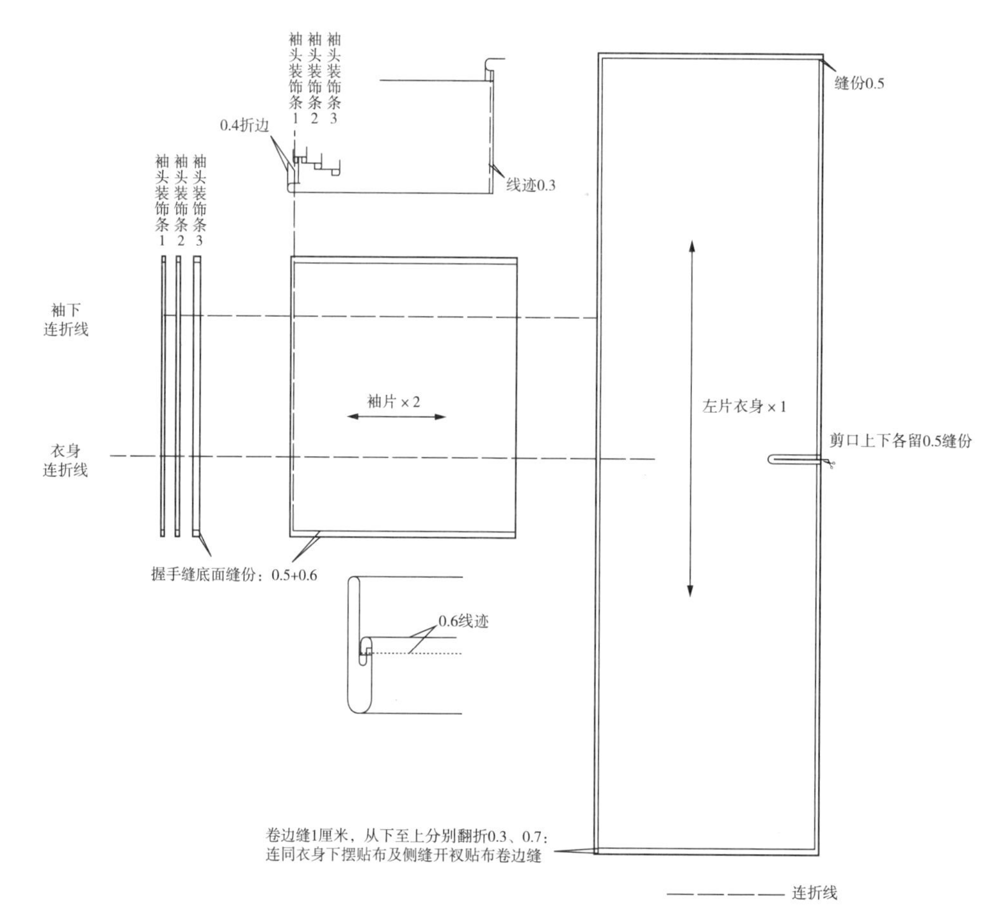

图3-88 海南东方美孚黎族女子常装上衣衣片、袖片净板、毛板及简要工艺结构图

此外，此款东方美孚黎族女子上衣工艺之精细在侧缝开衩部位有明显的展现。首先，开衩贴布在靠近下摆处，从上到下依次分割出0.4厘米、0.5厘米、0.4厘米、0.5厘米、3.3厘米的不同颜色色块，且面积较小，需先与白色开衩贴布拼合后，再剪开至开衩截止位置并与衣身开衩拼合。其次，除去与衣身下摆共同向外翻折的1厘米缝份外，整个侧开衩贴布长为31.7厘米（其中包括因下摆卷边缝而被遮盖住的0.4厘米缝份）。将开衩截止位置以上9厘米长的开衩贴布对折沿缝份平行缝合，后打剪口至侧开衩截止位置，长14.5厘米，将贴布开衩剪口与衣身侧缝开衩缝份拼合，缝份藏于两层之间；上部长出的部分转而向袖下延伸，这时，之前缝合的9厘米至转折处已完全展开，覆盖了袖下与侧缝相拼接的一小部分。最后，在缝合开衩的同时，需在侧缝开衩的截止位置衣身与侧缝贴布两层面料之间夹入五块大小逐一递减的三角形贴布。此款美孚黎族开衩部位裁片众多且小巧，正是美孚黎族妇女心灵手巧的集中表现（图3-89）。

（一）美孚黎族常装女子上衣结构工艺的多样表现

美孚黎族女子上衣结构简单，受限于布料的幅宽，裁片拼接较多。从整体上来看，美孚黎族上衣较其他支系质朴，鲜少刺绣或织锦装饰，但就在这样一个固定不变的、简单的结构造型基础上，美孚黎族人不断力求通过丰富的缝制手法及装饰手段来表现结构以达到审美的需求。

美孚黎族女子上衣的美主要体现在色块的有序分布、色彩的对比及基础缝制工艺的多样性等方面。运用对比强烈的红、蓝、白色，甚至绿色，有序地将这些色彩强烈的小色块以镶嵌工艺分散到上衣每个能够突出结构的关键部位，或是采用针脚稀疏的明线平缝固定，如领襟、袖口、侧缝等处。有选择、有重点地进行装饰，多而不乱，在整个平面直线型结构制约下，衍生出丰富多变的外观表现。此外，袖下至侧缝处的贴布开衩，从色块分布方面来讲，与衣身强烈的颜色对比具有突出侧缝结构的功用；而从实用性功能来考虑，这一装饰性贴布在附着于衣身侧缝的基础上，延伸至袖片与衣身相连接的袖窿底，并将其接缝在袖下部位覆盖，不仅增加了衣身侧缝及开衩部位的牢固度，同时也增加了袖下拼接部位的牢固度（图3-90）。

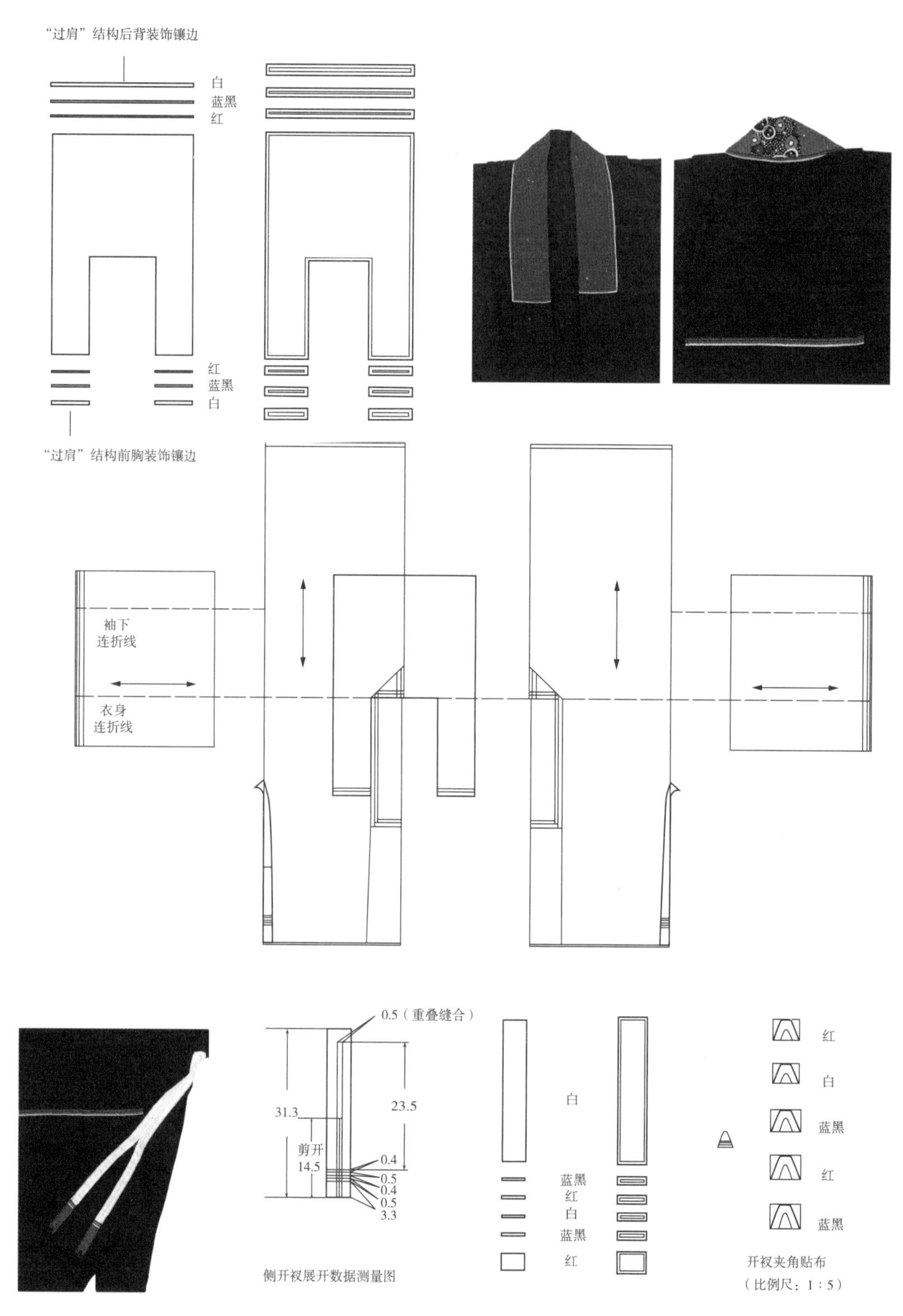

图3-89　海南东方美孚黎族女子常装上衣“过肩”、开衩结构、开衩夹角分布图

由此可见，这些工艺是为了满足服装结构及功用等各种表现需求而存在的，是附着于服装平面结构之上，具有强调服装结构的装饰意义及实用价值。

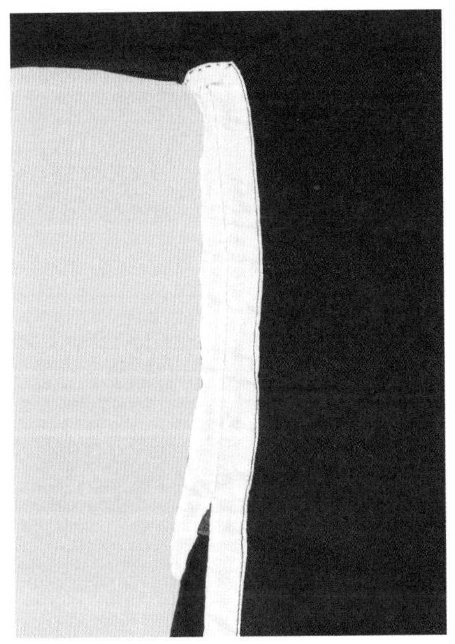

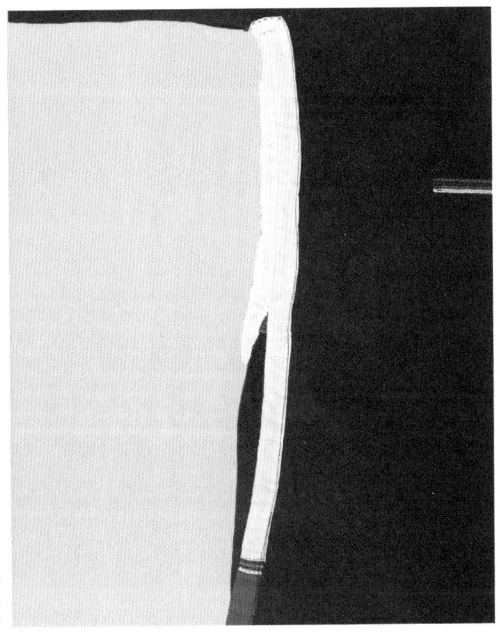

图3-90　美孚黎族女子常装上衣侧缝开衩

（二）美孚黎族女子上衣的特殊领型结构

对于美孚黎族上衣结构中的领型结构，在有据可考的史料上并未发现有关记载，仅从现代一些研究美孚黎族服饰的资料中可以看到对这一特殊领型结构的相关描述，多通过外观形象给予其不同的称谓。如孙雪飞在《海南黎族服饰浅考》中将这一领型结构定义为“似领非领”结构，可以看出其是将领型结构与衣身前中上部至后背中部这一独立结构拆分对待，并否定了美孚黎族上衣中领结构的独立存在。笔者通过田野调查，从各个角度进行调研，认为该结构类似于汗布的结构作用，因为美孚黎族地区气候炎热，且服装颜色为蓝黑色，在夏天出汗时汗液极易渗透，出现汗渍，美孚黎族上衣肩领部的这片活动的辅助结构既起到隔汗又起到美观的视觉作用。另外，美孚黎族女子婚服的衣领为红色，婚后依旧穿着，但随着经年洗涤，红色与蓝黑色串染，衣领部分由红逐渐变成暗棕色。随着对传统服饰文化的重视，各方言区文化的交流，现在的美孚黎族地区会在领口处进行多种刺绣，甚至将龙被的龙凤纹样刺绣其中，成为一种时尚。

从对北京服装学院民族服饰博物馆馆藏东方美孚黎族女子常装上衣的数据测量及结构分析，以及实际对此款上衣结构、工艺的复原工作中发现，其领型结构工艺别具特色，极具代表性（图3-91）。

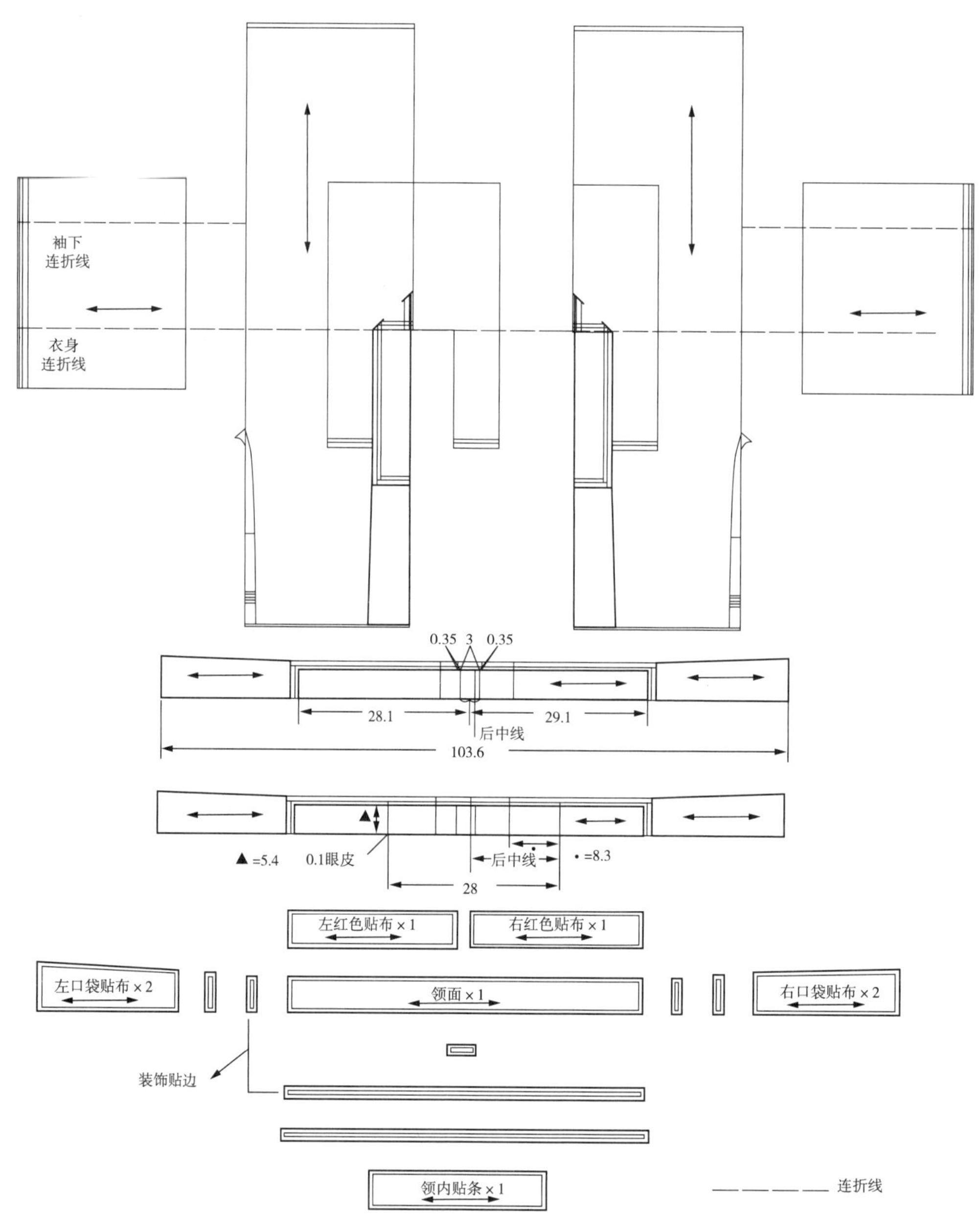

图3-91 海南东方美孚黎族女子常装上衣领结构图

此款美孚黎族上衣的领口工艺也体现其制作的精细。首先，领面是由两层不同色彩的面料构成，且在后领处，附着于上层的红色薄棉布分布在本色素色织锦领面的两侧，中间露出本色布。其次，领面的装饰条采取交错拼接的方式，并在与领面拼接的第一长度方向的装饰条上，于领后中位独立添加长3.7厘米的红色贴条。衣身领窝为一字型，是直接从前中线沿衣身水平连折处直线剪开5.6厘米，其中包含后中缝份0.5厘米，另一片对称。此外，剪口处上下各留0.5厘米缝份，在缝制过程中，至剪口处呈枣核型，缝份略有收缩，可忽略不计。因此，推算实际领口宽在10.5厘米左右，一字剪开，即衣身前、后领窝线平直，有横开而无竖向开领的领窝结构。领面、领里均为矩形。绱领时，与前片相接的领面外领口与衣身前中对齐，至内领口线的领面宽平行附着于衣身上，与前衣身有部分重叠，至衣身一字开领剪口附近，转角使外领口呈近90°，将领面内领口与后片开领剪口处缝合。绱领后与未绱领的衣身为平铺状态，并无明显改变，仍然属平面裁剪（图3–92）。

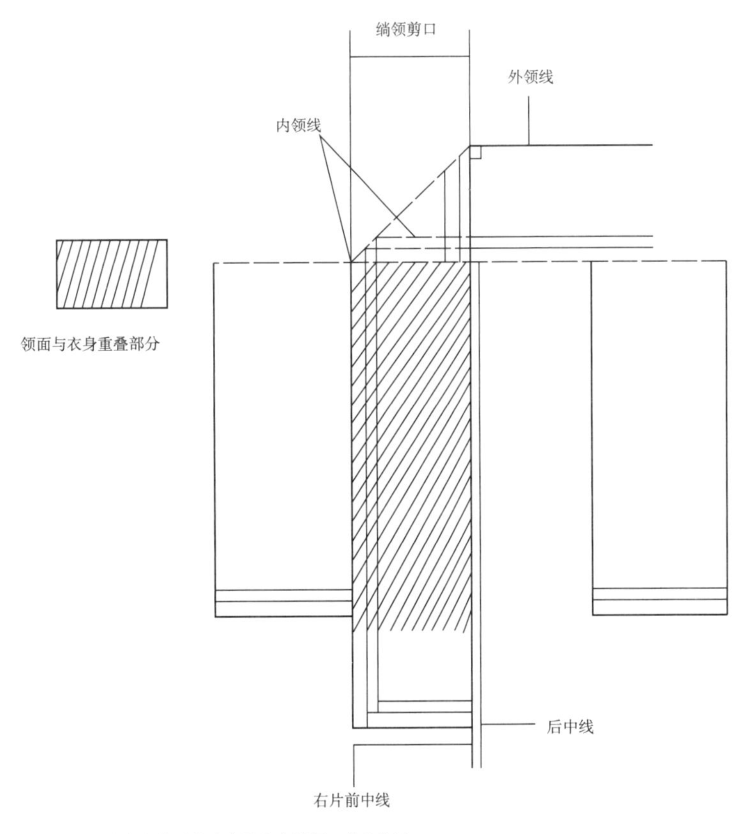

图3-92　海南东方美孚黎族女子上衣绱领工艺示意图

从美孚黎族上衣的结构图来看，其服装结构属于对襟式毋庸置疑，但从其绱领工艺及所呈现的领部形态来看，不能因为其服装在开领过程中无竖向开领就否定其作为领结构而存在的必要性。如前所述，美孚黎族上衣在开领时，只有横向开领，而无竖向开领，且从其缝制工艺角度来看，等于是在后横开领上增加出一部分领围。这一部分领围是有其存在的必要性的。穿着时，正是因为这一横开领宽给美孚黎族上衣增加了人体颈根围的横向宽度，使得后领呈抱脖状态，而且衣身前襟上翘，因而采取线绳系结的方式固定左右衣襟，使得左右衣襟在上翘的同时，略微有相交的趋势。美孚黎族这一领型结构和宋代汉族的褙子领部结构有极高的相似度，应属典型的直领结构，其服装结构为直领对襟式结构。

（三）美孚黎族男子常装上衣平面结构分析

图3-93所示的美孚黎族男子上衣为北京服装学院民族服饰博物馆藏品，收藏时间约为20世纪80年代末至90年代初，收藏地点为海南东方市。服装有明显的穿着痕迹，领内白色贴边略黄，有汗渍痕迹。全手工制作，素织，材质为棉。有领、对襟，系绳固定，袖子直接接于衣身处，无肩缝，为典型的十字型平面结构。服装结构与女子服装相似，后中拼接部位、袖窿拼接部位的拼接缝份全部露在外面，且均为素色织锦布边。侧缝有开衩，并另附白色薄棉布于衣身侧缝处，将袖下侧缝接缝处覆盖。有“过肩”结构，且左右幅宽方向为布边。一片袖，接缝处与一般一片袖接缝在下面不同，接缝是在前片上，且左、右袖接缝处采用握手缝。领面为单层素色织锦，长度较女子短，领里内衬为白色棉布。前中下摆处各附一块素色织锦，一侧与前中固定，另一侧上下固定，中间留口，形成口袋开口。下摆为外翻卷边缝。衣身主体颜色为蓝黑色，仅袖口、侧缝开衩处有白色装饰贴布，较女子上衣简单且色彩朴素。

从图3-94中的测量数据可知，此款美孚黎族男子上衣的结构是由五块宽度均在30.5厘米左右素色织锦构成，分别由两块长43.6厘米的素色织锦作为袖片，长112.5厘米的两块素色织锦对接形成前、后衣身，从前胸上部至后背中部另附一块长44.3厘米的素色织锦，并分别将上、下裁边处固定在衣身上，整体素色织锦幅宽比女子上衣的略宽，且衣身裁片也略长。与女子上衣相同的是，每幅素色织锦

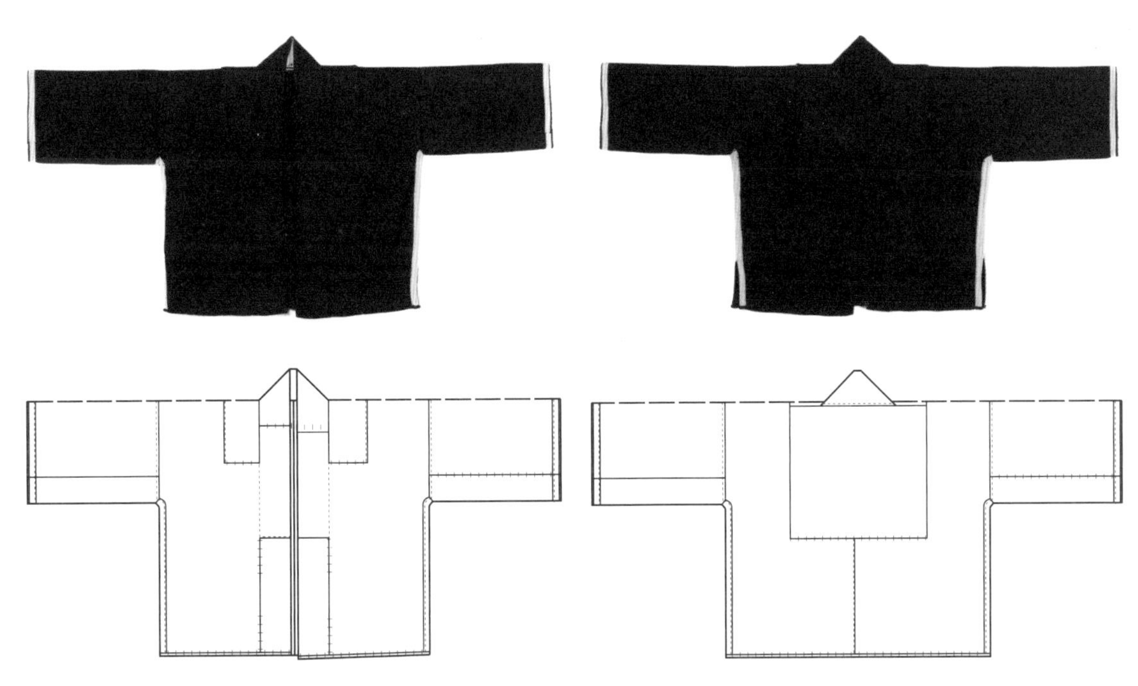

图3-93　海南东方美孚黎族男子常装上衣款式图

幅宽方向两侧均为布边，出自踞腰织机所织同一匹织锦。此款美孚黎族男子上衣的挡背布有“过肩”（汗布）结构，与之前所测量的美孚黎族女子“过肩”结构不同的是，男子“过肩”结构的裁片自肩处横向断开，据猜测可能是为节省面料所为。一片袖接缝在前，自袖下连折线向前5厘米处将袖片幅宽方向两裁边缝合。将此款美孚黎族上衣自然平铺，其衣身素色织锦绱领横开剪口直线恰好为衣身连折线，前衣片长56.8厘米，后衣片长56.7厘米，前衣长后衣短。另外，在实际测量中，此款美孚黎族男子上衣的左、右侧数据略有差异，因其从织布到缝制成衣过程全部手工制作，且在穿着过程中也会导致手织面料发生变形，因此左、右数据差异在2厘米以内可忽略不计。

美孚黎族男子常装前衣结构与前款女子上衣结构相似，基本结构的缝制工艺相似却不尽相同。虽然结构相似，但美孚黎族男子上衣裁片较女子上衣简单，且颜色相对单一。美孚黎族男子上衣的衣身左右两片后中、衣身袖窿与袖片这两个部分直接对接，缝份外露0.4厘米，未做劈缝或倒缝处理。此外，在袖口贴装饰条时，首先将袖口缝份外翻0.6厘米，其中包括0.2厘米的缝份，并在距袖口翻折处0.4厘米处接装饰贴条。一片袖自袖下连折线向前将袖片幅宽方向两裁边做握手缝，在距净边缝合位置0.5厘米处缝合，另一侧手缝明线起到固定、装饰的作用。左、右袖片握手缝倒向相反，右袖片倒向上方，左袖片倒向下方（图3-95）。

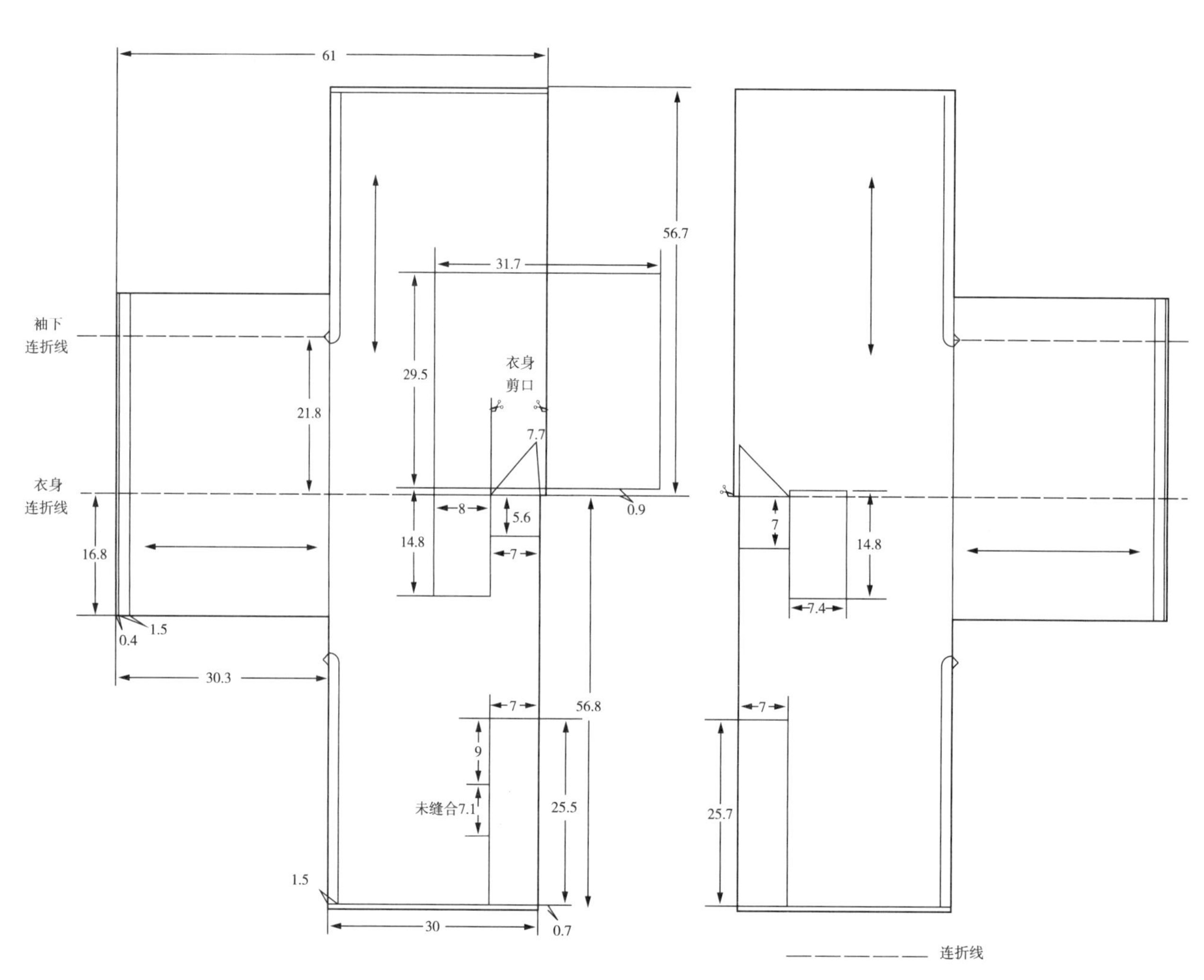

图3-94 海南东方美孚黎族男子常装上衣数据测量图

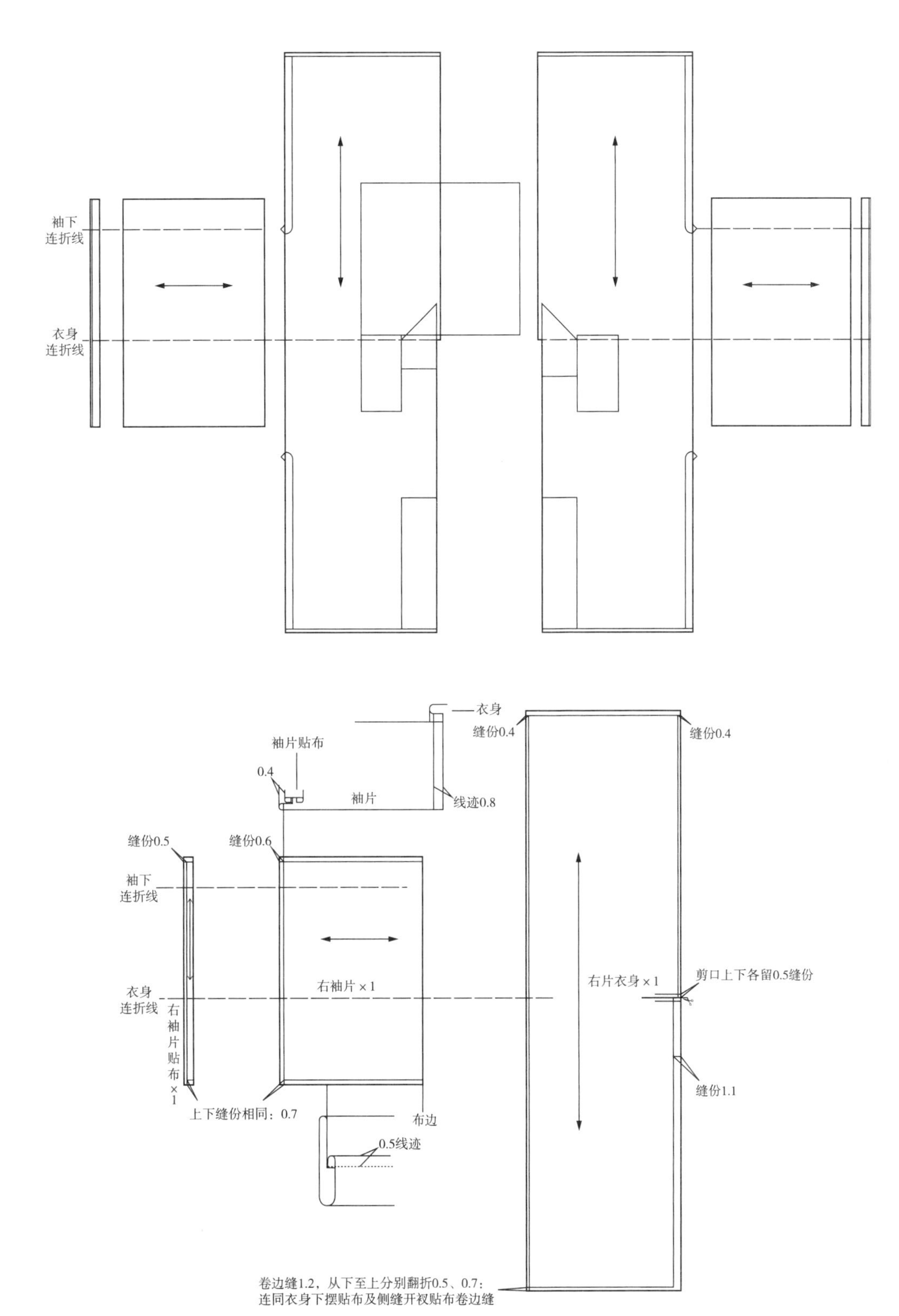

图3-95 海南东方美孚黎族男子常装上衣分布图及简要工艺说明图

此外，此款美孚黎族男子上衣衣身领窝同样为一字型，是直接在衣身连折线处沿后中线直线剪开7.7厘米，比女子直开剪口略大，体现了男、女体型的差异。其中包含后中缝份0.5厘米，另一片对称复制。在缝制过程中，剪口处上下各留1厘米缝份，至剪口处呈枣核型，缝份略有收缩，推算实际领口宽大约在16厘米。衣身前后领窝线平直，领面、领内贴边均为矩形，领内贴边为77.5厘米，较领面矩形长49.5厘米。此长度绱领一圈后正好为前襟下摆处的袋口贴布上口位，加上前襟两侧口袋贴布长，正好是衣身左右两侧前中长、后领窝直开剪口长及剪口位缝份量之和。虽在裁片缝制上与女子上衣领结构略有差异，但其原理相同，其领结构为直领，上衣结构为直领对襟式结构。另外，前襟下摆位的两片口袋贴布除右侧衣襟上口为布边外，其他各边均为毛边，由此可以推出，这部分裁片结构也是对剩余边角面料的再利用。

（四）美孚黎族裙的结构分析与数据

美孚黎族女子裙装是典型的筒状裙结构，即面料围合人体后呈垂直圆柱状，是一种叠合开口处的包裹形式，是最简单的筒裙结构拼缀形式。美孚黎族男子裙装具有明显的人类服装早期缠裹式特征，即两片矩形裙幅重叠部分，腰间打褶固定，于前至后围绕，腰部系紧，以裙幅蔽体。美孚黎族裙装是典型的直裁型结构，皆由原始一片“裙”（区别于重叠开口处的无缝包裹形式，仅简单将一块布围合于人体，在臀腰处重叠部分裙幅，系绳于腰间固定）演变而来。

图3–96所示的美孚黎族女子筒裙现藏于北京服装学院民族服饰博物馆，收藏时间约为20世纪80年代末至90年代初，实物来源于海南省东方市。此筒裙由五幅绞缬染织锦拼接而成，全手工制作，材质为棉，天然植物染色。筒裙织锦上紧下松，颜色上深下浅，有明显的穿着痕迹。织锦幅宽从上至下依次递增。另外，倒数第二幅绞缬染织锦长度不足，以素织锦补足围度差量（图3–96、图3–97）。

美孚黎族女子裙装为筒状结构，由五幅织锦以经线为围度，纬线为宽度，垂直拼接而成，其结构的实质就是将人体下肢复杂的臀部曲面结构看成简单的几何圆柱形结构。美孚黎族女子筒裙在五个方言区中最长，为便于活动和劳作，其围度通常为着装者臀围围度的1.5倍左右，穿着时将围度多余的量折叠于腰间偏前的一侧，

图3-96　海南东方美孚黎族女子裙装款式图

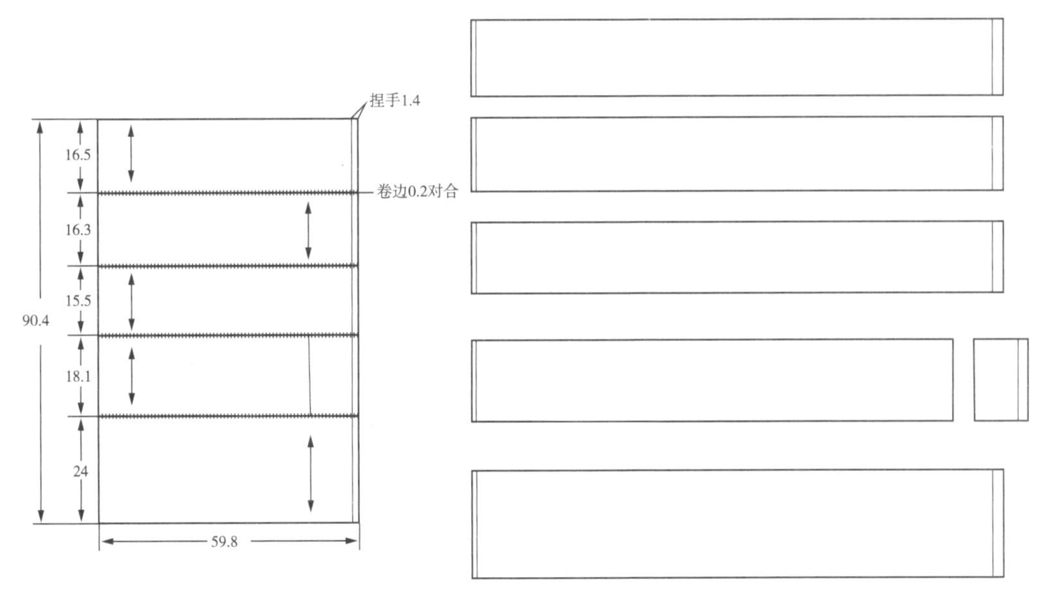

图3-97　海南东方美孚黎族女子裙装数据测量图

系紧腰部，再将长度上多余的量翻折下来。通过实物观察及数据测量不难看出，筒裙下部因腿部活动的频繁性导致织锦松紧有所变化，由此可以推断出筒裙的上下结构。另外，从筒裙实物所表现的色彩深浅也可以推断出筒裙的上下。通常受日晒强烈照射的筒裙下部褪色较为明显，而翻折于腰间的部分因上衣的遮挡而较少受到日晒，因此仍能较好地保留着最初的颜色状态。且其图案也有方向之分。此外，美孚黎族筒裙中每一幅织锦都有其特定的内涵和意义，排列也有一定的章法。

（五）美孚黎族男子下装的造型特点及数据分析

图3-98所示的美孚黎族男子裙装属海南省昌江县七叉镇乙劳村村民日常穿着的服装。手工缝制，材质为棉。裙幅为蓝黑色素色织锦，腰头为白色棉布，整个裙装结构简单。两片相同大小的矩形裙幅，同在左侧加饰边，裙幅腰间捏活褶，交错重叠部分，对齐腰线，再用一条对折后近似梯形的白色宽布条固定腰部，布条两侧系带（图3-98）。

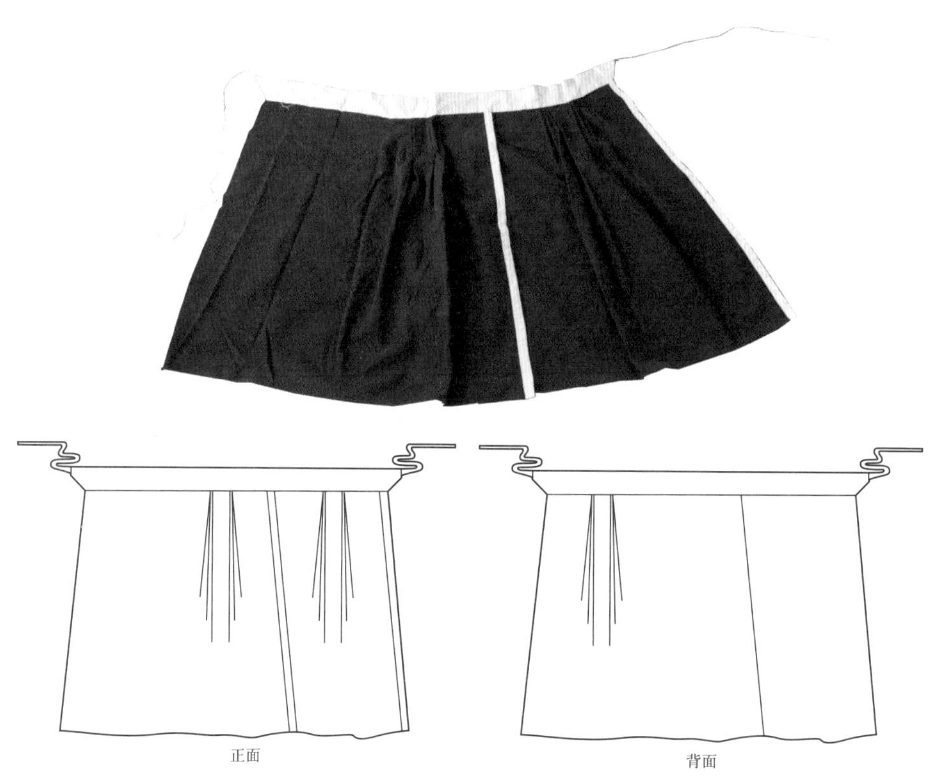

图3-98 海南东方美孚黎族男子裙装款式图

此款美孚黎族男子裙装数据资料为田野考察实地采集。男子裙装遵循传统男子裙装的制作方法，从外观看并无较大差别，仅制作裙装的原材料发生改变，为现代工业制品的服装面料。裙幅未贴装饰边的一侧为布边，另一侧与装饰边缝合，裙宽86厘米为机织布。裙长71.9厘米及膝，两片裙幅重叠量为24厘米，约占单个裙幅长度的1/4。裙幅接腰部位捏活褶，穿着状态下，变筒状结构为A字裙形态，富有动感，便于活动。同时活褶的处理不仅便于以后更改，而且减少了腰部因长度太长所造成的后腰部重叠量过多的问题。此外，腰头毛板为一条长104厘米、宽13.5厘米的矩形长条，以长度方向为轴上下对称时，将接裙幅的下口位比照裙幅长度略有缩进，因此整个腰头呈倒梯形对称，多余的量则翻折在内不剪去，也是为了便于以后随时更改（图3-99）。

这种最初的人类下体服装形式，即通过左右围合覆盖人体臀、腿部位所形成的缠腰布，是对下体重点部位的保护和装饰，是下体服装不断演变的基础。现今留存下来的美孚黎族男子下装与其他方言区男子下装具有明显的区别，更具蔽体

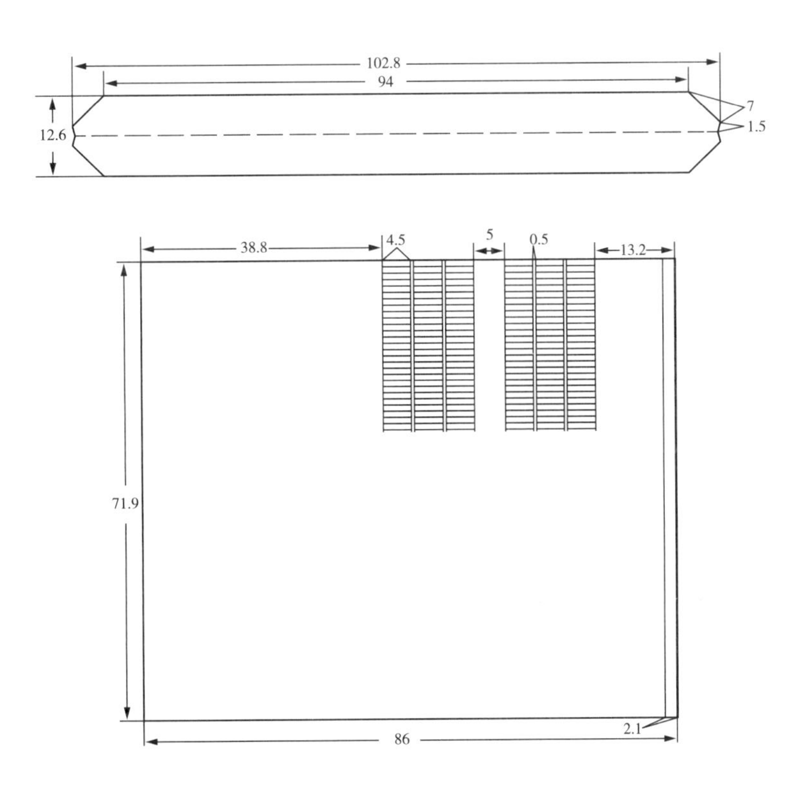

图3-99

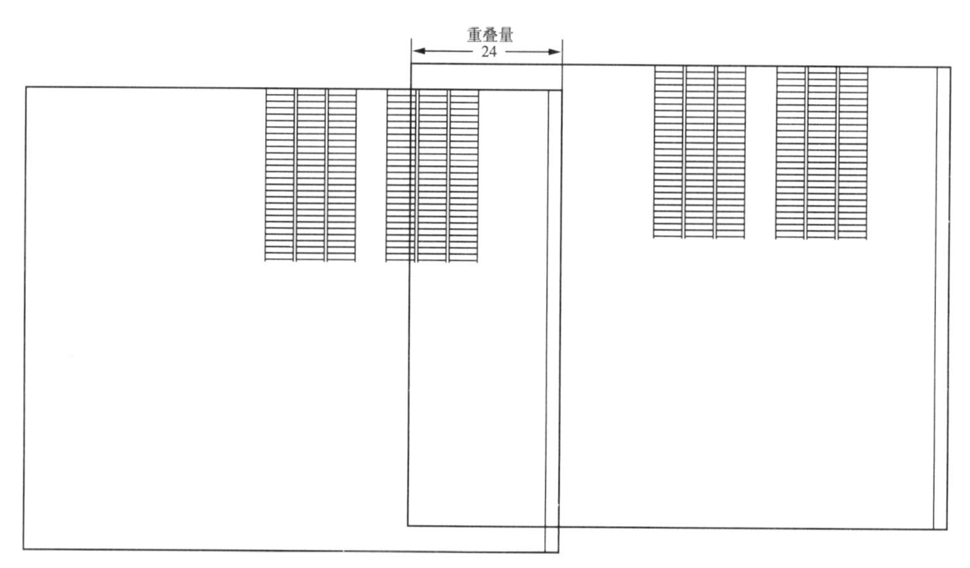

图3-99　海南东方美孚黎族男子裙装数据测量图

性。利用增加尺寸和简单的几何块面部分重叠的方法蔽体以致不外露，可以说是人类下装形式在原始形式基础上的一大改进和发展。从一片缠绕的“包卵布”、两片前后遮盖的“吊襜”到美孚黎族人的“围裙”，从中似乎可以推测出黎族男子下装形式最初发展的一小段历程。

第五节　赛方言黎族服装结构分析

一、地域分布及分类

海南赛方言黎族族群主要分布在保亭黎族苗族自治县东南部地区的加茂镇、六弓乡、保城镇，陵水黎族自治县西部的祖关、群英、田仔等地，少量杂居在三亚市藤桥镇、儋州市兰洋镇等地。受地理、历史等多重因素的影响，同黎族其他支系相比，赛方言黎族支系位于交通便捷的地区，在服饰方面受周边汉族服饰的影响比较严重，而且这种影响开始的时间也相对较早。最初，赛方言黎族男女的服饰款式类似，都是一种有刺绣花纹的对襟上衣。

赛方言黎族女子传统的对襟上衣逐渐被偏襟的汉式上衣代替，但其传统的下衣——筒裙还相对保留了较多的赛方言黎族传统服饰的特色，时至今日仍在婚礼、表演等场合被广泛地穿着，是赛方言黎族传统文化的活化石。

赛方言黎族女子的传统服饰主要有上衣、筒裙以及头巾、银饰等配饰。赛方言黎族妇女的传统服饰与润方言黎族、美孚方言黎族等传统服饰风格具有明显的差异，有本支系的特色。

赛方言黎族女子的传统上衣主要有前期的对襟形式和后期的偏襟形式两种，这两种截然不同的上衣形式分别代表了赛方言黎族妇女传统服饰的两个不同的发展阶段，在赛方言黎族支系传统服饰文化发展历史中不可忽略。

二、服饰结构分析

（一）赛方言黎族女子传统服饰

❶ 赛方言黎族女子传统上衣形式之一——对襟式

赛方言黎族女子约从20世纪40年代或者更早就已经逐渐开始不穿这种传统的对襟上衣了，《黎族传统文化》《中国黎族》等一些黎族研究领域的基础性论著对其也鲜有提及。这种上衣久已淡出赛方言支系群众的生活，穿过和见过这种上衣的人也越来越少，因此关于赛方言黎族女子对襟传统上衣的文字资料比较缺乏。

《海南岛黎族社会调查》对这种款式的女子上衣有简单的描述："过去10多年前还有民族形式的短衣，无领有纽有扣开对胸，衣边上缝有白色布条（像白沙妇女衣服袖口亦然）。但据他们说，没有挂胸衣。""约五六十年前，这里妇女的服饰与现在有相当显著的不同，尤其是上衣。当时的上衣是对襟、长袖、无领、无纽，胸前相对绣有两块花纹或缝上两块绣花布，袖腰和衣背亦绣花，式样与保亭县"生铁"黎族妇女的上衣相似。"[1] 书中提到，后来在日常生活中逐渐不再穿用，但有一段时间，女子去世时还要穿这种形式的上衣作为殓服，现在只有个别地区在宗教仪式时宗教人士穿用这种形式的服装，数量已经越来越少。书中有两张以前赛方言黎族妇女服饰的照片，对赛方言黎族服饰早期形态方面的研究具有非常

[1] 中南民族学院本书编辑组．海南岛黎族社会调查：下卷［M］．南宁：广西民族出版社，1992：579-580.

重要的价值（图3–100）。通过这两张照片可以看出，赛方言黎族妇女早期服饰的主要特点有：对襟、长袖，袖子与衣身连接处有装饰，背后有三块矩形区域的花纹装饰，整体轮廓较宽肥；右侧赛方言黎族妇女的上衣在领口、衣襟、袖口等边缘部位有浅色滚边。

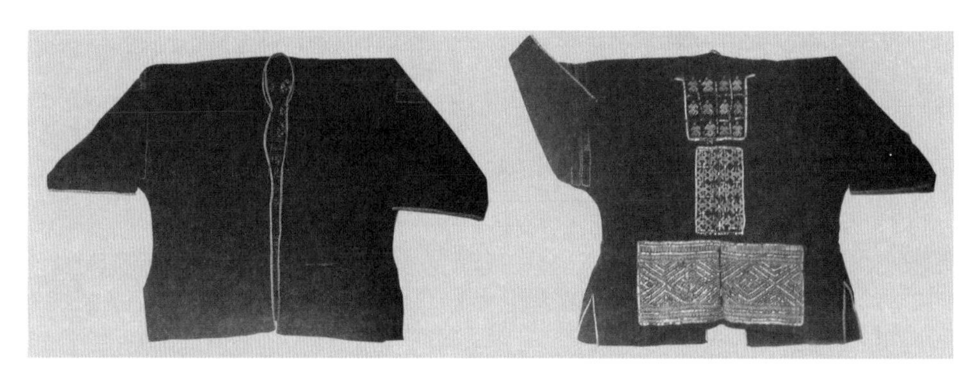

图3–100　保亭加茂地区赛方言黎族古老的传统对襟式上衣（选自海南省民族研究所《黎族服饰图样》）

通过对比我们可以发现，和《海南黎族情况调查》中图片款式类似：对襟、无纽、廓型宽肥，接袖且袖长较短。这种款式的上衣背部的刺绣装饰尤为精美，有人纹、几何纹等。刺绣图案的轮廓也颇有个性，中部和下部是两个上下排列的矩形刺绣区域，上部是一个开口的矩形刺绣区域，里面排列着若干人纹刺绣，据说具有宗教含义。书中介绍说这款上衣征集于保亭县加茂地区，是赛方言支系古老传统的上衣款式，是衣服所有者祖辈上传下来的衣物，过去宗教活动主持者还穿这种上衣。现在在赛方言黎族支系内部几乎看不到穿这种形式的上衣了，但与之相邻的保亭县响水镇的杞方言黎族妇女的上衣在结构以及后背的刺绣图案装饰形式上比较类似。所以保亭地区的杞方言黎族也认为这是他们支系中古老的款式（图3–101）。

图3–101　保亭毛感地区男子服装
（选自符桂花《黎族传统织锦》）

上述背部有刺绣花纹的对襟式上衣是赛方言黎族支系女子的礼服，除此之外还有一种无领有扣有纽、对襟的上衣，衣边上缝有白色布条。

❷ 赛方言黎族女子传统上衣形式之二——偏襟式

赛方言黎族女子的偏襟式上衣本方言称为包胸衣。起初只是个别黎族妇女从汉商处买来当地汉族的汉式衣装，后来赛方言黎族妇女逐渐掌握了这种样式的服装裁剪方法，市面上也出现了现成的布料，黎族妇女就从市面上买来布料自己缝制或找人缝制。与原来自织、自染、自绣的对襟上衣相比，这种汉式上衣制作起来更加方便省时，因此在赛方言黎族妇女中逐渐普及开来，取代传统对襟上衣，成为赛方言黎族妇女在众多场合中的穿衣形式。由于赛方言黎族妇女穿用这种偏襟上衣的时期较长，且范围很广，这种上衣已经被赛方言黎族民众当成是自己支系的传统服饰得以传承，成为赛方言黎族妇女区别于其他支系的特色服饰，也是现在公认的赛方言黎族妇女传统上衣的主要形式，是赛方言黎族传统服饰文化传承中不可分割的一部分。

❸ 赛方言黎族女子偏襟式传统上衣的款式及装饰特点分析

赛方言黎族女子的偏襟式传统上衣在款式上的主要特点是：立领、偏襟右衽、门襟开口处在领口、领侧、腋下等位置，以盘扣系结，在领口、门襟开口、侧缝开口、袖口等边缘处有镶边装饰。赛方言黎族女子传统服饰的装饰主要体现在银饰和筒裙上，相比之下，这种偏襟式上衣装饰非常简洁，这样更能突出胸前复杂的银饰和下衣筒裙的装饰性，而且制作起来更加省时、省力。银饰、盘扣、镶边是其最主要的装饰方式。

在保亭黎族苗族自治县加茂镇见到两件偏襟式上衣，在下摆、袖口等衣身边缘部位没有滚边装饰，衣角为自然的尖角形式，立领宽度也较窄。但在保亭县加茂镇看到的大多偏襟式上衣在衣身边缘部位均有滚边装饰，衣领宽度较宽，衣角被刻意修饰成圆形。据文献记载，陵水黎族自治县的传统偏襟式上衣较长，覆盖到臀部以下（图3-102、图3-103）

赛方言黎族女子的偏襟式上衣在结构方面的主要特点是采用平面裁剪技术，除领子以外，整个衣身呈平面化十字造型，袖子平直，前后片一体，肩部没有接缝，而将接缝设置在衣身的前中、后中位置。

图3-102 加茂地区赛方言的偏襟式上衣正面、背面

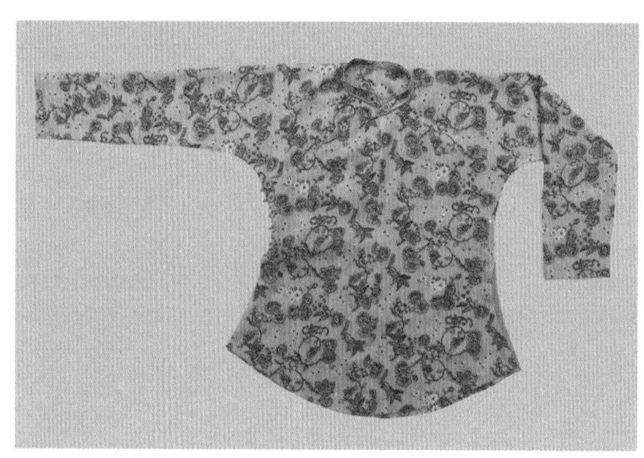
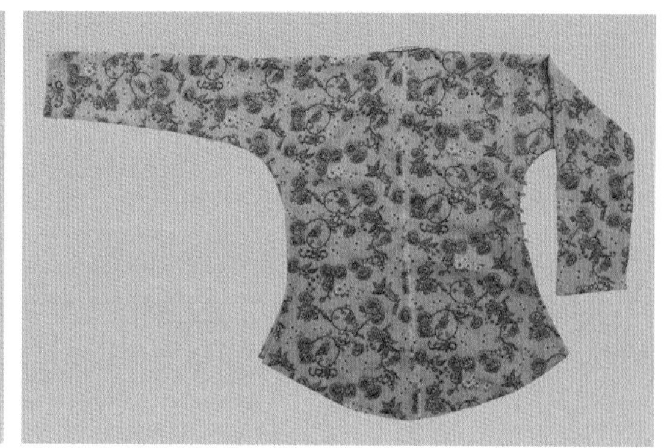

图3-103 保亭赛方言的偏襟式上衣正面、背面

这种偏襟式上衣的结构特点与布料本身的宽度和赛方言黎族妇女的排板方式有关。早期这种上衣一般采用棉质土布制作，受手工织机宽度的限制，布幅较窄。赛方言黎族女子在进行排板时，通过在衣袖中部断缝的方式，利用宽度有限的布料裁制成衣（图3-104）。

受面料等其他因素的影响，赛方言黎族妇女的这种偏襟式上衣在传承和发展过程中，结构方面也发生了一些细微的变化。早期的偏襟式上衣受布幅宽度的限制，在前中、后中以及袖子的中部位置都有接缝，后来化纤面料传入海南，用化纤面料制作的偏襟式上衣在袖中位置没有接缝。在保亭县加茂镇加茂村委会北赖村进行考察时，王玉凤老人的一件偏襟式上衣非常有特点。这件上衣和其他上衣的不同之处在于，它的袖口仿照衬衫袖口制作而成，是传统服饰和现代服饰交流、结合的产物，体现了现代服装对赛方言黎族传统服装的影响，是黎族人民善于学习和创新的精神体现（图3-105）。

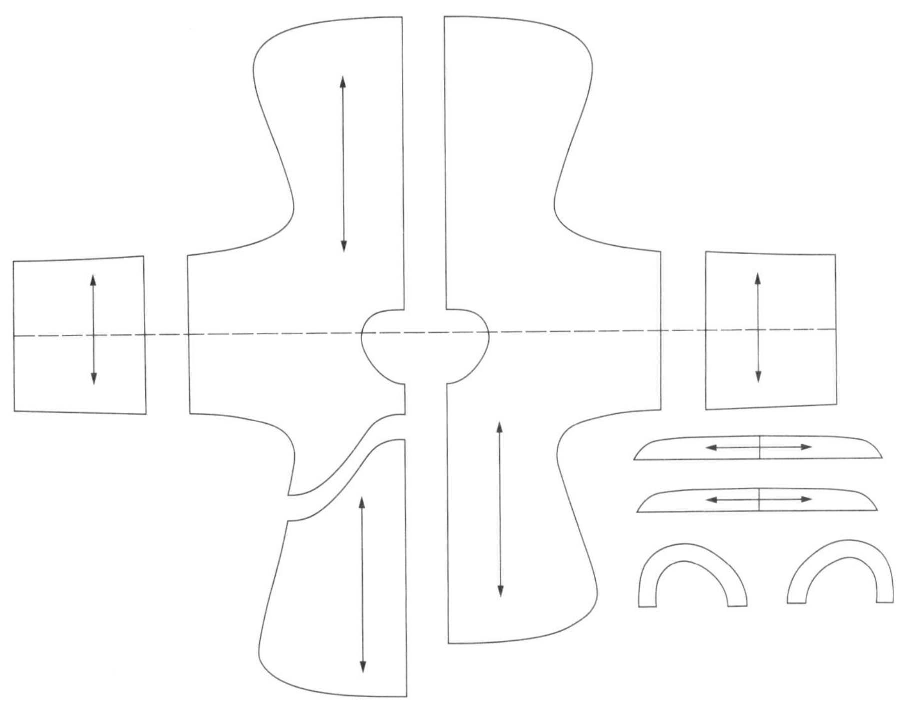

图3-104　裁片图

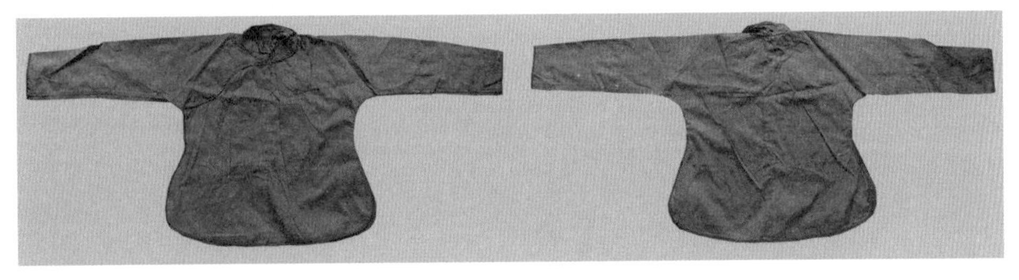

图3-105　加茂北赖村赛方言黎族的衬衫式袖口偏襟式上衣正面、背面

赛方言黎族妇女制作这种传统偏襟式上衣的过程是一气呵成的，主要有以下工艺和步骤：铺料、测量并确定轮廓、裁剪、缝制衣身、加滚边装饰、制作并加缀盘扣等。在王玉凤老人家里进行考察时发现，她确定衣服尺寸的方法并不是像现代服装制作一样用尺子直接量，而是根据经验，用手进行大概的丈量，形成了自己的一套测量方法和标准。例如，胸宽一半的宽度和衣身侧面开衩的高度都是拇指和中指撑开的长度，再加上三分之二中指的长度；衣袖中部的宽度是拇指和中指撑开的长度；衣领的宽度是拇指三分之二的长度，具体方法如图3-106所示。

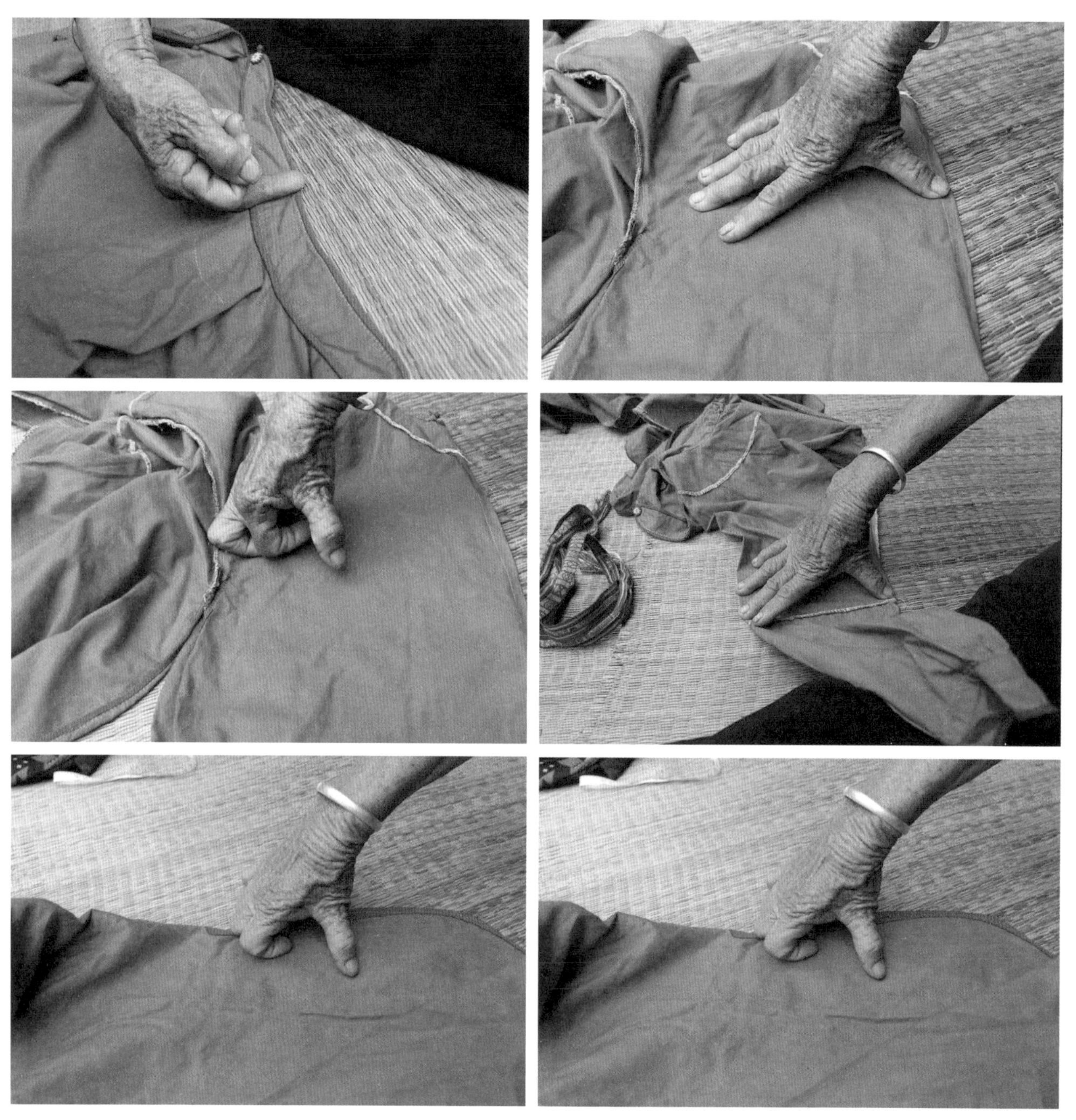

图3-106 加茂地区赛方言黎族偏襟式上衣的测量方法

④ 赛方言黎族女子传统下衣——筒裙的款式及结构特点分析

赛方言黎族女子的传统筒裙是由若干段花纹各异的织锦上下拼接而成。传统的黎族织锦是用踞腰织机织成，织锦宽度有限，最宽只能达到人腰部宽度左右。

因此，一段织锦的宽度不足以达到筒裙所需的长度，需多段拼接而成，有两段式、三段式、四段式、五段式等。织锦的长度不固定，段数取决于每段织锦的长度和想要的筒裙总长度。

与黎族其他方言区的筒裙相比，赛方言黎族支系的筒裙在款式、装饰、穿着状态等方面有着本支系自己的特点。从总体上看，赛方言黎族的筒裙长度较长，穿着后长度一般至小腿中部与踝部之间。此外，不同地区的赛方言黎族支系的筒裙款式风格也不尽相同，这在一定程度上与周边其他支系黎族的交流和相互影响有关。加茂地区的赛方言黎族筒裙通常由四段或五段不同样式的织锦拼接而成，六弓地区的筒裙多由两段相同样式的织锦对接而成，有的在两段式的基础上再加一裙头，形成三段式，也有四段式的但比较少见，在样式上比较简洁，不像加茂地区的筒裙特色突出，工艺复杂。

款式1：保亭县加茂地区的筒裙款式

如图3-107所示款式的筒裙多由四段或五段宽度样式不同的织锦拼接而成，从上到下，由筒头、筒腰、筒身、筒尾等几部分构成。第一段称为筒头，因为穿着时要将这部分织锦在人的腰部用绳带系扎。这部分织锦在穿好上下衣后一般露不出来，因此样式较为朴素简洁，花纹多为彩色条纹。有的干脆用旧的织锦来做，旧的织锦经过多次穿用和洗涤之后，布质比较松软，系在腰部更加柔软舒适，易于翻折。第二段称为筒腰，是筒裙的重点装饰部位，在黎语中称为“da”，是眼睛的意思，可见该部分对于整条筒裙的重要性，就像是筒裙的眼睛一样，起到画龙点睛的装饰作用。这一部分织锦宽度很窄，一般为7~9厘米，色彩丰富，图案突出，织造工艺复杂。第三段称为筒身，由一段或两段织锦拼接而成，和筒头一样采用较为朴素的织锦来做，花纹多为简洁的彩色条纹。第四段称为筒尾，也是筒裙的重点装饰部位，在纹样和织造工艺上较为

图3-107　加茂地区赛方言黎族筒裙的常见款式

复杂精细，盛装的筒裙在织造时还会加入云母片进行装饰。

款式2：六弓地区筒裙款式之一

如图3-108所示款式的筒裙由两段相同的织锦上下对接而成，在款式和色彩上都很古朴简洁，六弓地区的赛方言黎族老人仍然穿着这种筒裙，下地干活时也穿。这种筒裙的面料细看的话会发现上面有很精细的几何状花纹，浅色部分和深色部分都有。另外，这种款式的筒裙在染色上比较有特点。筒裙中的浅色花纹部分并不是纱线染色，而是先用白色纱线织造，深色部分用黑色纱线织造，做好筒裙后再将整条筒裙放进蓝色染料中进行染色，这样原来由白线织成的白色花纹就被染成了蓝色花纹。这种样式的筒裙长度较短，有的为了加长筒裙的长度，还在上端另接上一段织锦当筒头。

图3-108　六弓地区赛方言黎族的筒裙款式

款式3：六弓地区筒裙款式之二

图3-109、图3-110所示六弓地区的这种筒裙由两段相同的织锦上下拼接而成，上面有呈条形紧密排列的几何形花纹，这些花纹多是从日常生活事物中抽象

图3-109　六弓地区赛方言黎族的筒裙款式（一）

图3-110　六弓地区赛方言黎族的筒裙款式（二）

出来的。将织在织锦一侧的黑色边沿拼接在筒裙中央，形成一道黑色的带状区域，也是这种款式筒裙的一个特色。在赛方言黎族地区考察时，据被采访人说，20世纪80年代左右她织造筒裙时，所用的绿色、蓝色、白色等颜色的线都是买来的，红色的线是从红色的布料上拆下来的，黄色的线是将白线用一种自己种植的姜黄染黄的。这种款式的筒裙也可以加筒头、筒腰等部分。此类筒裙是赛方言黎族女子的盛装筒裙款式之一，以前会在祭祀等比较隆重的场合穿着这种筒裙。

赛方言黎族女子的筒裙的结构及制作工艺不是很复杂，但在细微之处比较有特色，下面以加茂地区普遍流行的款式为例对赛方言黎族女子的筒裙结构及制作工艺进行分析。

图3–111、图3–112所示为赛方言黎族筒裙的款式图和结构图。通过对这款筒裙结构的分析可以发现赛方言黎族筒裙在制作工艺上的几个特点。

图3–111　赛方言黎族筒裙款式

首先，纵向段与段之间拼接时的搭接量非常少，只有约不到0.5厘米，而横向拼合时的搭接量则至少有约1厘米宽或者更宽。对手工织造工艺有所了解的人一般都知道，不断纬线织造出来的布料，两侧的牢度很好，不易脱散，而剪开的布料露出线头容易脱散，因此赛方言黎族女子筒裙在横向和纵向上拼接量的差异可能与这个原因有关。

其次，从筒裙的反面可以看到，不同层次的接缝在纵向排列上很少处于一条直线上。由于织锦比较厚实，尤其是比较复杂精细的筒腰和筒尾部位，将各个接缝错开配置，能够避免接缝重叠时厚度过厚，不易缝制，且不会影响筒裙的外观平整。

虽然赛方言黎族女子的筒裙在造型上呈长长的筒状，但在围度上却是大于人的腰围的，比人的腰围大约多30厘米。穿着时将多余部分在腰后打褶，然后用绳带系扎。赛方言黎族女子的筒裙穿着时在腰后打褶，而附近哈方言支系女子的筒裙穿着时是在右侧打褶，美孚方言黎族支系女子的筒裙穿着时则在腰前打褶。

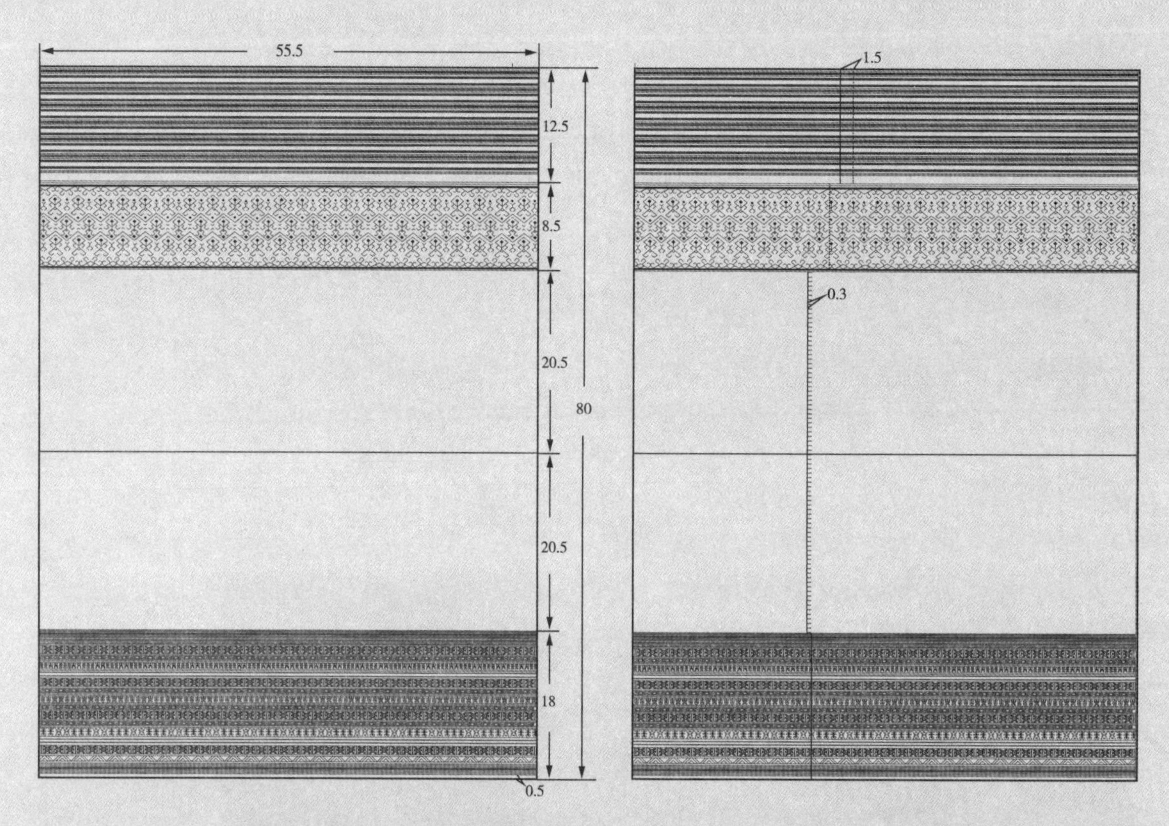

图3-112　赛方言黎族筒裙结构图

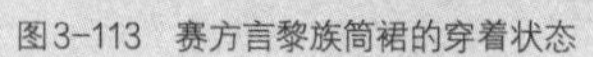

图3-113　赛方言黎族筒裙的穿着状态

赛方言黎族女子的筒裙穿在身上后，上衣的下摆边缘刚好遮到筒头部分上下，显露在外的筒尾部位的织锦格外惹眼，图案和颜色都非常出彩的筒腰处花纹，在身体活动时若隐若现，给整条筒裙的外观装饰效果带来明暗和色彩上的动态变化（图3-113）。

（二）赛方言黎族男子传统服饰

赛方言黎族男子服饰从清朝时期就已经开始汉化了。清朝后期，有的黎族地区男子受到周围汉族的影响，开始留长辫于脑后，平时干活时则盘发于头顶。辛亥革命后，为了拥护革命，积极反清，又禁止留辫，改剃光头。因此和女子服饰相比，男子服饰受社会变革影响更大，在实物保留上也不像女装那般丰富。

赛方言黎族男子的服饰从100多年前就已经开始汉化了，在服饰上与当地汉族无异。中华人民共和国成立之前，人去世后还一定要穿传统的服饰入殓，20世纪50年代左右，入殓服也逐渐全部由汉装代替，因为传统的服装制作起来比较费时费力，而赛方言黎族所处的位置靠近汉区，直接从汉区买布来做更为方便，原来的传统服饰仅保留在举行宗教仪式时穿用。

在保亭黎族苗族自治县，赛方言黎族支系和相邻的保城地区杞方言黎族支系的传统服饰基本相同，连本支系内部的人都说，从服饰上无法将二者区分开来。最早，赛方言黎族支系还没有独立出来的时候曾被划归杞方言黎族支系，因此，在风习上多与保城的杞方言支系相同。

❶ 赛方言黎族男子传统上衣分析

据古代文献描述，黎族男子的上衣是用棉或麻纤维织成的粗布料缝制而成的，主要的款式特点是长袖、对襟、无领、无纽，胸前仅用一对小绳代替纽扣（图3–114）。

关于赛方言黎族男子的传统上衣，只搜集到了一些关于保城地区杞方言黎族男子传统上衣的资料。这件上衣是世代传下来进行宗教活动时穿着的服饰。衣服的主人是当地的一位宗教活动主持者，他在进行宗教活动时要穿一整套古老的民族服饰，上衣就是这种对襟式上衣，下身穿吊襜。这种上衣和前面所提到的赛方言黎族女子的古老上衣款式非常类似，据说以前当地的男、女上衣都是这种对襟的上衣，款式类似，差别不大，后来穿的人越来越少，只保留在宗教仪式中，成为一种宗教服饰（图3–115）。

❷ 赛方言黎族男子传统下衣分析

赛方言黎族男子的传统下衣是一种长不过膝的吊襜，由前后两片相互重叠的

图3-114　保亭赛方言黎族男子传统服饰云母片装饰的后背图案

图3-115　保亭杞方言黎族男子传统服装（廖善新先生藏）

布系在腰上构成。这种吊襜在文献中也有吊产、吊前、吊袒等称呼，通过查字典可知，襜的读音为“chān”，意思是“系在身前的围裙”。这些称呼起初多为汉人所用，古籍中也称“黎厂”，《黎岐纪闻》中就曾提到：仅以四五寸粗布二片，上宽下窄，蔽前后，名曰“黎厂”。杞方言黎族称其为“扁辫”，翻译成汉语就是吊布片的意思。

哈方言支系和杞方言支系的黎族男子也有这种吊襜，但赛方言黎族男子吊襜的特色是上面织有黑色或青色的几何形花纹，因此临高地区的赛方言黎族群众曾被当地汉族人称为“乌产黎”，意思是黑裙黎。除此以外，赛方言黎族支系男子的吊襜和其他方言支系在款式上应该差别不大。

保亭县保城地区杞方言黎族宗教活动主持者在宗教活动时所穿着的衣服，和那件古老上衣对应的下衣就是一件吊襜，可惜的是，这完整的一套宗教服饰待传到现在的主人手里时，吊襜已被没收了，他就找人模仿原来的样式重新做了一件。做的人不知道古老的吊襜怎么做，因此只能根据描述对原来吊襜款式进行模仿，因此只能作为一个参考（图3–116、图3–117）。

如图3–118所示，虽然是吊襜侧面，但基本上可以看出赛方言黎族男子传统吊襜的外观形态。

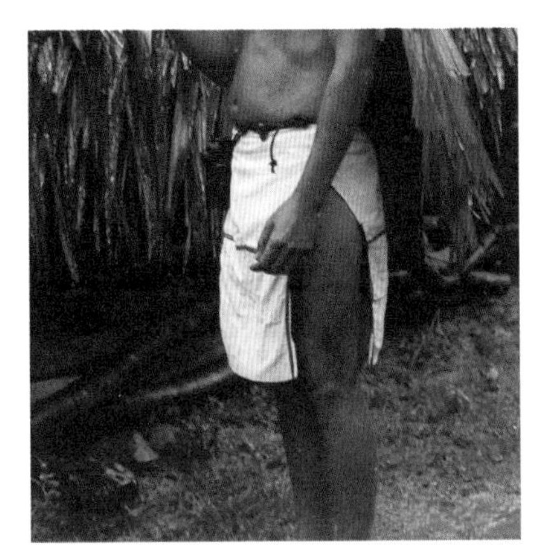

图3–116　吊襜的穿着状态图（选自符桂花《黎族传统织锦》）

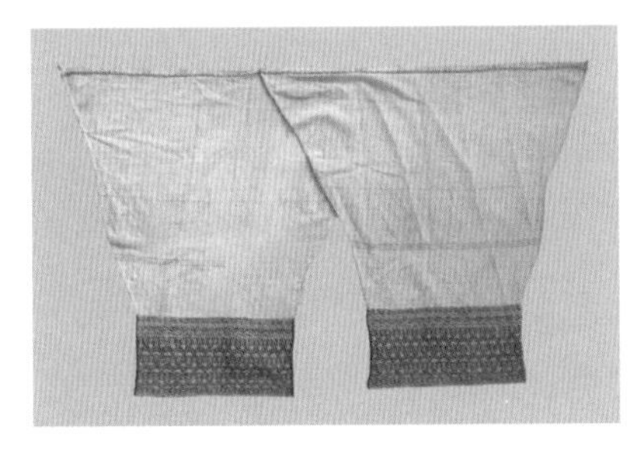

图3–117　保亭杞方言黎族的吊襜概貌

图3–118　赛方言的吊襜（选自符桂花《黎族传统织锦》）

关于吊襜的款式细节和制作方法，杞方言黎族男子的吊襜裁剪比较简单，前、后片相同，都是由上下两部分缝合而成。上部的布片形状为倒梯形，下部的布片为长方形。倒梯形布片的上口较宽，其具体宽度根据人的腰围宽度而定。倒梯形布片的下口较窄，与长方形的长边相接，长方形的短边为20～25厘米。前、后两片倒梯形布片的一侧腰边的上半部分缝合在一起，另一侧穿着时用绳带系扎在腰上（图3–119）。

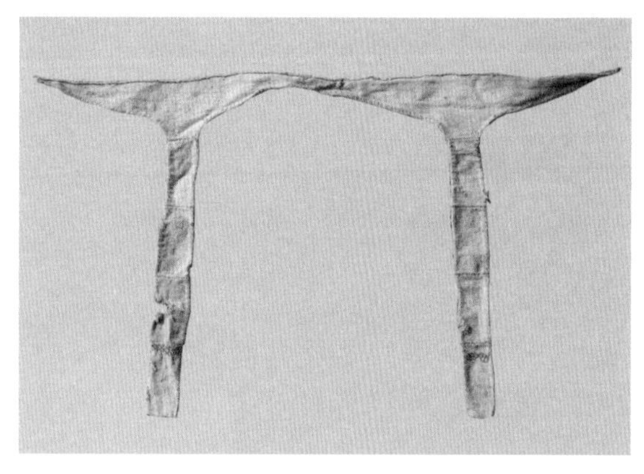
图3-119　吊襜

现在赛方言黎族地区已经基本上看不到男子的吊襜了，过去，在传统的宗教仪式中，还必须要穿上吊襜，因为他们认为如果不穿上以前的衣服，祖先认不出来是否是他的子孙来请，就不会来吃贡品。男子死后入殓时也要为其穿上吊襜，否则祖先不认。可见原始的祖先崇拜对赛方言黎族人社会生活所产生的影响。

第六节　黎族的人生礼仪与服饰

人在一生中有着必经的生活阶段，其社会属性就是通过这些重要阶段不断产生连接并确立起来的。各阶段自古以来通过一定的仪式作出表示，以便个体获得社会的承认和评价。在各阶段中所标志出的仪式，就是人生礼仪。

人的一生必定要伴随着诞生、成人、婚礼、葬礼等具有标志性意义的时刻，而服饰在此刻以一种特殊的语言，表达了带有这个族群文化特征的更深层次的内涵。

一、诞生礼

十分重视生育的黎族，把孩童的出生当作家里、寨里甚至是族里的一件大喜事，并不会出现重男轻女的现象。生育的重要性从黎族妇女的怀孕中就可见一斑。怀孕时，妻子受到了丈夫的悉心照顾，只参加力所能及的家务和生产劳动。其中，黎族孕妇最为重要的劳动就是在家中制作未来宝宝的衣服。母亲给孩子做衣服被认为是爱的象征，所以妇女们对此也特别细心，争取能让新的生命从自己的一针一线中感受到母亲的温暖。产妇在分娩前三天是不能出门的。产妇分娩后，家人根据婴儿的性别做不同标记，若为男婴便在房门口挂红藤叶，女婴则插露兜叶，均有着辟邪的含义，被称为“插星”。家里由“奥雅”在祭祖灵位上放置一碗米和一碗酒，米是婴儿的粮食魂，酒用作祭祖，以告示祖先新生命降临，祈求平安。

到了生小孩的时候，要在家门口挂上树叶，防止外人入内。在产房内，由村中有经验的女子助产。孩子降生后，要立刻用红线绑住肚脐，然后将胎盘用树叶包裹吊挂在树上或者是放到河里漂走。有的地区则是深埋在地里，以免被牲畜吃掉。婴儿出生后，母亲会用一块织锦包裹婴儿，斜挎在肩部，从而时时刻刻将孩子留在身边。外出劳动的时候，则将包裹小孩的织锦系于树枝上，当作摇篮。

新生儿的出生意味着生命的繁衍，是一件值得庆贺的事情，亲朋好友都会带着礼物前来庆贺，家人也要一一回礼，以感谢大家对小孩的祝福。满月的时候，父母和家里的长辈需共同商议取一个奶名，这个名字一般是根据孩子出生的特征或者是日期等原因来决定的。而在满周岁的时候，通常以直系亲属辈序名次取一个大名，并且和长辈们的名字相呼应，形成韵律，是古老的父子联名制的体现。这个是正式的名字，所以格外隆重，要宴请亲朋，宰鸡杀猪，并且为孩子设置专门的席位，放置一些有预示意味的物品，如鸡腿、尖刀、银圆等，分别有富足、勇敢、财富的寓意。孩子要带上穿着铜钱的项圈，手上绑上红、蓝、青三色的平安线，祈求一生能够顺利。

二、婚礼

黎族的婚姻制度具有母系氏族社会和父系氏族社会的综合特征，也有一定的封建社会色彩。在黎族社会构成中，普遍实行一夫一妻的婚配关系，严格禁止同一个宗族谱系血缘成员之间的通婚现象。在结婚的形式上，有订婚、许婚、约婚、重婚、接婚、合婚、对婚和“不落夫家”八种习俗。其中“订婚”是父母的意愿，“许婚”是向族外求婚，而“约婚”则是男女自行交往然后约定，这也是最普遍的一种形式，体现了自由的恋爱和婚姻观。“重婚”则是指过去黎族的头人或者合亩制地区的亩头，受到汉族封建社会的影响而存在的一夫多妻的现象。“接婚”则是个别家庭由于特殊情况出现的“转房”的现象，这种形式必须举行盛大的仪式以求得社会的公认，否则容易惹人话柄，被社会所谴责。

（一）哈方言婚礼服饰

抱怀妇女至今仍保留着传统的纺织技术，妇女在空闲时间纺织黎锦，为女儿

图3-120　哈方言黎族女子婚服——婚礼图筒裙

制作出嫁时穿着的筒裙，筒裙图案也是婚礼图。很多哈方言支系女子在结婚时都要穿带有婚礼图的结婚筒裙，人们认为女子结婚时若不穿本民族的筒裙，死后就不能认祖归宗。抱怀筒裙保留了很多传统图案，从裙头到裙尾都织绣有绚丽多彩的花纹，且每个图案都有相应的含义（图3-120）。

（二）润方言婚礼服饰

女子出嫁是女人一生中最为重要和神圣的事情，为了以最佳的状态迎接婚礼，润方言黎族新娘在出嫁的三天之前就开始洁身，请人帮忙装饰和打扮，让自己光彩照人，风风光光地嫁出去。新娘出嫁时，身穿有贝珠装饰的传统盛装。头上盖着饰有铜钱、贝珠、流苏的花色头巾，头巾披在背部的位置刺绣有两个“囍”字，一端有两条红绳，好将头巾系于腰部。有时佩戴耳环、银项圈、银牌、银铃、珠链等饰物，有的还要挂精致的小腰篓，戴闪光的云母片草笠（图3-121、图3-122）。如果新娘的嫁衣是由自己亲手织绣的，则是她一生最大的荣耀和自豪，如果出嫁时穿戴由长辈或是姐妹织绣的嫁衣，则被视为懒惰之人。润方言黎族的婚礼一般是在晚上举行，意思是晚上太阳下山，倦鸟归巢，姑娘就要出嫁到夫家。仪式通常有接亲、迎亲、饮福酒、逗娘、对歌、挑水、送亲、收席、通报、请妻、媳规等程序。黎族有盛行新娘不见新郎不露面的婚俗，新娘用草笠遮脸，并佯装哭骂娘家把她送去远方。白沙县南开地区的新娘，由四个陪娘各拉着红毡四角，新娘躲在里面。送新娘队伍中的姑娘们也都用草笠或者雨伞遮住自己的脸，接亲的黎族小伙只好用烟熏，才能使她们露出面容。黎族将对歌贯穿婚礼始终。酒席上，对歌就成为老人拉家常、中年赛歌箩、青年传情意和新人诉衷情的最好方式，也是所有人对新人发自内心的祝福。结婚之前，润方言黎族的女子穿着比较清纯活泼，常常有艳丽活泼的色彩和诸多装饰，具有浓重的少女审美情趣。婚后，润方言黎族的女子在服饰纹样上偏向更成熟、稳

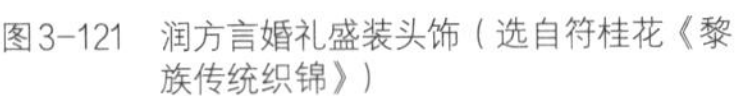

图3-121　润方言婚礼盛装头饰（选自符桂花《黎族传统织锦》）

图3-122　白沙地区婚礼盛装（选自符桂花《黎族传统织锦》）

重。以结婚为界，标志着一个女性作为一个成熟的个体融入了一个润方言黎族的家庭，并且开始承担作为一名妻子的责任。

三、葬礼

黎族信仰祖先崇拜，认为万物有灵，人死了灵魂还存在。因此，葬礼十分隆重。丧事程序主要有报丧、洁身、殓仪、守灵等几个方面。对于润方言黎族来说，丧葬习俗中有着反穿衣的礼仪，这也是其贯头衣正反面一致的原因之一，体现了符合礼仪并追求美观的心理。如果家里有人死亡，死者家属以号哭和鸣枪报丧，并派出专人告知噩耗。报丧人员反穿着衣服，通知死者的亲属、舅家和朋友等前来治丧。亲属用清水给死者洗脸和手脚，梳整头发和穿戴黑色新衣。遗体正卧，手脚放直。在白沙南开地区的润方言支系中，如果女性死者生前尚未文身，洁身后，要在死者的尸体上用炭黑画上文身图案，这样到了阴间祖宗才会认领。

（一）哈方言葬礼服饰

哈应和抱怀女子在葬礼上还要穿着丧服。丧服制作复杂讲究，其筒裙中最精彩的图案是人形纹，也称鬼纹。黎族人认为万物都是有灵性的，认为人死魂不死，所以服饰上的人形纹图案占有相当大的比例。丧服除了人形纹以外，图案色彩也十分讲究。丧服上的人形纹分为两种色彩纹样，其中一种纹样用鲜艳的颜色来织制，并且图案呈二方连续有节奏的无限延伸。哈应人把这种明色人形纹比喻为人间，将暗沉颜色的人形纹视为阴间，为鬼纹。哈应女子参加葬礼时必须要穿这种服饰，否则祖先就不会接纳死者的灵魂，死者也就成了孤魂野鬼。

（二）润方言葬礼服饰与习俗

润方言也会停尸设灵位。死者遗体放在家里，男尸头部朝向正门，女尸头部朝向后门。遗体底铺一张露蔸叶席，上面盖着黄色或灰色毡被，富家盖龙被（或黎锦）。遗体头下以一块银圆或一面青蛙铜锣当枕头，手里按照男左女右的规定拿着一块银圆，表示死者富贵，去阴间有钱交付问路费。在尸体头的方向放置一碗酒、两把稻谷、牛下颌骨或猪下颌骨和一盏煤油灯。在尸首脚的一边，放一盏煤油灯。灵位两旁放着守灵人员的草席，共停尸3天。下葬后，要把死者日常使用的物品，如衣服、被褥、草笠、刀篓、弓箭和纺织工具等，按男女使用的物类处理，男性死者由家里男性老人把遗物送往村边大榕树下或坟墓旁边放置。如果死者是女性，由老妪去放置。在放置遗物的时候，要点死者的名，说他（她）的东西已经送齐，不得再回人间吵闹。村里如果有人去世，全村成年男女3天不吃米饭，每天就餐时要集中在丧者家里喝孝酒，吃肉吃菜，餐前和餐后唱悼歌，表示对死者的悼念。如死去的是父母亲，子女从丧日起，戴12天孝；死去兄弟的戴7天孝；死去子女的戴5天孝。治丧期间，亲属要穿孝服。合亩制地区杞方言和白沙县润方言，在孝期间衣服反穿。不许换衣服，不许洗澡，不许外出参加红事和各种娱乐活动，否则视为对死者的不孝敬，日后不吉利。哀悼期满的那一天早上，死者亲属下河洁身，换衣服，把埋葬用的锄头等工具放进河里洗，表示清水能洗掉邪气。然后杀猪、宰鸡祭祖先，驱邪招福魂。在死者家摆酒席，宴请在治丧期间资助的亲戚和朋友，并商议死者子女抚养和财产承接等事宜。对于非正常死亡者，视为“凶魂鬼”作祟所致。村里有非正常死亡者，不准在祖宗墓山埋葬，不准把尸体抬进村。合亩制地区，要穿红衣丧服埋葬非正常死亡者。

（三）美孚方言葬礼服饰

图3-123所示的美孚黎族女子服装较新，无明显穿着痕迹。全手工制作，材质为棉，素织。服装款式、结构与上述美孚黎族上衣相同。衣身主体颜色为蓝黑色，领内贴边为白色。装饰镶条主要集中在领口、袖口、侧缝开衩及“挡背布”与衣身固定的部位，颜色为白色，装饰较常装上衣朴素、稳重。

从图3-124所示的测量数据可知，此款美孚黎族女子随葬衣主体结构仍由五块素织布构成，宽度均在30.5厘米左右。后中接缝及衣身与袖接缝处可以明显看到素织布紧密的布边，“挡背布”的左右两侧为布边。此款女子随葬衣各装饰部分仅有一条装饰镶条修饰，且“挡背布”与衣身缝合处的装饰镶条较宽，前胸上为2.3厘米，后背中为1.5厘米。其他结构除数据与上述美孚黎族女子常装上衣略有不同外，结构、功用均一致，在此不逐一赘述。如今，虽然美孚黎族大多数人仍然处在闭塞的环境中不愿与外人接触，还是有一部分美孚黎族人从乡间走入城市，融入整个现代化及现代服饰文化中，但传统民族服饰文化仍根深蒂固地植根于留守在家乡的老人心间。据实地考察得知，对于美孚黎族来说，无论子女人在何处，家里的老人都会按照传统习俗为儿女准备将来入棺的衣物。按照传统习俗，作为

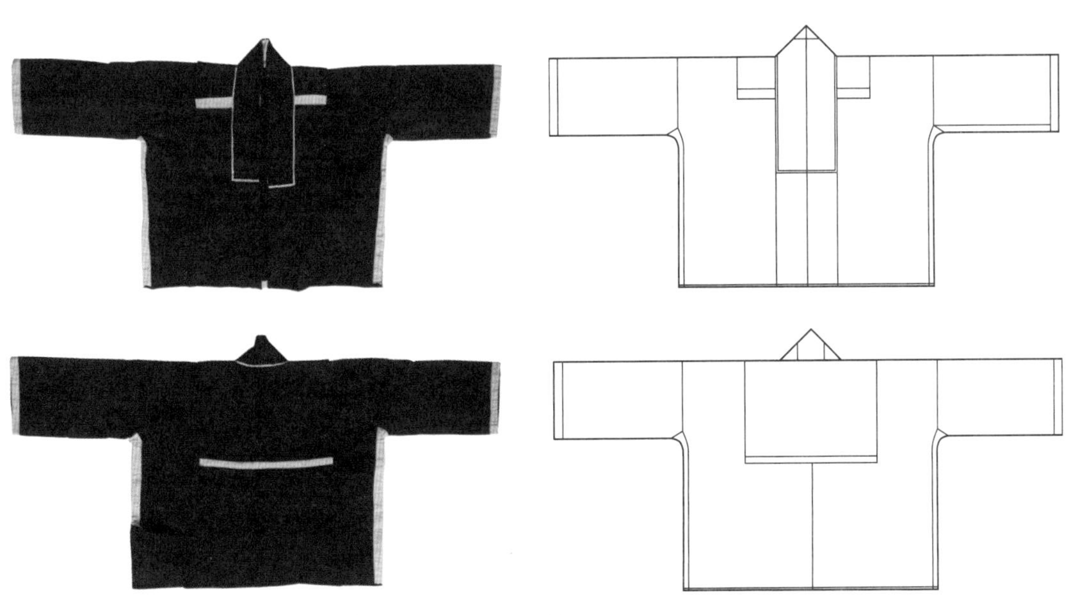

图3-123　美孚黎族女子随葬衣（海南锦绣织贝有限责任公司董事长郭凯藏）

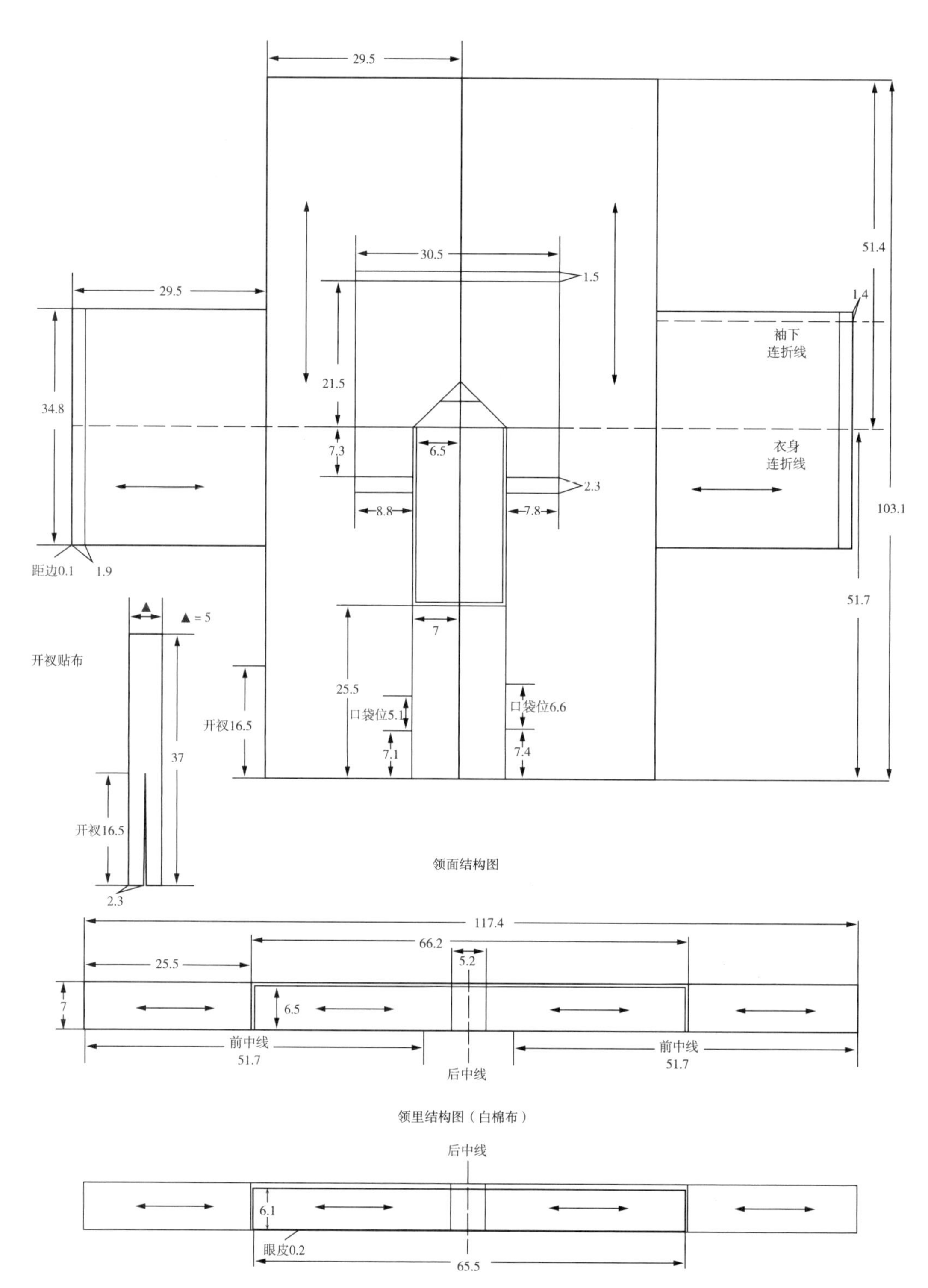

图3-124　美孚黎族女子随葬衣结构数据测量图、裁片示意图

母亲，需亲手为女儿缝制适合各种场合穿着的上衣和筒裙，如寡妇裙、随葬衣等，并放入女儿出嫁时所背的竹篓中。同样，对于无论是在家劳作还是在外奔波的儿子，母亲都会在有生的日子中，为其准备最好的随葬衣。对黎族人来说，随葬衣是件必不可少的陪葬品。每一位黎族老人去世时，都会带走生前最好的衣服，尤其是女子，不仅要带走最好的衣服，而且要带走积累一生的纺织机。据考察，美孚黎族的随葬衣从颜色上较其他场合穿着的服装朴素，仅以简单的白色棉布镶条。随葬衣的数量则象征着这个家的家庭条件，数量越多代表家庭条件越好。随葬衣物以奇数递增，分别是3、5、7件或更多件。即使家庭条件最困难的家庭，其随葬衣也不得少于3件。

依照美孚黎族的传统习俗，倘若美孚黎族家中有人过世，族内老人们会专门缝制衣物给嫡亲穿用，也就是孝衣，小孩子不能穿孝衣。这件衣服要穿满13天才能脱下。脱下的孝衣是不能烧毁的，要收好保存到过世者满7年才可将这件衣服挂于村外树林里风祭，以表示对过世者的思念。此外，筒裙的穿着在白事时有一个重要的变化，活人的筒裙要从上往下穿，脱时也要从上往下，但是死者的筒裙则是要从下往上穿和脱的。

四、宗教礼仪服饰

黎族的特殊服饰是指在原始的宗教活动或者祭祀活动里所穿用的服饰，如在人生病以后请“三伯公”（道公）来驱邪，在祭祀活动中娘母、道公做“令兴”（法术）时穿用的服饰，一般以男性为主。

润方言黎族地区在举行宗教活动时，其服装比较特殊，穿着具有本方言独特刺绣的异化汉装，主要在衣服的背部与口袋处用“双面绣”进行装饰。另外，润方言的“三伯公”有时也穿汉式长袍作法，头戴长130～140厘米、宽10～30厘米的颈巾。颈巾一端有刺绣装饰，用黑色、黄绿色、红色的线在一块正方形布上采用一字或十字形纹刺绣而成，颈巾装饰美丽，刺绣工艺巧妙。作法时，手持令牌、驱鬼索、牛角号等物。在《黎族辟邪文化之五：黎族辟邪文化规律》一文中曾有这样一段描述，详细记录了白沙县举行宗教仪式时，神职人员的穿着。白沙县润方言黎族为刚去世的老人亡灵举行“拔亡魂”祭奠仪式时，都请“鬼公”跳

"老古舞"。[1]跳此舞的领舞者为男性，称"苟塔"，头戴弓形彩巾，身着红色龙纹长袍，左手端一茶杯，右手拿1支筷子。舞队压阵者为女性，称"喜塔"，头戴方形彩巾，两条垂带悬挂脑后，身着白色龙纹女袍，手持1根30厘米长的木棍，顶端系一束稻草，象征"鹿尾"。舞众男女各半，统称"马仔"。男子叫"怕曼"，用黑色巾包头，呈圆盘状，身着黑色或蓝色无领长袖衫，下系吊襜，内有两人持鱼，两人提灯笼，余者手执"祖先鬼"和刚死者之灵牌。女性叫"拜叫"（今改男扮女装），头扎花纹头巾，佩戴银耳环，脑后结髻，上插1支30厘米长的丝穗骨头簪，身穿开口无领开襟黑底绣花上衣，领口绲红布边，近领口处两侧各悬垂40厘米长的红色丝穗，下身着花裙，手持"祖先鬼"牌位。

图3-125所示为白沙地区润方言"三伯公"服装之一。身穿汉式大花红长袍，头戴红、黑相间的头帕，头帕下垂两条长长的布条。以红色布条缠腰，手持行法器具。其中右图的服装背部、头帕下垂两条长长的布条，极富民族特色，头帕与汉式大花红长袍相互衬托，体现了黎汉两族文化间的交流。

图3-125　润方言黎族特殊服饰（选自王学萍《黎族传统文化》）

[1] 潘先锷. 黎族辟邪文化. 海南省民族方言内部资料，2006：55.

第四章 黎族服饰装饰研究

第一节 黎族服饰装饰色彩

传统民族服饰的色彩是表达心情语境的一种独具特色的语言，黎族人民在特定的生产、生活条件下，用色彩来表达本民族的历史传承以及个体的审美心理倾向。

一、五色

黎族人喜好五色，分别是黑、红、黄、绿、白色。在使用上多以黑色或深蓝色为基本色调，配以红、黄、绿、白色等亮丽色彩作为辅色，形成一种本民族特有的色彩风格，并用其织绣出五彩斑斓的黎锦图案。晚清进士程秉钊曾在《琼州杂事》诗中赞曰“黎锦光辉艳若云”，这简练优美的语句便是古人对黎锦色彩最形象的赞誉。

黎族人对颜色的表意有自己独特的理解，有趣的是虽然黎族的五个方言存在明显的地域差异，但他们对这五种色彩寓意的诠释却基本一致。

比如他们普遍以黑色为贵，都认为黑色象征着吉祥、永久、大气与庄重，能够避邪除妖。在黎族妇女头巾中纯黑无图案的部分象征着妇女的庄重，并能阻挡邪魔侵体。即便是身居沿海地区，常年受强烈日照的美孚方言黎族也以黑色为尊，无论是平时还是节日、庆典，都坚持着黑色或深蓝色为底的衣装，以此来求得祖宗的认可和保佑。此外，选择深色为底也正好符合黎族人久在山区的生活环境，在农耕劳作之时黑色更加耐脏，减免了换洗的不便，这也体现了黎族人民的生活智慧，说明生存环境对服饰选择的影响。

红色，也是旧时的黎族一度崇拜的颜色。红色在传说中是仙人之色，是血液和生命的象征，彰显着穿着者的尊严、权贵，也可驱魔避凶。黎族人常以红色祈求祖先、神灵的庇佑，赶恶驱魔，这也许源于黎族先民对原始社会中不可抗拒力量的恐惧和不安，是在黎族文化的早期阶段中试图对不可知事物进行阐释的一种尝试。旧时，黎族男性的红头巾是权力、尊贵的象征，只有族中的头人、峒长、有威望的长辈才可缠红黑双层头巾。

黄色在黎族人眼中象征着丰收、力量和刚强。黎族先民们把中黄色看作是太阳的颜色，浅黄色是阳光的颜色，只有充足的阳光才能让万物丛生，令黄澄澄的稻穗成熟，供给人们生存的食物，赐给人们体能与力量。黄色是黎族男性刚强、健美、精力充沛的象征。过去在战场英勇杀敌的黎族男性身上必着无袖黄色战衣。黄色对黎族女性而言，则经常应用于筒裙、腰带、锦被，与其他各色搭配，象征生机与活力、平安与长寿。

黎族人将绿色看作是天地所赋予的生命之色，代表人的生命与智慧。海南的气候四季常绿，绿色是天地赐予的生命之色，林茂人欢、山厚人肥，诠释着大地哺育万物的神奇能量。黎族妇女爱用绿色的纺线织绣图案，妇女身上的绿色纱线象征着装女子花容月貌之色，更有象征传宗接代、开花结果的寓意。

黎族人把白色看作是圣洁美好、吉祥如意的象征，表达黎族人民心灵的纯洁。妇女服装上多用白色的线作为装饰线迹，这些线条左右对称，表达妇女的心灵纯洁以及祝愿吉祥如意之意。但是白色在黎锦中并不会大面积使用，它们多会用来强调轮廓、边缘、分割线等位置，以线迹的形式或和其他颜色搭配出现。

二、色彩搭配

黎锦色彩的搭配，也会因方言和地域的差异令黎锦呈现出不同的风格。有的色彩柔和，在色彩的对比和碰撞中求调和，以达到华而不俗、雅而不陋的素雅效果；有的则用色浓郁，艳丽奔放，如大红、明黄、亮绿等活泼跳跃的颜色附着在黑色底布上，达到对比强烈，富有较强视觉冲击力的富丽效果。

黎族传统服饰色彩搭配具有以下三个特点。

（一）精神性——鲜艳的色彩激发生命的活力

黎锦织锦的颜色一般都呈现出生动、欢快的风格。各方言支系黎锦中，又以润方言的黎锦纹样最为鲜艳，往往采用大片的红色来织绣图案，其次为杞方言，其后依次为哈方言、赛方言、美孚方言。

赛方言和美孚方言黎族妇女筒裙织锦整体色调往往比较灰暗和单一，但也会在筒裙上装饰一条色彩斑斓的彩带，其上织绣各种鲜艳的纹样。

（二）实用性——醒目的色彩体现黎族人物尽其用的智慧

黎族传统服饰的色彩采用天然染色，在长期的生产劳动中，他们与自然和谐相处，发掘大自然赐予的丰富物质资料，表达美好的情感，适应生产生活的需求。

（三）艺术性——丰富的服饰工艺表达民族独特的审美

黎锦筒裙纹样是解读黎锦的核心内容，它的色彩则直观突出民族情感与性格。因此，色彩也是理解黎锦筒裙纹样艺术、理解黎族人民内在审美心理的一个关键性符号，同时通过各种各样的线条装饰形成复杂的图案，从而体现出黎族织锦的创造性和艺术感。

黎族传统服饰纹样色彩斑斓各异，似乎没有内在规律可循，但仔细辨别，就会发现在众多的黎锦筒裙纹样间有一个共同的色彩特点，即多采用红色或黄色作为纹样的主色调。

对于红色与黄色的喜爱不仅出现在黎族中，这种偏爱甚至体现在整个中华民族内部。对此，梁一儒等人在《中国人审美心理研究》一书中对中国人独特的色彩审美进行了论述，指出："先秦以降，中国人又对红黄二色情有独钟，兴趣持续不衰……红黄二色对心灵的震撼是强烈的，反映出中国人对'刚健、笃实、辉光'等传统审美理想的心理需求。"[1]可以说，在漫长的中国历史中，红、黄二色具有极其重要的地位，也奠定了它们在中华民族内心深处积淀的深厚性。

这种共同的色彩偏好，使我们可以从侧面理解黎族与汉族的内在一致性。除此之外，黎族妇女筒裙纹样还吸收了汉族、壮族、苗族等其他民族民间美术的相关图案，形成了特点鲜明、内涵丰富、变化多样的纹样图案。

虽然在黎族的色彩语言中夹杂有不少原始宗教成分，但黎族人对诸多颜色的发现和采用更多还是源于他们对生活和生命的热爱，从大自然中发现、寻找色彩。这些由历史沉淀下来的民族色彩，无不闪烁着黎族文化的智慧光芒，承载着黎族人的灵魂追求。黎族色彩语言是特定时期的特殊产物，其产生和存在均反映了黎族文化的发展。

---

❶ 梁一儒，户晓辉，等．中国人审美心理研究［M］．济南：山东人民出版社，2002：87-88.

第二节　黎族服饰装饰纹样

黎锦筒裙纹样题材广泛，内容丰富，包含人物纹样、动物纹样、植物纹样、几何纹样、生活纹样、复合纹样等种类，这些充分体现了黎族人民丰富多彩的生产生活。纹样作为一种艺术形式，总是与该民族的生产生活息息相关，它从生活中来，到生活中去，反映着一个社会的生产生活内容和文明状态。

一、人物纹样

人物纹是黎族妇女最常用也是最普遍的服饰纹样题材。无论哪个地区、哪个方言的黎锦筒裙上都会出现人物图案，人物的动态、形象都是几何形的，有些还生动地表现出生产、生活、狩猎、婚嫁等场面。各方言区黎锦筒裙人形纹可分为蛙姿人形纹、具象人形纹和简化人形纹三种形式。

第一种蛙姿人形纹的基本特点是保留有蛙纹的某些外在特征，如蛙纹的菱形体型特征和四肢弯曲的动作特征，除此之外，有的人形纹还具有青蛙的蛙蹼等肢体特征，有的双足微张，仍呈现用力蹬地、腾空跃起的基本姿势。

蛙姿人形纹的主要特点是较为清晰地显示出蛙纹向人形纹的过渡。蛙姿人形纹明显表现出人的基本形象，已呈现出人的站立状，而且具有完整的头、身、双臂、双腿，腰部有明显的向内收缩的迹象，最为重要的是与蛙纹的前肢向前跃起不同，蛙姿人形纹的上肢已由向上改为向下，身体站立（图4-1～图4-4）。

图4-1　蛙姿人形纹

图4-2　蛙姿人形纹

图4-3　蛙姿人形纹

图4-4　蛙姿人形纹

第二种具象人形纹纹样虽然在形状上仍保留蛙纹的某些特征，如菱形构图，四肢弯曲，个别手、脚还保留有蛙蹼，但已经在蛙姿人形纹的基础上更加清晰地呈现出人的基本特征。不仅从形象上看更接近人，而且纹样中已经明显出现了代表人类活动的某些基本特征，比如佩戴耳环，文身，手中有工具等（图4-5～图4-7）。

图4-5　具象人形纹

图4-6　具象人形纹筒裙图案

图4-7　具象人形纹筒裙图案

除此之外，黎锦筒裙纹样中还有一种复合人形纹。这种复合人形纹以具象人形纹为主，表现内容包括人们的一些日常生产、生活活动场景，如骑马、耕耘、赶牛、婚礼、居住等。由于这些纹样所表现的活动场面都与人物有关，且其中的人形纹在形象上基本与上一种纹样一致，因此，我们也将这种复合人形纹归入具象人形纹当中。

第三种简化人形纹，这种纹样已经完全呈现出人的形体特征，并在此基础上加以简化。即只表现人的基本形象，而忽略其具体细节。它的主要特征是多数纹样蛙蹼已经逐渐消失，而是用简单的线条来代表人的双臂、双腿（图4–8、图4–9）。

图4–8　简化人形纹图谱　　图4–9　简化人形纹

通过以上分析，我们可以清楚地看到黎锦筒裙上的人形纹具有以下特征：

一是人形纹在黎族各方言黎锦筒裙上普遍存在。

二是某些具象人形纹鲜明地呈现出黎族先民的某些独特的生产生活习俗，如儋耳、文身等。

三是从蛙纹到人形纹有明显的过渡痕迹。首先，人形纹的基本形状仍然保持了蛙纹的菱形化体型特征。其次，人形纹仍然保持了蛙纹的基本姿势，虽然简化人形纹的双臂已经明显地转变成向下的状态，但在蛙姿人形纹中青蛙上肢向上的姿势仍得以保存，这说明蛙姿人形纹是介于蛙纹与人形纹之间的过渡纹样。另外，在蛙姿人形纹和具象人形纹中仍然保持了蛙纹的某些细节特征，这主要体现在对蛙蹼的保留。

四是在润方言黎族妇女的筒裙上，已经形成了以大力神纹为代表的标志性纹样，大力神纹样与人形纹密切相关。

大力神纹是润方言黎族传统服饰上的一个非常重要的纹样。不仅在形象上具有高大、魁梧的特征，最重要的是它在润方言黎族人民心目中已经具有了特殊的精神意义，它明确地呈现出了黎族人民祖先崇拜的基本特征（图4-10、图4-11）。

大力神纹的基础是简化人形纹，但与其相比又有很大的变化。《黎族传统织锦》一书中对大力神纹是这样表述的："黎族织锦大力神纹样，造型刚健有力，气势磅礴，给人一种顶天立地的感觉。整体纹饰构图巧妙、奇异、抽象，人形纹样非常特别和复杂，有一种超现实的幻想。大力神人形纹构图装饰非常独特，从头、手到脚，各部位图案的装饰和一般的人形纹图案的装饰相比大不一样，增加了许多夸张、抽象形式的装饰图案。头部装饰很像宇宙太空人的头饰，双手的装饰像个巨大的飞行器翅膀，可自由地升空而去穿云而来，双脚的装饰呈现巨大的鱼尾形状，能在海洋中自由遨游。"❶

总之，人形纹特别是大力神纹的出现反映出黎族社会已经发生了很大变化，原有的母系氏族社会开始解体，父系氏族社会逐渐形成，黎族原始宗教也已由早先的生殖崇拜转向祖先崇拜。

图4-10　大力神纹

图4-11　双面绣大力神纹（郭凯藏）

❶ 符桂花. 黎族传统织锦［M］. 海口：海南出版社，2005：287.

二、动物纹样

黎族织锦中的动物纹样包括龙、凤、鹿、鸟、鸡、牛、黄猄、熊、猫、狗、蜈蚣、青蛙等，还有各种虫鱼，这些动物纹样在造型上别具一格。比如蛙纹，黎族妇女巧妙地把蛙的后腿加长，前腿去掉，用斜线表现蛙在跳跃时的特征。又如蛇纹，则描绘出蛇爬行时曲折的路线，而不直接表现蛇身的形象。其他动物纹样如麻雀、蜘蛛、蚱蜢、老鼠等，也只取其双足，与几何线条组合在一起形成纹样。

在黎族各方言黎锦纹样中，蛙纹是最普遍的纹样之一。为了清晰地体现出蛙纹的演变轨迹，我们将黎锦上的蛙纹分为具象蛙纹、变形化蛙纹、简化蛙纹三种类型。

具象蛙纹非常具象地呈现出蛙的基本特征，即身体呈菱形，头小身大，身体自颈部逐渐向两侧变宽，上肢短小，向上伸展，下肢粗壮有力，做蹬地状，蛙蹼清晰，整体形象似捕虫状，栩栩如生。具象蛙纹的主要特点是形象感强、动感有力（图4–12、图4–13）。

图4–12 具象蛙纹图谱

图4–13 具象蛙纹筒裙图案

变形化蛙纹是在具象蛙纹的基础上略加变化，以青蛙的菱形体形为基础，通过各种夸张、变形的手法将其外在特征表现出来。或突出其眼部特征，或突出其跳跃的姿势特征，或突出其“抱对”的生活习性等，以抽象的方式表现青蛙的整体形象。在表现形式上有侧重线的表现方式，有些则侧重对蛙的局部细节加以夸张表现，使得形象突出，特征明确，总体保持了蛙的基本形态和基本姿势。变形化蛙纹的主要特点是蛙的菱形外形和蛙蹼仍然存在，但其形象已经发生较大改变（图4–14、图4–15）。

抽象蛙纹纹样是在变形化蛙纹的基础上更加夸张，主要是通过简化的方式将蛙身体的基本形状和跳跃时的基本姿势用简洁的线条概括呈现。在表现形式上以写意为主。简化蛙纹的主要特点是仅保留蛙的菱形化体形，抽象感强（图4–16、图4–17）。

鱼纹的特征是以正平视的方式表现鱼在水中游动时的基本姿势，既有具象化的形象，又有线条化的形象，使整体富于变化（图4–18 ~ 图4–21）。

图4–14 变形化蛙纹

图4–15 变形化蛙纹筒裙图案

图4–16 抽象蛙纹

图4–17 抽象蛙纹图案

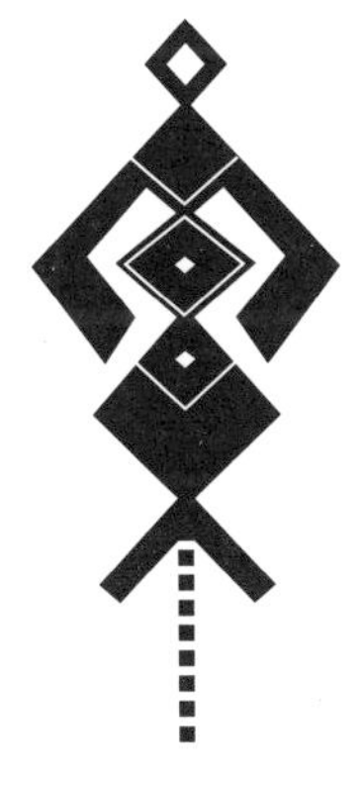

图4-18　鱼纹

图4-19　鱼纹筒裙图案

图4-20　鱼纹

图4-21　蛙纹、鱼纹筒裙图案

图4-22　鸟纹图谱

鸟纹是在蛙纹的基础上逐渐演变而来的，利用了蛙纹的菱形基础构成，以三个菱形纵向排列构成，即鸟头、鸟身和鸟尾，在鸟身的两侧向下出现两肢，代表鸟的两翼，体现出鸟在空中俯视的特点（图4-22～图4-25）。

图4-23　双面绣鸟纹（郭凯藏）

图4-24　鸟纹图谱

图4-25　鸟纹

鹿纹也是黎族中较常出现的动物纹样，这主要源于黎族人民对鹿的崇敬。在民间神话中，鹿是善良美好的象征。鹿纹采用的是侧平视的表现方法，织绣出鹿的具象化形状。其特点是突出其头部的鹿角形状，而对其他部位的表现则较为写意（图4-26、图4-27）。

图4-26 鹿纹

图4-27 鹿纹（郭凯藏）

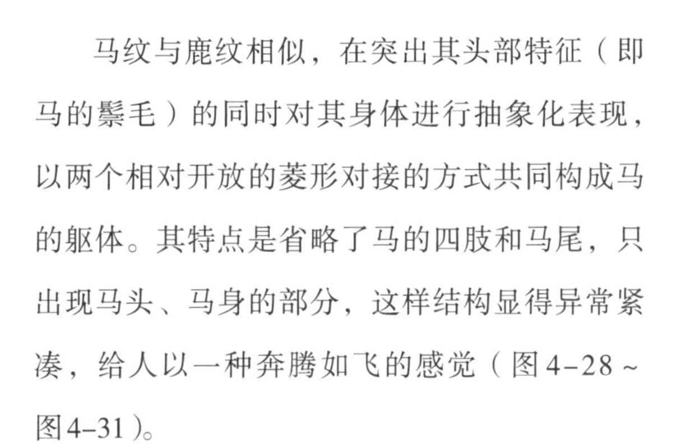

马纹与鹿纹相似，在突出其头部特征（即马的鬃毛）的同时对其身体进行抽象化表现，以两个相对开放的菱形对接的方式共同构成马的躯体。其特点是省略了马的四肢和马尾，只出现马头、马身的部分，这样结构显得异常紧凑，给人以一种奔腾如飞的感觉（图4-28～图4-31）。

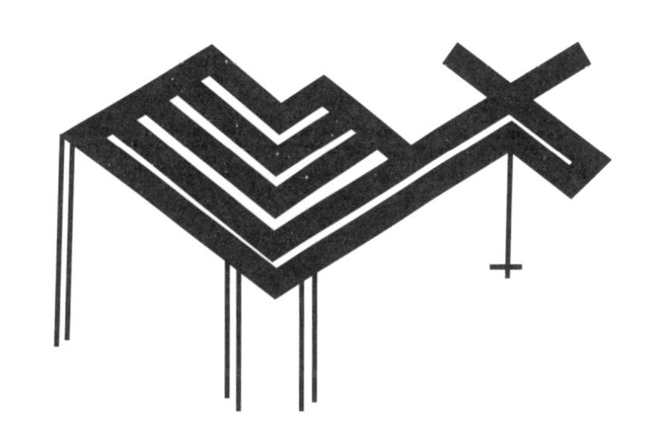

图4-28 马纹

图4-29 马纹筒裙图案

羊纹以正平视的方式对羊的形象进行抽象化表现，即仅表现出羊的身体轮廓和头部两边的犄角，而对其他部位采取完全省略的方式。羊纹最大的特点是完全写意（图4-32～图4-35）。

熊纹是以侧平视的方式表现坐着的具象化的熊的形态。其主要特点是多用直角来处理过渡之处，头部、身体和腿部都较为粗壮，从而体现出熊健壮的身体特征（图4-36、图4-37）。

蝴蝶纹的主要特点是以正俯视的方式，采取简化的手法表现蝴蝶展翅的外在特征。主要特点是用五个菱形的平面连续结构，塑造出蝴蝶的身体、两翅等基本形体，并用数条简单的线条勾勒出其头部特征（图4-38～图4-40）。

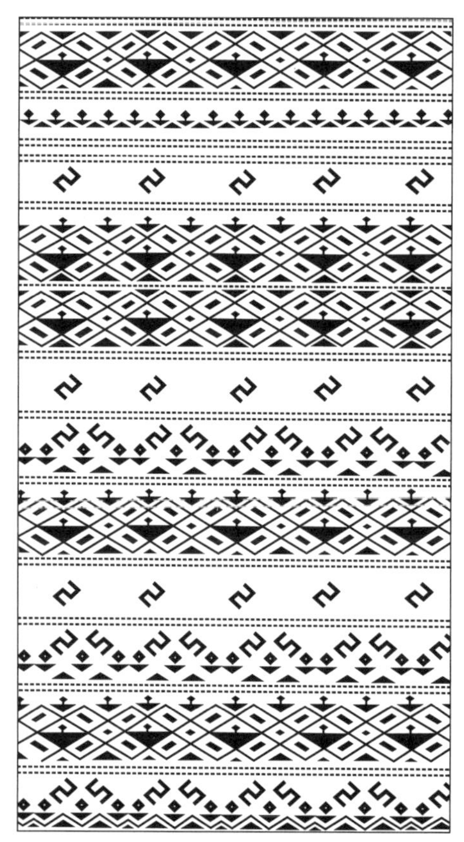

图4-30 马纹筒裙图案

图4-31 马纹筒裙图案

图4-32 羊纹

图4-33 羊纹

图4-34 羊纹筒裙图案

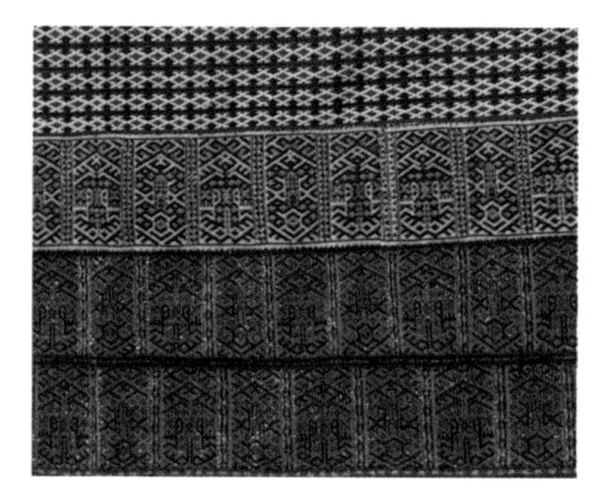

图4-35 羊纹筒裙图案

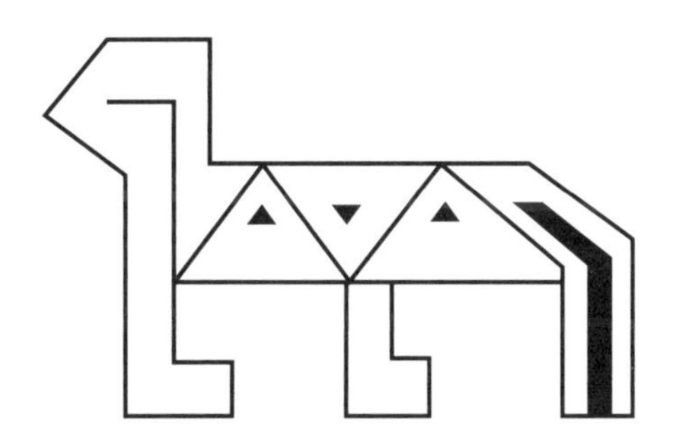

图4-36　润方言黎族熊纹

图4-37　熊纹筒裙图案（选自孙海兰、焦勇勤《符号与记忆：黎族织锦文化研究》）

图4-38　蝴蝶纹

图4-39　蝴蝶纹筒裙图案

图4-40　蝴蝶纹筒裙图案

龙纹的主要特点是以曲线将龙的形体表现出来，采用的是完全简化的方式，即用一条主要的曲线代表龙的身体，一条短线代表龙的足（图4-41、图4-42）。

图4-41　润方言黎族龙纹图谱

图4-42　润方言黎族龙纹

龟象征着不朽和长寿，黎族织锦图案上织的龟纹图中织绣万字纹样，寓意长寿万年，天长日久（图4–43）。

图4–43 龟纹

三、植物纹样

植物纹样大致可分为草纹、花纹及水稻纹三大类。其中草纹是以具象化的方式表现草的外在形象，其主要特点是简洁明朗、线条感强。花纹是以三角形和菱形作为基本构成单元来表现鲜花绽放的外在特征，其主要特点是将花的局部形象化（图4–44～图4–46）。水稻纹是以侧俯视的方式来表现水稻的外在特征，稻秆细长，稻壳清晰，成行排列。同时两旁的野草、野花依稀可见。水稻纹的特点是形象感极强。

图4–44 草纹

图4–45 花纹

图4–46 花卉纹（选自符桂花《黎族传统织锦》）

常见的植物纹样还有木棉花、竹子花、莲子花、白藤果花等。木棉是黎族纺织的主要原料之一，海南岛五指山区是盛产木棉之乡。因此，黎族人民普遍织绣木棉树纹样，以火红的木棉花作为“幸福”的象征。

四、几何纹样

几何纹大致有万字方体连图、龟背方连图、回字方连图、直线、平行线、方角形、三

图4-47 几何纹样

图4-48 几何纹筒裙图案

图4-49 几何纹图谱

角形、菱形等（图4-47、图4-48）。

其中润方言支系样式众多，主要以各种菱形纹、三角纹和波浪形线条等为基本图案，在横向和纵向上连续扩展，从而呈现出丰富多样、变化不定的装饰性纹样。哈方言与润方言纹样大体相似，只是纹样的变化更为繁多，形式更为丰富（图4-49、图4-50）。

五、生活纹样

黎族织锦中的生活纹样主要包括算盘、扁担、锁匙、禾叉、梳子、镰刀、犁耙等生活生产用具（图4-51、图4-52）。

图4-50 几何纹

图4-51 锁匙纹

图4-52 舂米纹

六、其他纹样

图4-53　符号纹样

除了以上主要纹样外，黎族织锦纹样还有日、月、水、火、河、海、字符、云雷、星辰、蓝天、大地、祥云、田野等，其中复合纹样居多（图4-53～图4-57）。

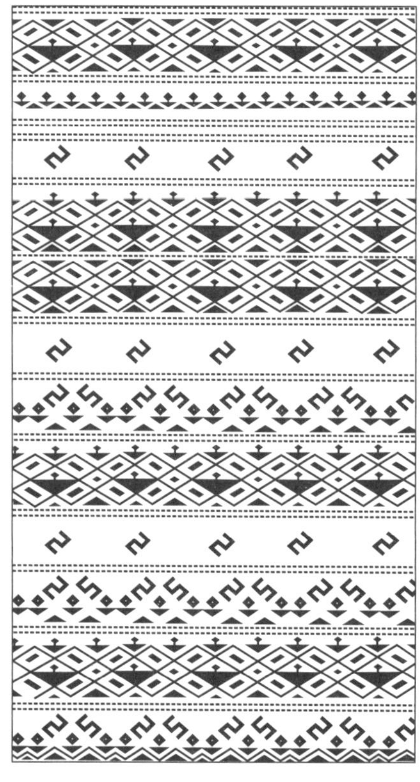
图4-54　哈方言黎族星辰纹

图4-55　字符纹筒裙图案

图4-56　字符纹筒裙图案

图4-57　字符纹样

复合纹样指的是纹样中包含两种或两种以上内容的图案，它们共同构成一个整体纹样。如果说，单一纹样反映的是人们对日常生产生活中单一事物的认识和理解的话，复合纹样则主要反映两种内容：一是反映人与自然之间的关系，如狩猎、耕耘及衣食住行等与自然有关的活动；二是人类社会之间的关系，如战争、祭祀、婚丧嫁娶等与社会相关的活动，进一步反映了人类日趋复杂的社会关系。所以，复合纹样一般是在一个民族或一种文明发展到一定程度，人们对世界的了解有了更为多元和丰富的认知之后才出现的。

从内容上看，黎族五大方言中，全部都有人骑牛、骑马或赶牛、赶马的纹样，而且基本上占据了黎锦筒裙复合纹样的主体，这就反映出在黎族传统社会中，人与牛、马的关系比较密切，是黎族社会农耕文明的折射。

润方言中对于此种复合纹样是采取正平视或侧平视的方式表现人骑马、骑牛或人赶马、赶牛时的生活场景。其主要特点是合并与简化，在处理多匹马和牛的情况时，往往采取将马或牛身体合并的方式（图4-58、图4-59）。

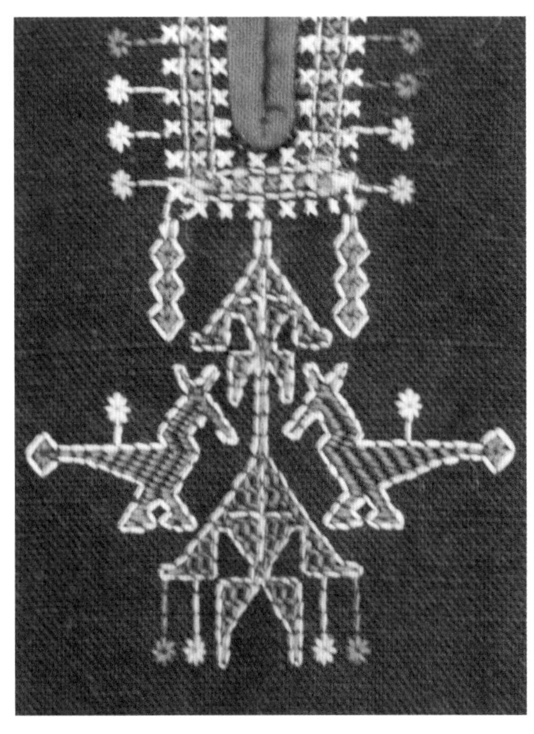

图4-58　复合纹样

图4-59　复合纹样赛牛图

哈方言中此种纹样与润方言黎锦筒裙复合纹样相似，但表现内容更为丰富。除了人骑马或牛的图案以外，还增添了婚礼图、耕耘图等。特别是婚礼图，花轿居中、新娘在轿中端坐，抬轿人在两侧依次排开，动感十足，旁边的伴娘或步行、或骑马，有的戴着大耳环，显示出儋耳这一远古以来就有的民俗；还有的胸部有一道道的花纹，类似于文身图案。整幅织锦将哈方言黎族人迎亲时的生活场景完整地展示出来，具有很高的艺术性和生活性（图4-60～图4-62）。

图4-60 复合纹样

图4-61 牛耕图

图4-62 婚礼图

第三节　黎族文身装饰

作为人类文化遗产的一部分，黎族文身是一种古老的生活习俗。民族学家吴泽霖教授曾说过："文身是海南岛黎族的'敦煌壁画'，世界上不知道还有哪一个民族像黎族这样保存了三千多年，至今还能找到它的遗存，实在是一个奇迹。"文身作为黎族独特的传统文化，是原始宗教中的自然崇拜、祖先崇拜、图腾崇拜的艺术结晶，是黎族历史上凝聚力、号召力、生命力的标志。旧时，文身是黎族妇女一项神圣的人生内容，是每一个黎族妇女生命礼俗中的成年礼，它意味着文身者将告别童年时代，从此可以谈婚论嫁，走向社会。对这个民族来说，文身替代文字成就了一种最原始的辨识标志。黎族各个支系之间的纹饰都各有不同。

黎族文身的起因，在民间众说纷纭，不胜枚举。其中被普遍认同的说法，来源于明代顾岕的《海槎余录》："不然，则上世祖宗不认其为子孙也。"这句话说明女子绣面、文身是祖先定下的规矩，若女子在世时不绣面、文身，则死后祖先不相认，只能变成无家可归的野鬼。可见，文身习俗产生于原始宗教，含有氏族标志的意义——五个支系的女子文身按照祖先遗传的图案，互不相同，成为黎族不同氏族、部落的凝聚符号。黎族男青年看女性的文身图案就能知道是不是一个祖先的、能不能通婚。而与外族人发生战争时，文身、服饰就是"自己人"的最鲜明的标志。可见，服饰与文身在标识功能上有共通之处。

女子文身由受文女子母亲或亲属执行，在女子"隆闺"或女方家中举行。文身工具以灯芯草为画笔，白藤为针，以木棒为锤锤击文针。文身所用颜料取自掺杂炭屑的蓝靛草汁液。文身人先用蘸上蓝靛草汁液的灯芯草在受文女子脸上需要刺面的部分勾画氏族规定的纹样，然后执白藤文针，将针尖对准纹样，右手执木棒，轻轻敲打文针，使受文女子皮肤上出现伤口，逐渐成纹，文身颜料渗入皮肤，伤口愈合后留下深蓝色纹样，也有在文针刺破皮肤后再用灯芯草蘸颜料涂在伤口上使纹样着色的情况（图4-63）。

女子文身顺序一般为脸、背、胸前、腿、手，文身过程只有家中女眷和受文女子的女性朋友可以观看，外人和男子禁止驻足。女子文身后伤口红肿，奇痒难

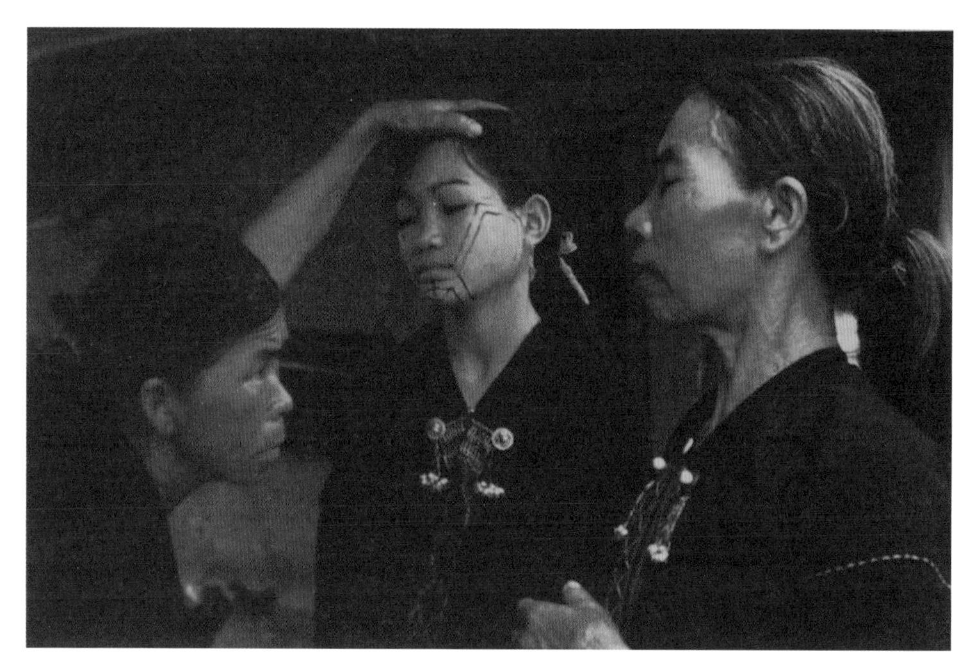

图4-63　哈方言黎族女子文身场景演示图（选自王学萍《黎族传统文化》）

耐，所以需人照顾看管，受文女子不得外出，待痊愈后伤口用龙眼水清洗，伤口随即结痂、脱痂。黎族女子在文身前要由村中成年妇女主持祭祀活动，黎族人认为女子文身关乎整个家族的兴衰，家中需要杀鸡供酒以告祖先家中又多了一名成年女子，祈求祖先保佑家运昌盛。

一、哈方言黎族文身

哈方言黎族女子的文身部位为脸颊、下颚、前胸、手肘、手背、腿部等。脸颊纹是由单线、双线、三线不同形式来表达不同的地域村落属性。双线起始端从耳朵的上端开始，经眼角向下，再经嘴角通向下颚（图4-64）。

下颚纹构造较为复杂，以脸颊纹的双线为左右两端，下嘴唇下有两条横线连接左右脸颊纹，其下为两个同心圆，各圆左右用短线相连（图4-65）。

有的女子下颚纹结构更为繁复。下颚纹以颧部下延，直通到颈部的双线为左右两边，下唇下有一组双线连接左右两端，其下为一方框，框内有两条交叉线连接四角，将方框分为四个三角形，每个三角形中各有一点。方框上面及左右两边各有短线与上方双线段和两侧双线相联通。

胸纹从颈下左右两边引双线经过乳房一直延伸到胸下，然后向内弯折，交汇于两乳下之间。

手背纹由点和线段构成。手背上有一长方形，内用线条分割成多个三角形，每个三角形内各有一点（图4-66）。

图4-64 哈方言黎族女子文身

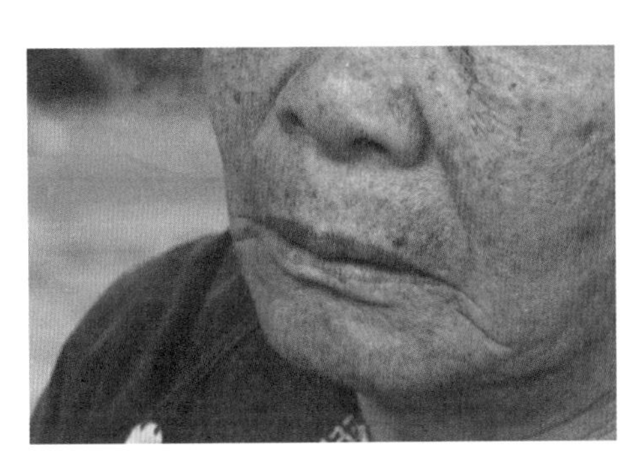

图4-65 哈方言黎族女子文身——下颚纹

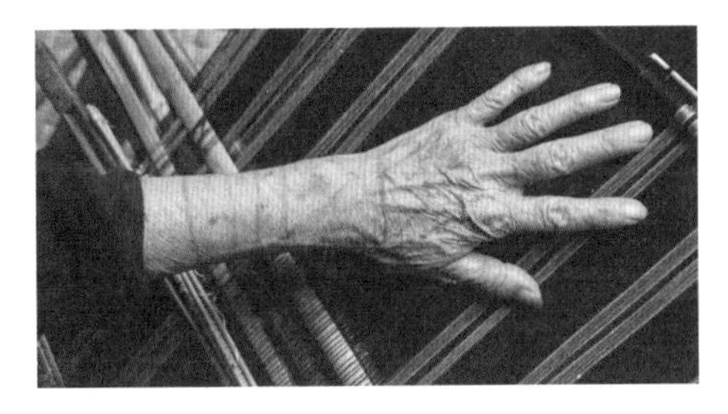

图4-66 哈方言黎族女子文身——手背纹

二、杞方言黎族文身

在杞方言地区，能见到的文身老人已经不多，相比其他支系文身纹路也较为简单，其原因可能有以下四点：

第一，杞方言文身的标识功能已向服饰上转移。纺染织绣技艺的发展，使人们开始大量借用服饰上更加醒目的图案来表现对生命的祈求、对幸福的盼望及图腾崇拜、氏族符号等象征。

第二，杞方言服饰的形制使其文身部位受限。刻在肌肤上的符号——文身，必须让人看见才能实现其符号意义，也就是说，肌肤的裸露是展现文身价值的前提条件。杞方言黎族女子穿着肚兜，上衣也为立领、长袖，上身包裹得较严，使杞方言黎族女子的文身现在多留存于脸部、小臂部及手部。

第三，文身图案在原始社会普遍存在，在纺织衣物还未出现时，是人体上唯一的装饰。然而，随着服饰制度的完善，装饰手段的多种多样及图案的丰富多彩，使得文身图案的装饰作用逐渐退化。

第四，除合亩制地区外，在其他地区生活的杞方言黎族开化得较早。由于受到管辖机构、政治运动、汉族文化等多方面的影响，在很多杞方言村寨中文身习俗已经完全消失。

尽管受到诸多因素的影响，仍有一部分杞方言黎族女子顽强地保留了祖先的痕迹，用她们的身体记录着无字的民族历史（图4-67）。较为复杂的文面有两种形式：第一种，颧纹为斜曲线五条，最上第一条线起自颞颥（头颅两侧靠近耳朵上方的部分），经两眼外角，止于鼻翼之上侧；第二条线亦起于颞颥而止于鼻翼之两旁；第三条线起于耳之上部，止于口之两角；第四条线起于耳之中部，绕过口之下唇，两方连接；第五条线起于耳垂下端，斜行至颏之中部，则转向直下，延至颈部。五条线之间，各有等宽之距离。有的全面为弧线，以颏为中心，画左右线合抱之，愈画愈上，面为之满，每边各九条。第二种，两颧各有曲线五条，最上第一条线起于鼻之中部两侧，经眼下、颧上、耳边、颏边而至颈项以后；第二条线在第一条线之内，第四条线在第三条线之内，第五条线在第四条线之内，惟起点处则自鼻翼降至口角之上，又第五条线不下行，至颈项而绕下颌左右，连成一线。颏纹紧接下颌线，由二交叉线又一底线，形成两个完整之三角形及两个不完整之三角形，每个三角形内均有一点，此四个三角形之外，则围有虚线，以完成全文。[1]目前能在杞方言地区见到的文面图案较为简单，多以两条并排线条为主，由鬓发到嘴边，然后从口角到下颚有几条横纹，中间贯穿一条直纹。除了文面，杞方言黎族女子也在颈部、手部进行文身，具体的图案和主要出现部位如图4-68所示。

图4-69所示的中间、左边图中的两位黎族杞方言文身老人均来自水满乡牙排村，最右边老人来自王下乡洪水村。由照片可见，三位老人的文面已经十分浅淡，必须仔细观察才能分辨出其纹路。她们对于文身的记忆也很模糊，只说大概是在

[1] 王学萍．中国黎族［M］．北京：民族出版社，2004：258.

图4-67　杞方言黎族女子文面（选自张杰、张昌赋《绣面与雕身：黎族文身文化研究》）

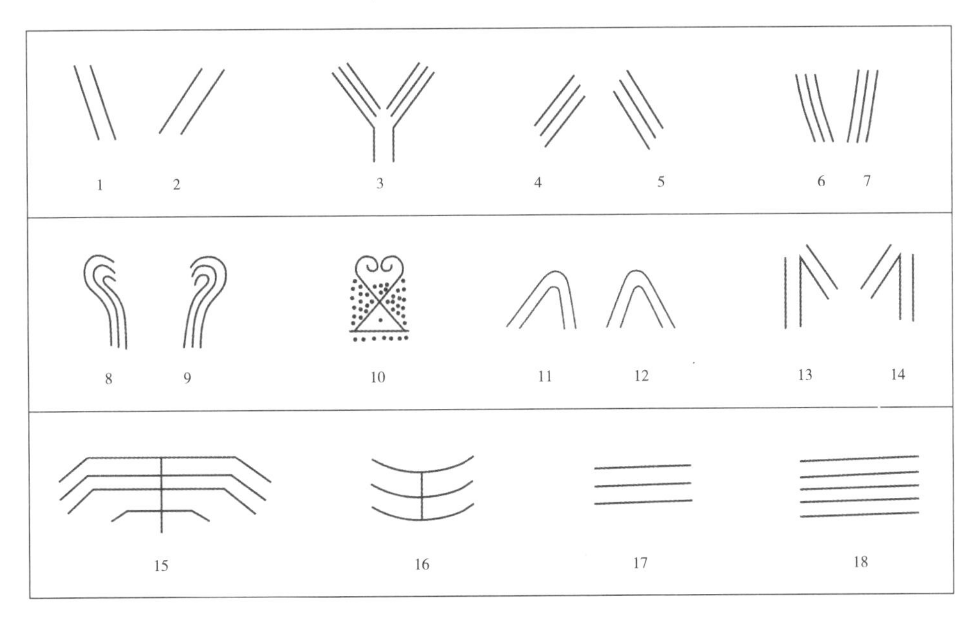

图4-68　杞方言黎族女子文身纹样图（选自王学萍《中国黎族》）

文面及颌部纹样图：1～16；文手纹样图：17～18。

图4-69　杞方言黎族文面老人

十二三岁身体发育的时候开始文身的，文身分2～3次完成，施术者是母亲及村里其他的成年女性。关于文身的原因，村里人的说法是，“怕被日本人抓走了”。这种说法在其他几个杞方言村寨中也有人提及。还有一种说法也较为类似，说是当时世道混乱，常有族群械斗或当兵的进村强抢霸占妇女的恶事，所以每家每户的姑娘们都要文面以防止此类厄运事件的发生。可见，这一至少延续了4000年的习俗，其最初的含义已在世世代代的因袭中变得模糊。

三、润方言黎族文身

各支系的文身部位、图案都各有不同，其中润方言黎族妇女的文身最为复杂。之所以将文身作为润方言黎族妇女其他装饰中最主要的一部分，是因为润方言的文身部位与其贯头衣、超短筒裙的形制是分不开的。润方言黎族文身多为颊纹、颈纹、胸纹、手纹、腿纹、背纹，之所以如此分布，是由于贯头衣前后的V领开口，使刺于颈部的颈纹和背纹恰好可以通过开口处显露出来。而刺于手部和腿部的纹样也与贯头衣、超短筒裙形成视觉上的互补（图4-70）。润方言黎族妇女的服装与文身浑然一体，形成了独具特色的服饰文化。通过对资料、图片及当地文身老人的考察，对润方言黎族文身部位及图案做如下统计（表4-1）。

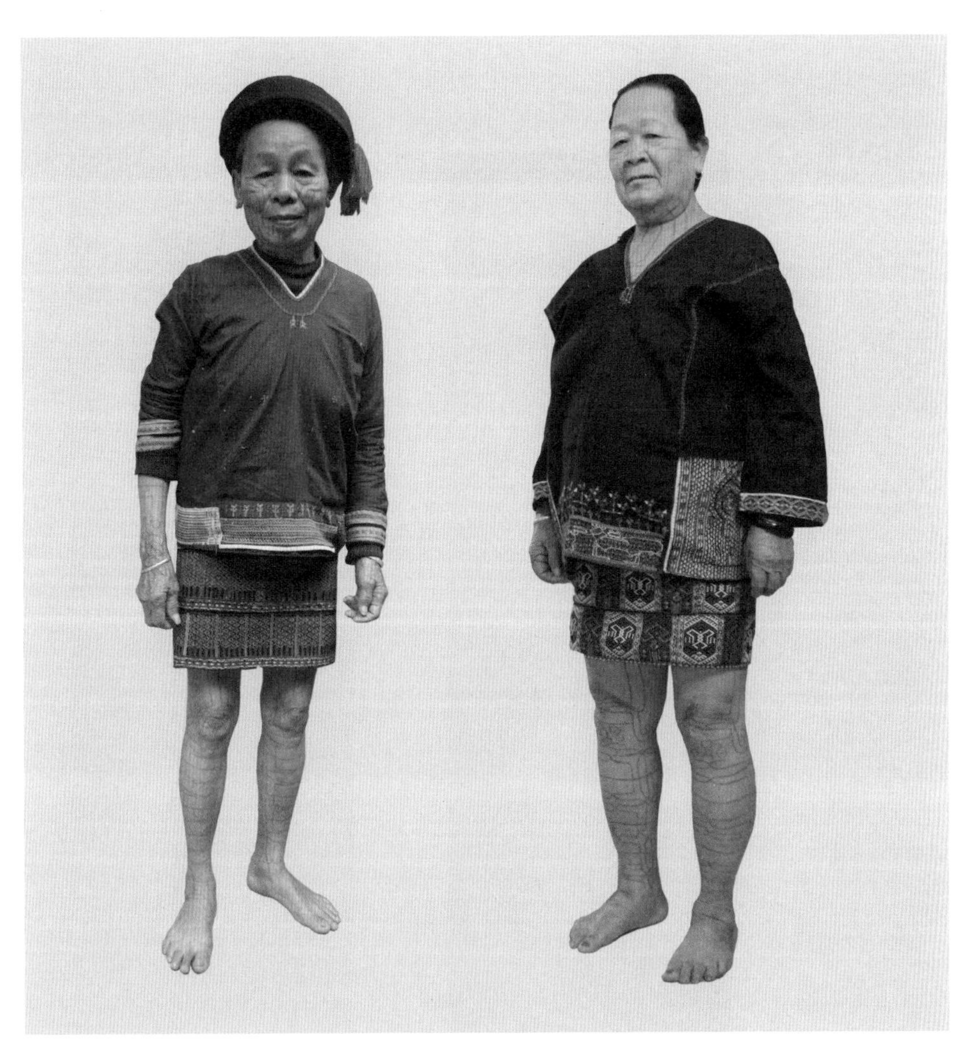

图4-70　白沙地区拥有完整文身的老人身着传统服饰

表4-1　润方言黎族文身部位及图案

被采访人姓名	符丽花	符亚余
面部	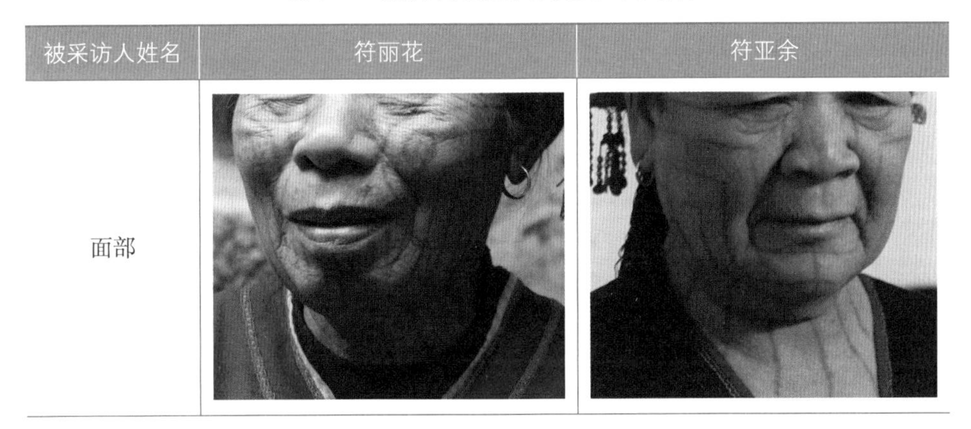	

续表

被采访人姓名	符丽花	符亚余
背部	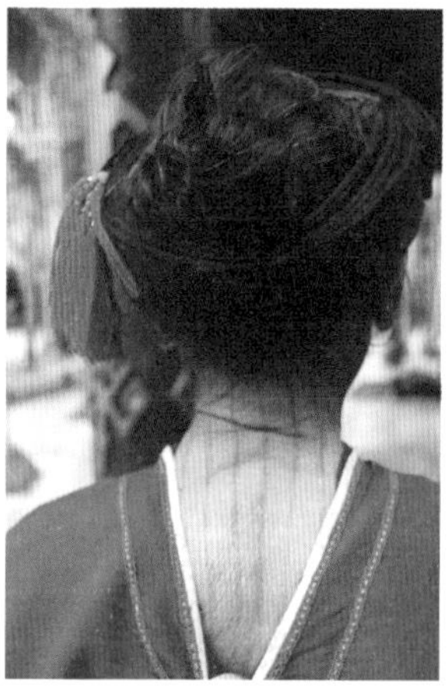	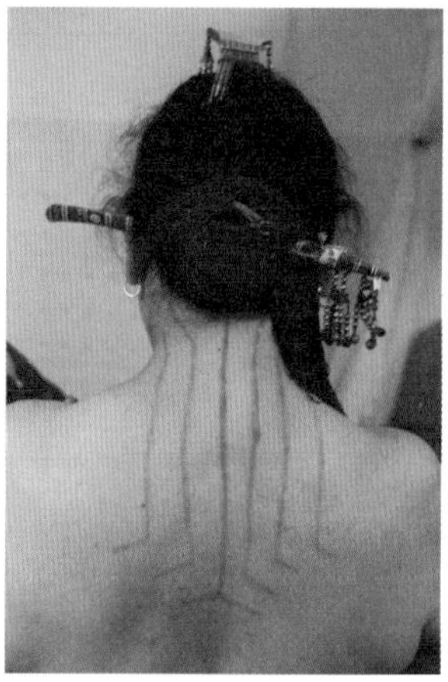
腿部（正面）	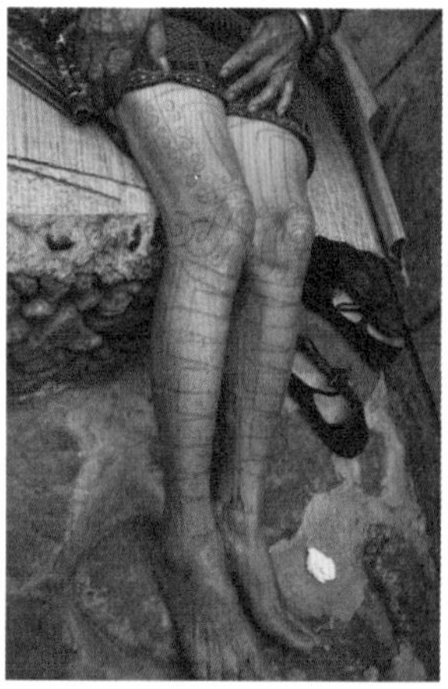	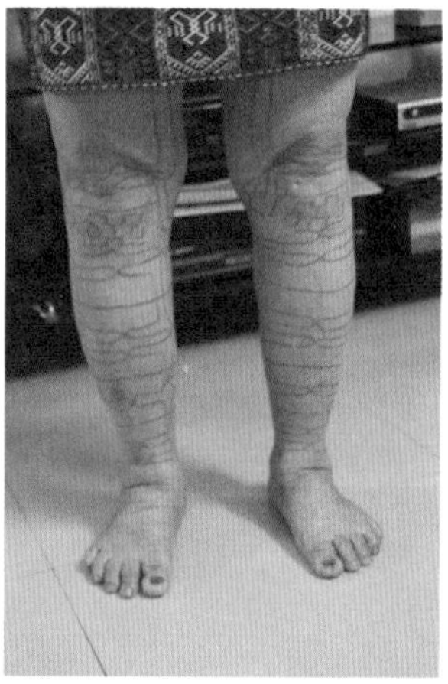
腿部（侧面）	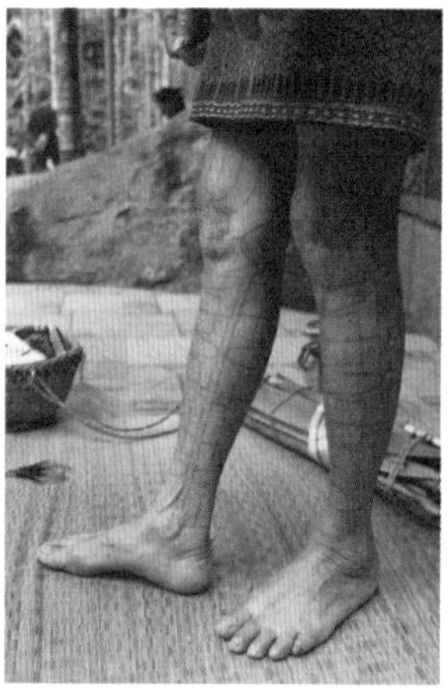	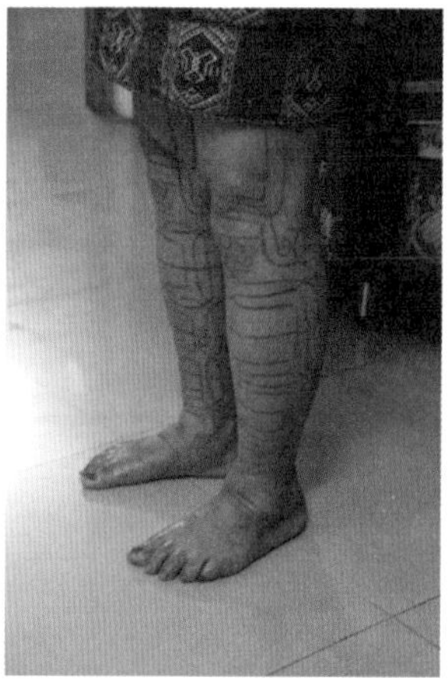

续表

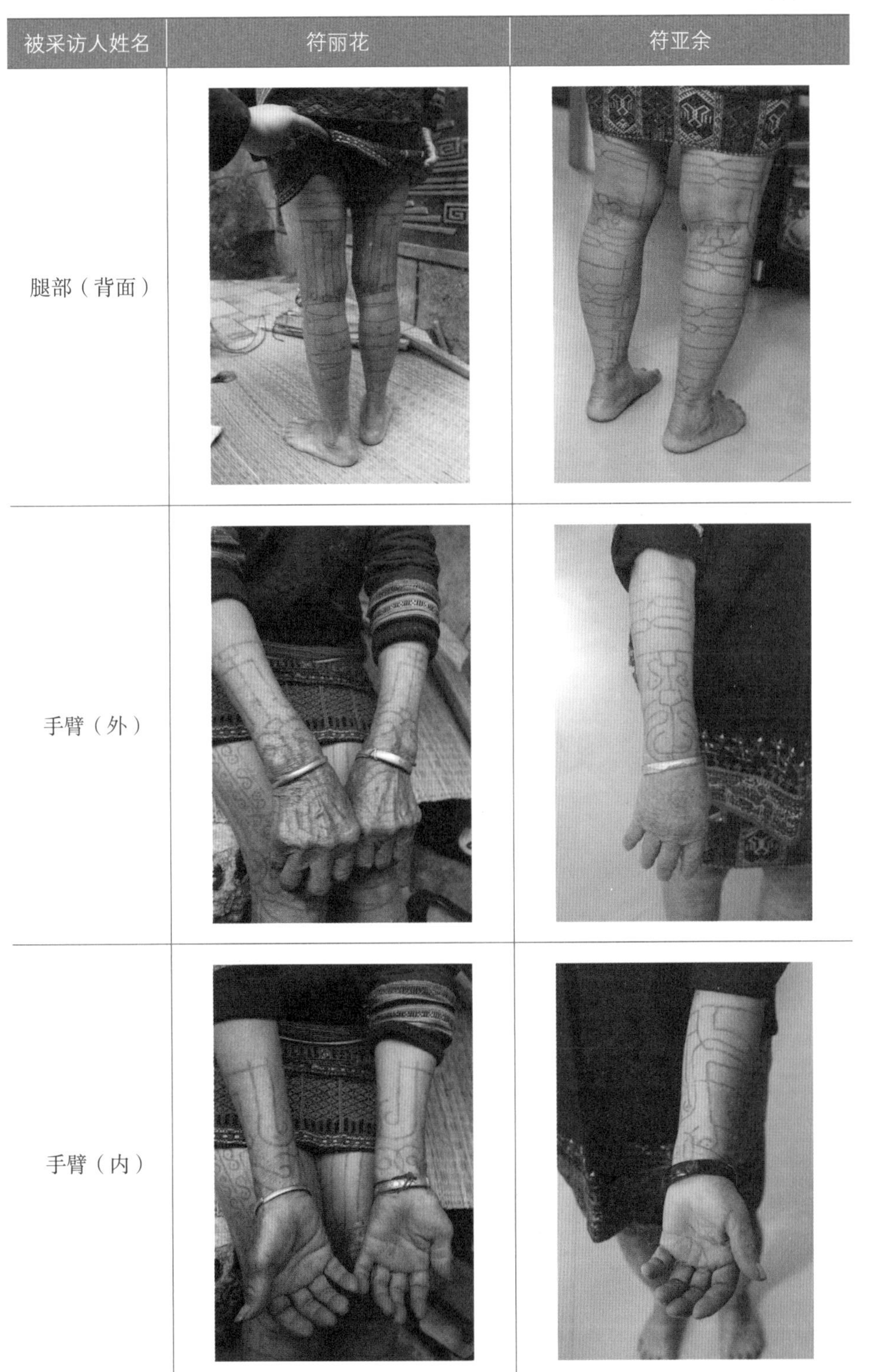

被采访人姓名	符丽花	符亚余
腿部（背面）		
手臂（外）		
手臂（内）		

从表4–1中对比图可以看出，即使是属于一个支系，润方言黎族女子的文身纹样也有着非常大的不同。据了解，文身纹样由长辈代代相传，不同的村落纹样都不相同，如观察文线是连到眼角还是眼尾，就可以辨别出女子属于哪个地区的人。根据实地拍摄的图片以及之前学者研究的成果，可以将润方言黎族女子的文身纹样做以下归纳。

润方言黎族女子特有的面纹形式，是从两耳连接面颊处延伸出四道或五道线，向前延伸至眼部、鼻部和唇部，并直角（圆角或方角）转折经颈部与胸前的纹样连为一体，最里面的纹路呈凸形，线与线间彼此平行，距离也大致相等，布满脸颊。在两颊及颌下有直短线串联第二、第三条线之间。唇下的曲线有的是三条，有的仅一条，嘴唇下中间有一直线相串，有的则有数条直线。从图片对比中可以看出，两位老者面部的纹样较为接近，其他部位相差较大，说明润方言黎族的文面纹样一致性相对较强。

面纹不仅文绘有规则，而且样式复杂，是一种富有变化的图形。左右相称，线有三条，经脖子连于胸前，使颧、颊、胸为一体，圆角、方角、横线、直线、斜线、曲线一并采用。圆形以两颧为中心，颏部有三条绕唇的曲线。同一方言区有时面纹也略有差异。有的是在两颊文上直角弯曲的回文，一直至颈部。润方言黎族的面纹图式一致性强。不过在脸颊的纹式中，也有左右两侧的花纹呈对称、最里面的纹路呈凸形的形式（图4–71）。

正面

侧面

图4–71　面纹

胸纹在润方言黎族的老年妇女中十分普遍，凡文面者必文胸。刺胸条纹数也较单纯，都与面纹相连接。颏部的三条绕唇曲线之下，连接胸纹，胸纹粗大，呈佩戴装饰之状，线多平行，似方形之突起。整个胸纹为一长方形，双曲直线纹，但不同的村落，在长方形中间的纹路各异（图4–72）。

背纹是从背面发根画五条线一直到背上部，然后向外成直角分开，呈扇状，有的则文七条线路（图4–73）。

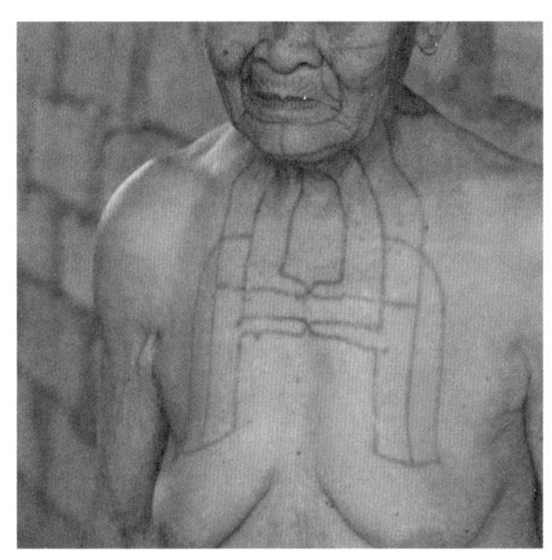

图4–72　胸纹

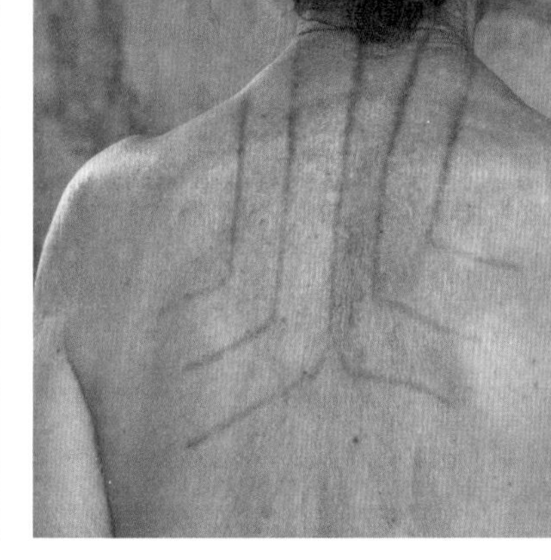

图4–73　背纹

润方言黎族的腿纹十分美丽，图案也繁复多彩。腿纹一般是左右对称，其纹路好像几何图案，有圆形、钩形、直线形、马蹄形等，纹路多样，具有丰富的想象力和创造性。有的纹形绘于大腿正面，两腿数目不全相同，最少的一边三个，最多的十个，纹绘排列，两腿整齐。

腿部纹样有以下几个特点：同一村落，但不同妇女的腿纹，其纹样不完全相同，不同村落的腿纹图式也各有特色。即使完全同一模式，其纹路也大同小异，在类似的纹路格式中又发挥自己的创造性；一般情况，大腿前面刺多条条纹，膝盖处画一半圆形双线图案，再以十字线贯穿其中。

小腿部位纹样多以长方形式横线组合。后面腿纹又与前面腿纹不同，大腿为竖条线纹，线纹末有小钩，纹路中间有横纹连接，形成纹样整体。小腿纹路呈长方形状，中间两条纹线交叉，但也有的纹线在大腿处呈波浪形图式（图4–74）。

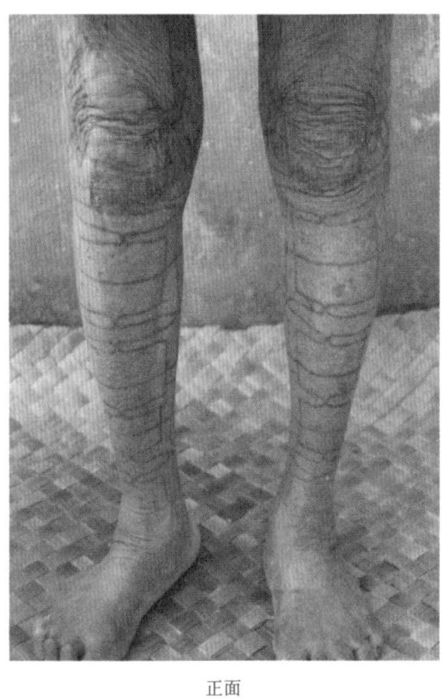

正面

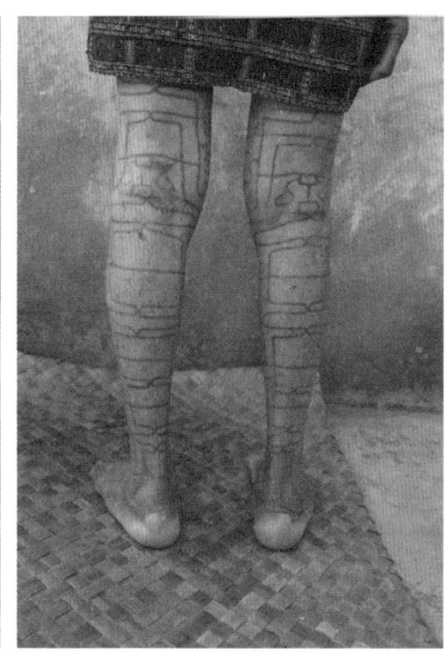

背面

图4-74 腿纹

手纹分为手臂和手背纹样。手臂纹样多以直线、曲线以及圆形搭配而成，整体来看像一张人脸，可能有祖先崇拜的痕迹，也可能是简化的动物纹。手背纹样为同心圆，两位老人手背的同心圆数量分别为4个和3个。另外，据资料记载，还有手指纹，在指节上会出现S形记号，但在实地考察的两位老人身上未曾见到（图4–75）。

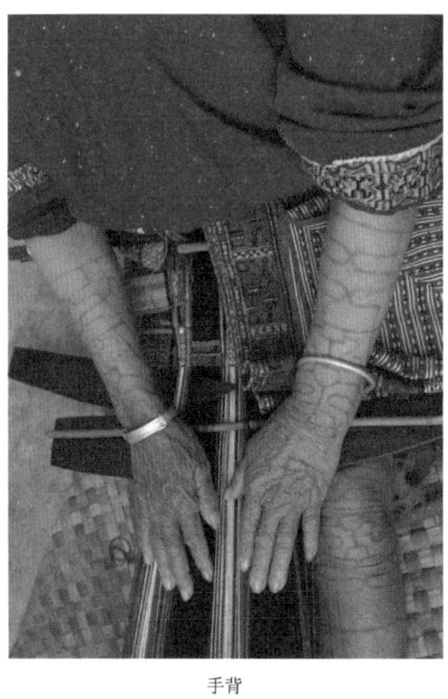

手背

手臂内侧

图4-75 手纹

润方言黎族文身纹样丰富多彩，如图4-76所示。

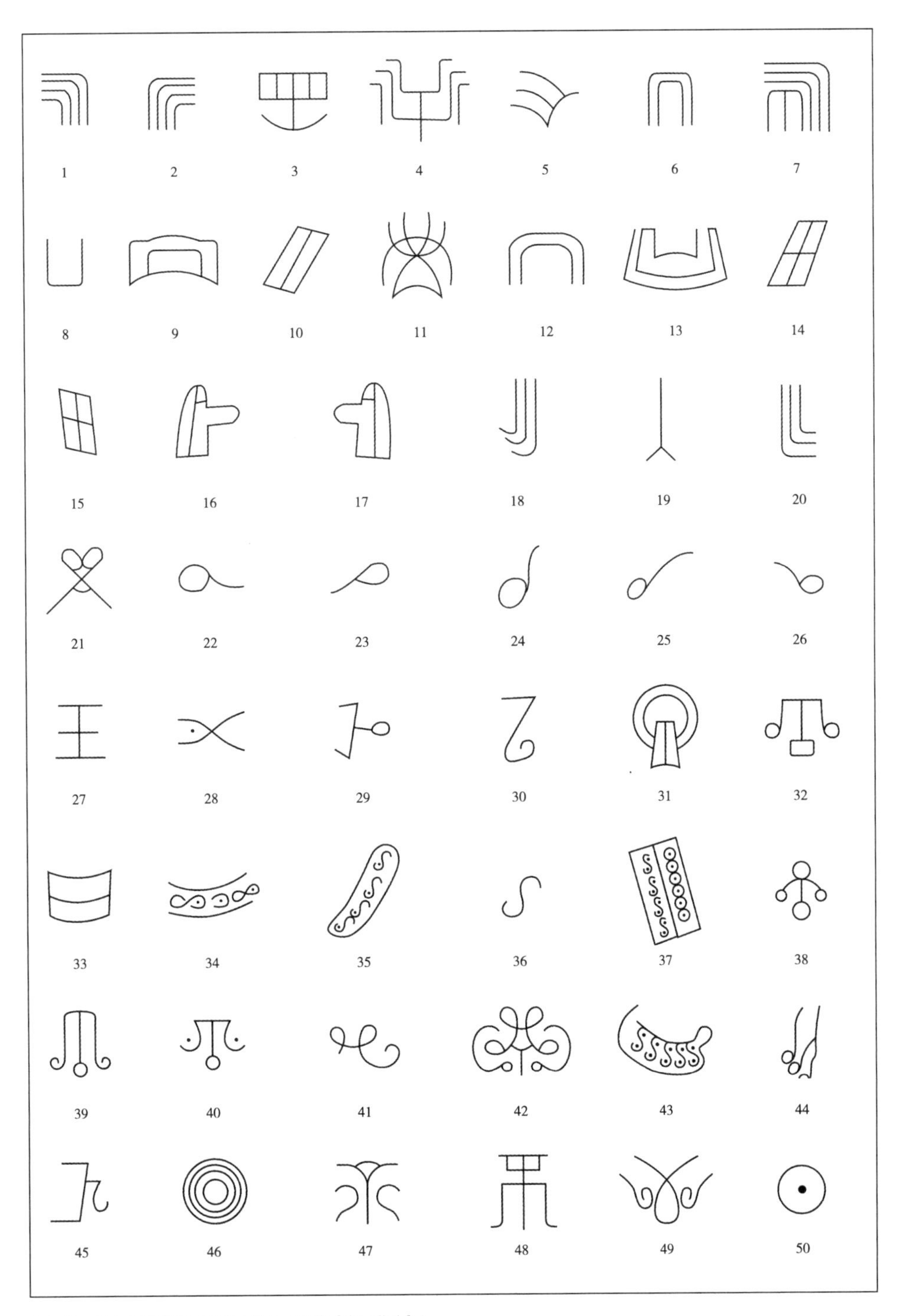

图4-76 润方言黎族文身纹样（选自王学萍《中国黎族》）

文面纹样图：1～7；文胸纹样图：8～17；文背纹样图：18～20；文腿纹样图：21～43；文手纹样图：44～50。

四、美孚方言黎族文身

美孚方言黎族文身图示多为鸟纹、蛙纹及蛇纹，是原始氏族社会图腾崇拜的具体表现。鸟纹是为了纪念曾经养育他的祖先长大的鸟的恩情而在妇女身上刺上的鸟的形状。蛙纹多以简单的线条组成抽象几何图形，主要表现在胸部、前臂部、小腿及脚上。蛙纹是原始人类生殖崇拜的主要表现，寓意着多子多福，凝聚着美孚方言黎族对繁衍后代的美好期盼。美孚方言黎族的蛇纹多以线夹点的组合方式出现于脸部、颈部及胸部。美孚方言黎族的蛇形纹式样多而密集，且线夹点的面积较大，多似蚺蛇，故也被称为“蚺蛇美孚”，足见其对蛇的崇拜之情。

美孚方言黎族文身在古时是黎族人死后认祖归宗的一个重要标志，对于任何一个方言区的女性而言亦是如此。其次，文身是婚否的象征，胸部等私密部位的文身是出嫁后纹于其上的。同时，文身也是一种美的象征。对美孚方言黎族人而言，没有文身就意味着不能出嫁，文身和筒裙具有同等重要的意义。史料记载，古代黎族妇女一般在十二三岁时文身，且文身之事自有定制，黎族严格按照本民族的古法施针，其中施针的部位、年龄、文式都有着严格的规定。一般文身始于面部，随着年龄的增加，施针的部位越多，纹样也越为丰富、多样。在考察走访中了解到，美孚方言黎族女子多自14岁开始文身，文身的古制延续至今已有所变化，因受术者的不同，而略有差别。如昌江县七叉镇乙劳村一带的美孚方言黎族女子的文身年龄及身体部位分别为：14岁文身于胸上，15岁纹于面部，16岁纹后颈，17岁纹胳膊，18岁纹腿前，19岁纹腿后，至20岁纹脚面后文身的过程完结。结合《中国黎族》中所总结的黎族文身各种情况来看，虽然现今传承下来的文身过程及先后顺序因人而异，但仍在整个文身古制的框架之中，文身多在20岁之前完成。

美孚方言黎族的纹式与润方言黎族的纹式不同，而且刺得更多，是由细直线和小点构成的图案，呈正方形。面纹在条纹中间纹点，由点线组成美丽图案，连接耳后的颈部图式。点线结合，连成一片，有的刺上两个圆圈，圆圈中间也有点（图4–77）。

美孚方言黎族的胸纹有别于润方言，她们的图式是由两片长方形的点线组合而成，从脖子下方一直到乳上。胸前的角度线文成五道，位于颈侧两旁，经锁骨斜行，与胸前两片长方格交于胸前乳上部。这是美孚方言黎族的特征，与润方言黎族的胸纹迥异（图4–78）。

正面

侧面

图4-77　面纹

侧面

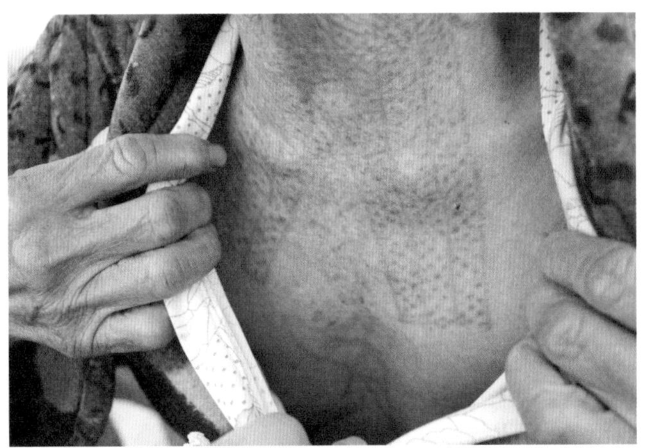

正面

图4-78　胸纹

从膝盖以下以曲线条纹连接，以三条直线为一组，环腿前后。这种纹路在两膝盖处都有一大圆圈散点的纹图。小腿腿纹以交叉条纹构成，到脚踝处，有两圈散点组成的环形图案，形成斑斓美感。小腿的线条中间，各有两块方形的图案，在方块内又有线条，其空隙处填满点状图式。对于腿中的图式，有的两腿各不相同，一边为一块，另一边为两块，而且方块的形式不同，然后在周边加上各式花边。腿纹画蛙型图案，脚掌上刺上点状花纹（图4-79、图4-80）。

在斜纹线条中，又添上各块图案，脚踝处又画多层的方形线条。有的两腿纹路简洁，两边有条状线条，中间画两小块花纹。

腿纹极其复杂，通过这些因人而异的图案可以发现，在民族文化传统中，每一位文身者都发挥着她们在一定历史条件下的想象力，将民间的艺术展现在人体之上。

手纹比较简单，有的是刺上两层折线直纹，有的在直纹上刺上自己的名字，有的在手背上刺以散点构成的方块图案（图4-81）。

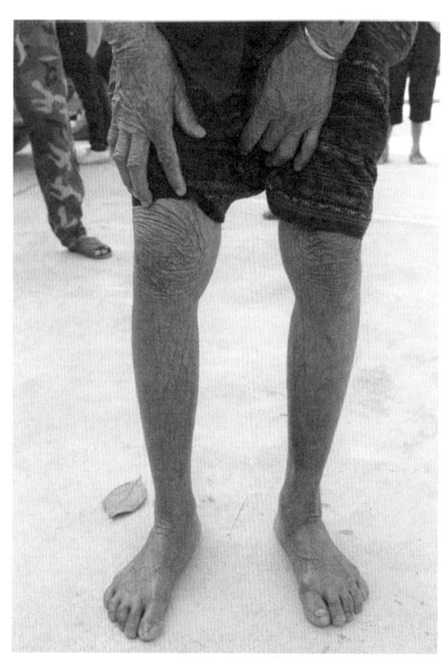

图4-79 腿纹

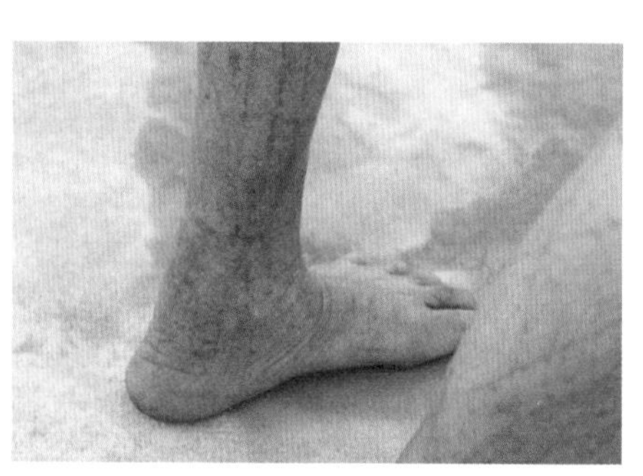

图4-80 脚纹

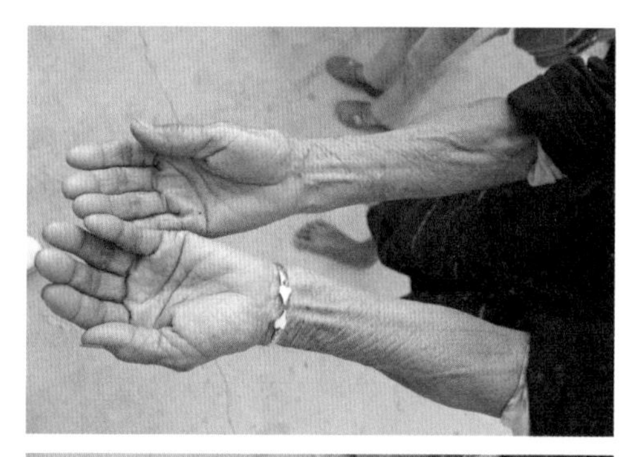

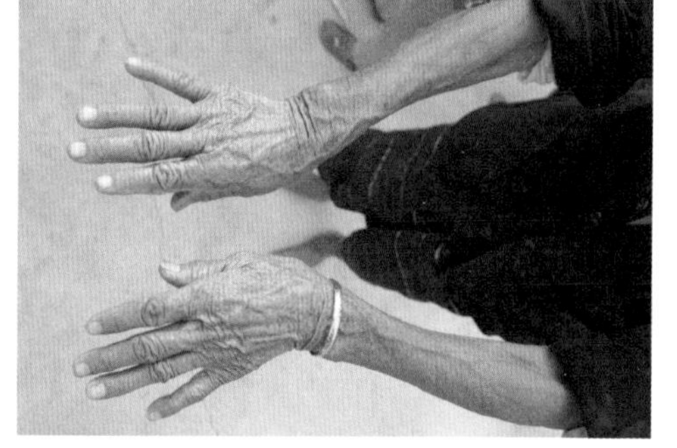

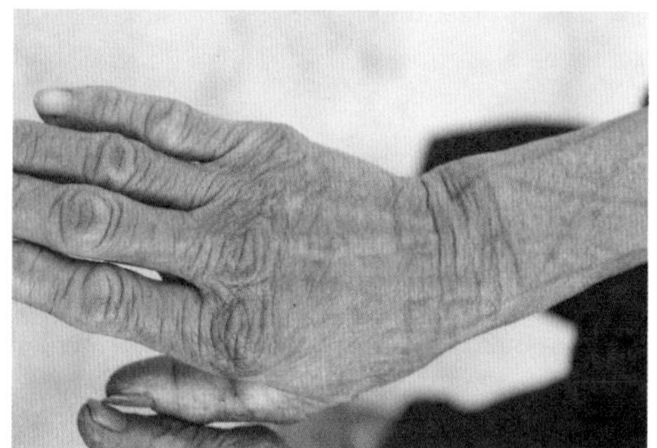

图4-81 手纹

在此，仅从审美装饰角度来论述美孚方言黎族独特文身的装饰性效果。美孚方言黎族的文身图示较其他方言区黎族更为复杂、繁缛，其覆盖面积之多，最具鲜明的民族特色。文身主要在面、颈、胸、手臂、腿、脚六个部位，纹式主要以线和散点为主（图4-82、图4-83）。

首先，美孚方言黎族面部纹式多为直线与点的结合使用。面部线条走势为发射状，即以耳上、太阳穴下为中心点向各个部位棱角处发散，左右对称。这种对称普遍存在于黎族文身之中，具有稳定的视觉美感。美孚方言黎族面部纹式越靠近下颌的地方散点越为密集，散点一直延续至颈部到胸上，仅以直线做简单的纹样分割线，纹样内密布散点。前胸上部文身样式从整体来看，纹式图案构成方式为独立式构图，由简到繁，由疏到密，简单中见多样，线与点的间隔排列，节奏感极强。

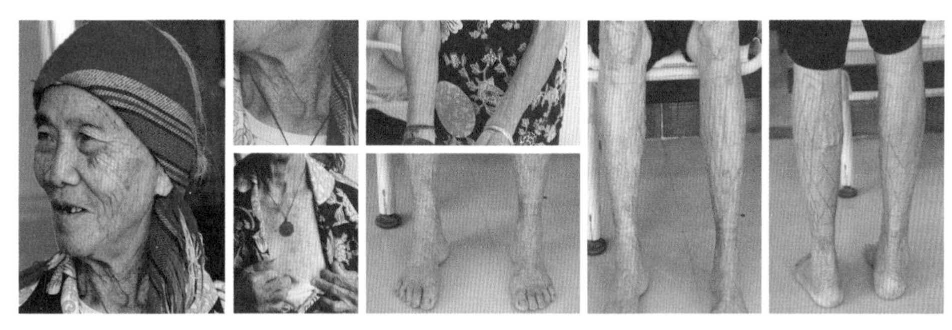

图4-82 美孚方言黎族符亲英的文身

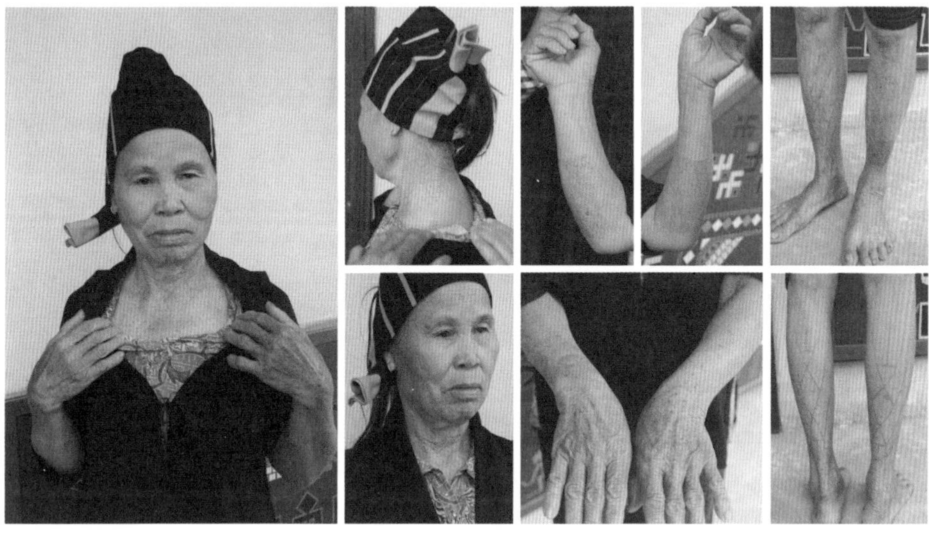

图4-83 东河镇——美孚方言黎族婆婆的文身

其次，颈侧至颈后的文身完全不同于前部文身样式，这是整个美孚方言黎族文身中最为突出的部位。线条变直线为流动的旋涡纹，在旋涡纹中密布散点，纹式图案构成方式也为独立式构图。从整体纹式来看，给胸上部位的文身式样带来跳跃之美，统一中见变化，变化中见多样。

最后，手臂、腿部纹式多以直线为主，仅在关键部位有几何形的散点密布。手臂纹多从肘关节开始，至手背指关节处，其中手背上多类似于矩形的散点密布。腿部纹式一般从膝盖开始，至脚踝骨处结束，一般脚背少纹，即使有则多为腿部纹式的延伸，其中膝盖位、前胫中部都有类似矩形的散点密布。稀疏中见紧致，单纯中见复杂，纹式图案的构成方式属于适合式构图，即有单体元素重新组合而成的几何形纹式。文身作为一种独特的服装形态，无论是其自身形式还是与服装的搭配，都具有极高的形式美感。从其线条自身形态来讲，人体是一个活动的曲面结构，作为装饰人类第一层服装的文身来说，其线条本身就具有曲线的动感，纵使是直线的绘制，也会随着人体的起伏凹凸及活动呈现出不同的弧度。不同的弧度形态，会给人以不同的审美体验。从其线条之间的关系来讲，直线与直线之间交错，在美孚方言黎族妇女身上形成不同形状的几何形，这种几何形正好与美孚方言黎族的服装结构相呼应，但文身又区别于服装结构的规整，具有灵活的变化性。美孚方言黎族的服装无处不体现着美，无论是论其适应、多样、统一、单纯，还是论其大小、复杂、线条，都体现着这些创造美的规律之间相互补充和制约的关系。

五、赛方言黎族文身

赛方言黎族女子文身的习俗，据说很早之前是有的，但20世纪50年代左右的时候就已经找不到一个文面的人了。赛方言黎族支系所处的地理位置处于黎族分布区域的外围，在五个支系中受汉族的影响最深，女子的文身也自然消失得最快、最早。学者刘咸在其文《海南黎人文身之研究》中说道："迨后与汉人杂处，相习日久，智识渐开。此风随时代而渐有改弛，青年妇女开通者，渐有不涅面，不文身者。加以自民国十三年以来，官厅布告禁止，违者科罚，由是青年妇女，涅面者渐少。"[1]

[1] 詹慈．黎族研究参考资料选辑：第1辑［M］．广州：广东省民族研究所，1983：207.

历经几千年而不断延续下来的文身，是黎族氏族的凝聚符号，特别是与外族人发生战争时，文身、服饰就是本族人最鲜明的标志。同时，文身也是图腾崇拜的象征，成年的标志性符号。在身上这些不同纹路的图案中，饱含着黎族人民对生命的祈求、对幸福的盼望、对灾难的回避、对青春美丽的展示等丰富内容。

原始社会的文身赋予了黎族人民丰厚的文化内涵和社会功用，但随着社会的不断发展和进步，这些深层次的文化内涵逐渐失去了存在的土壤。特殊年代的运动把黎族文身这种传统习俗彻底根除，现今所见文身者大约是年龄在70岁以上的妇女，因政治运动而未完成文身的妇女比比皆是。虽然黎族文身习俗在当下社会中已显得格格不入，定会作为历史陈迹而消失。但我们不能完全否认其历史研究价值，在当下对它进行的抢救式记录，将其存入历史的档案之中是十分必要的。

特

第五章 黎族服饰的传承与发展

海南黎族服饰是我国民族服饰的瑰宝，作为一种传统服装，它最初是以适应生产生活、日常穿着为目的，由于海南岛独特的岛屿环境，使传统文化保持完整。但随着海南岛建省带来的国际旅游岛开发策略，现代化文化快速冲击了这片净土。传统服饰显现出了种种不适应，取而代之的是从市场上购买的物美价廉、款式色彩多样的工业化成衣（图5-1）。日常生活中，越来越多的年轻人在接受外界的海量信息后，更喜欢追求时尚服饰，即使是黎族的后人，有些也并不认为自己民族的传统服饰是美的。只有到了传统的节日或者其他传统文化的重要活动时，才会拿出已经“压箱底”的传统民族服饰装扮一番。

因此，当我们在感叹黎族古老的贯头衣得以保存至今，在欣赏黎锦与双面绣的精湛技艺，在庆幸有“活化石”之称的文身文化依然能够在老人身上见到时，这些独一无二的服饰文化也正在以难以想象的速度消失于当代高速发展的社会中（图5-2、图5-3）。在全球一体化的今天，黎族传统服饰制作经历的漫长过程和复杂手工技艺已不再适应当今社会的生活节奏，传统服饰织造技艺正面临着后继无人的窘境，服饰文化也正处于从传统走向现代的关键阶段。

文化的产生有其时代性，虽然黎族传统服饰文化已经不再适应当今社会，但

图5-1　现代黎族歌舞服饰（选自孙海兰、焦勇勤《符号与记忆：黎族织锦文化研究》）

图5-2　美孚黎族男女服饰—男子着树皮衣（选自张杰、张昌赋《绣面与雕身：黎族文身文化研究》）

图5-3　黎族文身（选自张杰、张昌赋《绣面与雕身：黎族文身文化研究》）

通过对服饰的研究，可以让我们清晰地理解黎族的历史、文化、传统和当下。社会在不断前进，我们无法阻止其消亡的脚步，对其进行记录、观察、分析、解释，发掘服饰现象的内在含义，在传统的基础之上进行创新，与现代社会相结合，才能使黎族服饰文化焕发出新的生命力。

第一节　海南黎锦的技艺传承方式

海南黎族传统服饰的传承核心主要是黎锦的纺、染、织、绣技艺的延续，黎锦具有历史悠久、工艺独特、审美价值高等特点，被列入联合国教科文组织“急需保护的非物质文化遗产”。然而，在悠久漫长的历史长河里，非物质文化遗产的传承方式也在随着时代的变迁、人们的需要而发生变化，其“技艺”“传承”“保护”动态概念的转变，使其传承的形态、发展、继承等问题都面临新的转型（图5-4、图5-5）。

目前，关于海南黎锦技艺的传承方式主要有家族自发式传承、政府扶持下的师徒传承，以及在社会各界的参与和保护下的企业传承、社会传承、高校传承等。可以说只要技艺还在传承，黎锦就不会消失，黎族的传统服饰就不会绝迹。

图5-4　师徒传承技艺（选自孙海兰、焦勇勤《符号与记忆：黎族织锦文化研究》）

图5-5　在船型屋里织锦的老人（选自张杰、张昌赋《绣面与雕身：黎族文身文化研究》）

一、黎锦的自发式传承

黎锦文化在时代嬗变中的发展是一个连续体，黎族织锦艺术是黎族人民自发创造的宝贵财富，也是几千年来黎族文化认同、礼仪习俗等积淀的结晶。黎锦在黎族本地自发式传承过程中，能够保持相对的延续性的传承方式，主要是以家庭背景为模式的技艺传承。

在黎族人眼中血亲种族的繁衍是极其重要的，家庭结构的组成是依靠血缘关系来维系和发展的，文化传承也是以家族和支系为核心的主要传承方式。黎族各支系在语言、服饰方面都有本支系明显的特征，甚至同一个支系下不同家族的服饰纹样也具有显著的代表性，这是源于每个支系内部又以家庭为基本单位，通常由母亲言传身教将黎锦技艺传授给女儿。黎族姑娘一般在10岁左右就开始跟随母亲学习织锦绣花技艺，为自己缝制参加节庆活动的礼服或嫁衣。由于黎族没有文字，过去黎族妇女只能通过语言这一口头的传承方式把传统技艺的经验、方法、规律传授给后代，世代相传（图5-6）。这种方式继承的技艺，不知积淀着多少代人的经验总结，这不仅是创作经验的阐述，更是传递古老文化和审美情趣的过程（图5-7）。

国家级黎锦技艺非遗项目代表性传承人容亚美如今已到古稀之年，她提到家庭时，脸上总是洋溢着幸福的笑容（图5-8）。她说："我的技艺是母亲传授的，我会像母亲一样把毕生的技艺传授给自己的女儿和热爱黎锦的人。"她还说，每位黎族妇女都会从她们的母亲那里，继承到一些织有各种不同图案的布片，学习织锦全靠布片上的图案，从一针一线地模仿开始，到后来技艺熟练了，织出来的图案在排列、大小、位置上可能会和上一辈不一样，但始终都有母亲的影子。

图5-6　母亲教女儿织锦（选自张杰、张昌赋《绣面与雕身：黎族文身文化研究》）

图5-7　学习织锦的孩子们（选自张杰、张昌赋《绣面与雕身：黎族文身文化研究》）

图5-8　黎锦技艺传承人容亚美（选自孙海兰、焦勇勤《符号与记忆：黎族织锦文化研究》）

容亚美的母亲叫张雪云，是位织锦高手，在容亚美8岁时母亲就手把手地教她纺织技艺。经过不断练习和学习，容亚美13岁时就可独立完成黎锦。长久以来挚爱黎锦的容亚美，始终致力于黎锦的传承、抢救和保护工作，在当地传习所里传授技艺，将织锦刺绣技巧毫无保留地传授给热爱黎锦的人们（图5-9、图5-10）。她的三个女儿从小受到母亲的影响，也都擅于织锦，她们不仅将母亲的传统技艺传承给后人，还将民族责任感、民族自豪感薪火相传。

图5-9　容亚美的纺染织绣过程（选自孙海兰、焦勇勤《符号与记忆：黎族织锦文化研究》）

尽管这种以家庭为模式的织锦技艺传承，纯属经验的传授性质，缺乏相应的技艺交流和创新发展，但不可否认的是，这种以血缘为主的传承模式在相当长的时期内，对黎锦工艺的发展起着积极的作用。

图5-10　黎锦传承人口传身授黎锦技艺（选自孙海兰、焦勇勤《符号与记忆：黎族织锦文化研究》）

改革开放经济的发展，乡村的年轻人走向外面的世界，受新时代、新思潮的影响，黎族的这种母女相传、口传身授的技艺传承方式已经面临极大的危机。于是许多专家学者呼吁，留住传统手工艺，保留传统文化，在各方努力下，2009年海南省“黎族传统纺染织绣技艺”列入联合国教科文组织首批急需保护的非物质文化遗产名录，黎锦的传承受到全世界的关注。

二、政府扶持下的黎锦传承和保护

海南地处国家的最南端，地理位置较偏僻，尤其是海南的黎族村落大多坐落在岛内经济较为落后的山区丘陵地带。因此，对于黎锦技艺的发展仅依靠黎族人民自发式的传承和社会力量的热心投入是远远不够的，其传承和发展需要大量的人力、物力、资金等各方面的投入以及政策法规、法律的保障，如此长期的、浩繁的、可持续的保护工程在政府的统筹规划、安排部署下，黎锦的传承和发展达到了最好的效果，海南省政府在保护黎锦非物质文化遗产中不遗余力地发挥了主导作用，近十年的努力，使黎锦的传承发生了天翻地覆的改观。

海南省委、省政府高度重视黎锦技艺的保护工作，2010年由海南省政府成立了“黎族传统纺染织绣技艺”非物质文化遗产保护领导小组。相关的主管机构有海南省文化广电出版体育厅和非物质文化遗产保护处，涉及相关保护单位分别为：海南省民族宗教事务委员会、海南省民族学会、海南省民族研究所、非物质文化遗产保护中心、海南省群众艺术馆以及黎族各自治县文化馆、五指山市文化馆等。这些政府部门及相关单位团体分别从法律保障、组织管理、组织协调、政策保护以及资金运作等方面对黎锦的传承和发展进行一系列切实可行的保护工作。

首先，海南政府在开展保护传承黎锦传统技艺之前，最先进行的基础工作就是普查与保存。普查采取时常性与抢救性相结合的方式，相关部门会定期组织专业从业者或委托机构对黎锦在海南的现存状况进行搜集整理。一方面是针对某一方言区范围内的大规模普查，另一方面是针对纺染织绣的某一项技艺现况进行专项调查。在了解其种类、数量、分布状况、传承情况、生存环境等各个方面的情况后，将黎锦的制作技艺通过文字记录、影像资料等方式记录并进行建档保存。同时，对相关重要资料和实物予以征集和购买，作为抢救性保护措施之一。这就需要政府强有力的人力支持和财政保障，除了国家和省政府对黎锦保护下达的专项资金外，政府还调动社会各界的力量，聚集更多的财力、物力、人力，对黎锦进行大范围、多视角地开展普查和保存工作。

在这个摸清"家底"的过程中，政府将和有关权威机构一起明确黎锦保护的方向与重点，选择性申报一些县级、省级、国家级的黎锦项目传承人。针对黎锦依靠口传身授，具有"活态"性的传承方式，政府首先采取以人为本的保护原则，采取措施改善那些传承人的生活条件，给予传承人物质、精神方面的奖励，并要求这些代表性的传承人开课授徒。

另外，海南政府还广泛开展传习培训，扩大传承人队伍，尤其在政府的主导下逐渐完善、建设黎锦技艺传承村和传习所，卓有成效地鼓励了黎锦口传身授的传承方式，促使该技艺传承后继有人。

目前已经成立的黎锦技艺传承村有：白沙黎族自治县南开乡南开双面绣传承村、五指山市冲山镇番茅服饰传承村、东方市东河镇西方絣染传承村、乐东黎族自治县志仲镇红内麻纺传承村、保亭黎族苗族自治县保城镇番道棉纺传承村等。其中传习所是传承村建设重点工作之一，各县、乡、村利用现有的房舍来建设黎锦技艺传承研习所，开设传统纺纱、染色、织布、刺绣等课程，由国家级、省级项目代表性传承人收徒授艺，面向所有对黎锦感兴趣的人们（包括男性或非黎族人群）进行经常性的免费辅导培训（图5-11）。

从实地调研结果来看，五指山市冲山镇番茅村、元门乡乡民村的传习所和琼中织锦生产培训示范基地等，在面积、设施和功能上都较成规模，平均每个传习所都有七八位老师带领二三十位学员学习传统的织锦技艺。对学员而言，在这里学习织锦的最大好处是不耽误家务和农活，每天学习三四个小时就带回家继续织。这些妇女们因在传习所里学会黎锦的传统纺织技艺，平均每月都还能为家庭带来近千元的额外经济收入。从政府角度看，也解决了很多农村妇女的就业问题，其中也包括一些城镇下岗女工，可谓是一举多得（图5-12）。

图5-11 五指山市番茅村黎族传统纺染织绣技艺传习所

为了扩大宣传，激发黎族妇女们对黎锦的创造力和创新性，政府和各类组织机构还积极组织、举办各种形式的展览和现场演示，多次举办各类织锦的赛事，全面展现黎锦技艺的整体水平。在选拔和比艺的过程中也体现了黎锦传承人队伍的不断扩大和传承事业的渐好趋向（图5-13～图5-15）。此外，政府还通过现代媒体和传播渠道制作、展示黎锦及黎锦技艺。除了省内各大媒体的常规宣传外，中央电视台、上海电视台、天津电视台、旅游卫视等多家省外媒体来海南拍摄制作并播放专题电视节目，如《黎之锦》《海南黎族织锦技艺》等。利用政府特有的权威性和公信力，通过相应渠道将民间组织、国内乃至世界级的专家们集合在一起，对黎锦技艺的传承和政府政策进行专业性指导，将黎锦非物质文化遗产传承工作做得更具专业化。总之，在政府主导下能够更加实际有效地进行黎锦文化遗产的传承和保护，政府在法律、政策、资金、宣传、教育等方面的支持和保障，对于黎锦技艺传承的推广和深入具有重大作用。

图5-12 黎锦传习所的织女们

图5-13　织锦大赛（选自孙海兰、焦勇勤《符号与记忆：黎族织锦文化研究》）

图5-14　织锦大赛中的黎族老人

图5-15　织锦大赛现场

三、社会各界的努力

从黎锦的传承与发展的保护成效来看，政府当之无愧地发挥着主力军的作用，政府还动员社会各界力量积极参与对黎锦的保护。目前，社会各界也提出许多针对黎锦技艺传承行之有效的保护方法，归纳起来有：个人收藏与营销、民营企业参与、旅游开发应用、高校参与黎锦的传承和保护、将非物质遗产内容纳入国民教育课程等。只有坚持政府主导、社会参与、明确职责、形成合力的原则，才能更全面地保护和传承海南黎锦非物质文化遗产。

（一）个人收藏

黎锦技艺延续至今，具有重要的历史价值、艺术价值、科学价值，是人类文明的重要遗产，其独特的民族气质和绚丽的艺术魅力吸引了社会各界人士的关注，其中不乏有人重金收购黎锦，私人收藏，海南锦绣织贝实业有限公司董事长郭凯就是其中一位。

起初郭凯女士从事海南的旅游产业，在研究旅游开发的过程中接触到了当地的文化，当时郭凯就被黎锦的古老神秘的气息所吸引，她开始收藏黎锦。一开始她几乎见到黎锦就买，陆续收藏了很多黎锦文物，其中还有很多珍贵的树皮衣、龙被、黎族服饰和古老的纺织工具等。随着后来她对黎锦文化的广泛接触和研究，看到这一古老的纺织技艺面临着消失的危险，抚摸着积存在库房购买来的数千件黎锦，郭凯在2005年决定注册公司，开始了她亲自探索，试图通过商业运作展开保护黎锦的新途径（图5-16）。

图5-16　董事长郭凯与专家

如今的郭凯在回忆当初为什么愿意花大量资金收购黎锦服饰时，她这样说道："当时也不知道买来做什么，就是觉得如果没人买，她们就更不织了。"简单的一句话道尽了所有热爱收藏黎锦人的心声，也更体现了企业家的社会责任感。

另外，海南省旅游总公司出境部经理廖善新先生也是一位资深的黎锦收藏爱好者，基本上每个周末都能在海口的旧货市场里见到他的身影。只要一有空闲他便会来旧货市场里贩卖黎锦的小摊子驻留，闲暇之余深入村寨亲自探宝。廖善新先生还注册品牌开发黎锦旅游产品，生产的各式黎锦背包深受旅游者欢迎。

（二）企业化生产与推广

《中华人民共和国非物质文化遗产法》第三十七条明确规定，"国家鼓励和支持发挥非物质文化遗产资源的特殊优势，在有效保护的基础上，合理利用非物质文化遗产代表性项目开发具有地方、民族特色和市场潜力的文化产品和文化服务。”海南黎锦具有历史人文、工艺实用等文化价值和潜在的经济价值。作为一项民间传统纺织工艺，早期被黎族人用于制作衣服的布料，如今已被制造成各式商品贯穿在人们新的生活方式之中。黎锦特有的神秘魅力在赢得游客青睐的同时也给企业带来了利润收益，真正做到了将黎锦在保护中开发，在开发中保护。

目前黎锦旅游产品已经开发研制出许多新的品种，远销海内外，有传统的织锦系列，还开发了吉祥带、装饰带、腰带等装饰系列，以及桌旗、床旗、餐垫、靠垫等家具系列。另外，除了常见的黎锦壁挂和画框外，还有黎锦制作的文房四宝、钥匙扣和围巾、领带、服装服饰等多种产品（图5-17）。这些美观、时尚、实用又带有浓郁地方魅力的黎锦产品一经上市，便深受广大顾客的欢迎。其中画框和壁挂的产品还曾数次作为政府礼品，赠送给比尔·盖茨等多位外国贵宾及政要，向世界展示我国民间传统文化的风采。

黎锦产业在这些献身于传统保护的有识之士的奋力抢救下，迎来了崭新的面貌。以黎锦为元素开发的旅游产品在近几年的国家级旅游商品大赛中频频斩获金奖。

通过当地政府的广泛宣传和民营企业因地制宜的生产模式，不仅帮助政府缓解了就业和农民增收的两大难题，还在提高困难地区黎族妇女低生活水平的同时，丰富了她们的农余生活。从公司方面讲，不但节省了额外的用人开支，还拥有了稳定的货源，保障基本的经济效益。而最重要的是，黎锦的传统制作工艺能够通过这种培训的方式得到传承和延续，最终达到多赢的可持续发展的良性循环局面。

现如今，许多公司已经在对黎锦边开发边保护的过程中成长起来，通过市场化、商业化、规模化的运作方式，让人们领略到黎锦这项国家级非物质文化遗产

图5-17　黎锦坊

的悠久历史和神秘魅力。通过有社会责任感的民营企业对黎锦事业的参与、坚持和付出，才使黎锦这一古老的、濒临失传的纺织技艺得到保护并焕发出新的生命力，也探索出一条非物质文化遗产保护和利用的新途径。

（三）旅游开发应用

旅游是海南省创汇收入的重要渠道，尤其是2010年随着《国务院关于推进海南国际旅游岛建设发展的若干意见》的颁布，海南国际旅游岛建设作为国家的重大战略项目正式步入正轨，为海南的经济发展带来前所未有的历史机遇和开发热潮的同时，也意味着海南旅游业开始面临着一个产业升级转化的关键时期，要求海南从原先阳光、海岸、金沙的观光游、度假游模式，提升到文化游、精神游的更高层次。而海南旅游想要登上一个新台阶，从观山看水到享受文化魅力，就必须注入文化元素。

海南黎族传统文化独具特色，文化遗产灿烂丰富。只有深入挖掘本土独有的黎族文化，才能提升海南旅游的文化品位，提高海南游的品牌号召力，依靠文化的魅力来吸引更多的游客。在获得巨大经济效益的同时，不断扩大黎锦文化的影响力，让更多的人接触到“非遗”、认识到黎锦，有利于黎锦的保护和发展。

位于海南保亭县甘什岭自然保护区的槟榔谷原生态黎苗文化旅游区就是以动态生态园的模式对黎族文化进行全方位保护的典型范例（图5-18、图5-19）。该景区是海南省游客满意十佳景区和十大最佳特色魅力旅游风景区之一，由原住民黎村、原蚩尤苗寨和原始雨林谷三大版块组成，建地面积约34万平方米，称得上是海南省最丰富、最权威、最灵动、最纯正的民族文化“活体”博物馆。自1998年建园以来，槟榔谷始终致力于海南黎族传统文化的深入挖掘、全力保护以及大力弘扬，现已被评为国家5A级景区，吸引世界各地的游客感受黎族风情。

根据了解，海南省国家级非物质文化遗产保护的20个项目中，槟榔谷就展示了其中10项，如黎族传统的纺染织绣技艺、竹木乐器演奏技法、打柴舞、黎族妇女的文身绣面等濒临失传的黎族传统技艺和正在消失的文化现象，被槟榔谷人呕心沥血地保护着、坚持着。他们将黎族的民居民宅、生产生活、民俗风情、文化

图5-18 槟榔谷

图5-19 黎族原始屋舍重建

节日、表演游戏、玩具器物等各种物质与非物质文化都融入景区。景区还招募了十几位文身老人来工作，现场为游客展示黎族纺染织绣技艺，同时也允许那些喜欢生活在黎族原始船型屋，会织锦或文面的老人住在景区的屋舍里，真正打造景中有村、村中有景的黎族原住民文化氛围。让游客们通过“走村串户”零距离触碰黎族神秘而沧桑的历史文化。

另外，在景区里还专门建设了黎族传统文化博物馆，珍藏着黎族各种民间文物如完整的百年谷仓群、数十幅完整的龙被等，展示着见证黎族发展历程的种种器皿和图片，算得上一部生动恢宏的“黎族历史教科书”，让游客们在旅游放松之余获得心灵体验和文化洗礼，也不断扩大黎锦文化的影响力，让民族的精髓得以世世代代地流传下去。

槟榔谷与黎族学者联合对传统文化进行深入研究，出版了多部文化论著。收购大批黎族珍贵文物，建立黎族非物质文化陈列馆，搭建景区原生态大舞台，在一个场景化的舞台上将古代黎族原住民的生产生活形态以歌舞等艺术形式表现出来，在赋予黎族文化新的生命力的同时，景区也出现勃勃生机，获得了游客的大力认同和青睐（图5-20～图5-23）。

图5-20　黎族传统织锦工艺现场表演

图5-21　黎族音乐

图5-22　黎族原始生活场景再现

图5-23　黎族传统舞蹈

（四）学校教育对黎锦的传承和保护

学校教育在黎锦技艺的非物质文化遗产保护和传承方面具有独特的优势。随着中国高等教育深化改革的进行，黎锦技艺开始在更广阔的人类文化背景中被整合发掘出新的传承途径，加上黎锦文化遗产的“活态”传承特性，致使学校成为传播地方非物质文化遗产的重要阵地之一。

海南省政府为黎锦织造技艺开设了专门课程，在小学开展实践课，在中学开设职业高中，在高校开设黎锦传承创新专业，搭建立体化高素质人才培养模式。

图5-24　海南师范大学美术学院黎锦艺术实习基地揭牌仪式

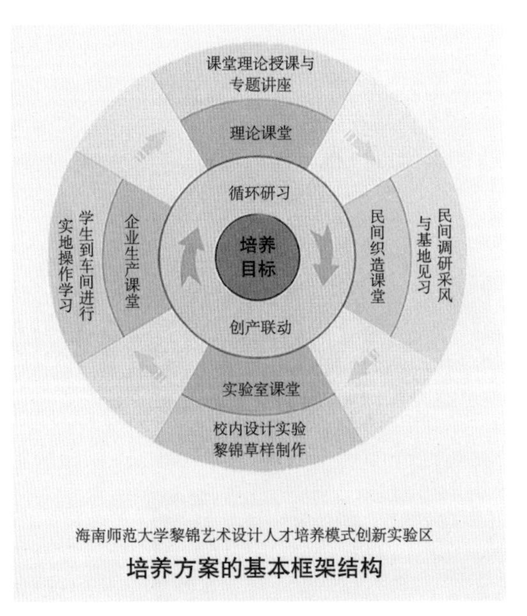

图5-25　人才培养

以海南师范大学美术学院为例，他们把研究、抢救、继承和弘扬黎族文化作为自己应尽的职责，从黎族文化为专业建设着手，将黎锦文化传承和艺术设计及创业教学相结合。2009年海南师范大学美术学院被中华人民共和国教育部、财政部批准为国家级“基于黎锦文化传承的艺术设计人才培养模式创新实验区”，目的是培养一批通晓黎族文化、掌握黎锦织绣加工、设计制作以及产业推广的复合型应用人才，为将来黎锦文化发掘、保护、传承和商业开发奠定了坚实基础（图5-24）。

目前，海南师范大学美术学院以“学研产一体化”的人才培养模式为教学载体，初步构建了理论课堂、民间织造课堂、实验室课堂和企业生产课堂，四类课堂采取循环研习＋创产联动的模式贯穿于实践性很强的黎锦艺术学习中，既为民间传统艺术的学习缩短了理论与艺术创作的实践距离，又使教学贴近市场，把市场的需要和学生的发展放在一起统筹考虑（图5-25）。

在黎锦的教材建设方面，学校始终坚持学科特点和专业特色，为学生提供印刷精良的设计范例作品、专业素材资料库和名家教学光盘的同时，还结合黎锦装饰艺术设计的实际运用，鼓励教师出版自编教材，目前已经编写了《黎锦装饰图案教程》《黎锦服装工艺》等一批富有特色的教材。同时，学校还积极建立校内外教学基地。校内定期邀请民间艺人、黎锦公司专家到学校开设讲座，创造机会让学生和艺人师徒结对，使艺人们的经验为学生所学，较好地保存和传承民间艺术。校外，通过黎锦传习所和黎锦公司的车间为学生实践建立稳固的平台，使学生随时可以参与黎锦的设计和制作，并充分利用学院与地方上的教学环境。例如，与海南保亭县政府合作建立的保亭黎锦艺术教学实践基地（保亭新达达黎族织锦编排技术研究室）、与五指山市海南民族织锦研究所合作建立的五指山黎锦实习基地、与海南锦绣织贝实业有限公司在海南省图书馆黎锦坊文化艺术展示中心建立黎锦艺术实习基地等。通过在校的理论讲授、专题调研和全方位的教学基地实习、校企合作的课堂模式，加深学生对黎锦文化的理解和研究。鼓励学生以服装艺术设计为本，通过保存、吸收和研究黎锦文化的精华，将黎锦图案元素应用于服装设计、家居用品设计、旅游商品设计、时尚服饰设计、酒店VI设计、室内装饰设计等领域，传承和弘扬黎锦艺术（图5-26、图5-27）。

图5-26　学院学生在实习基地学习织锦

图5-27　邀请民间艺人做现场教学

第二节　海南传统服饰的保护方式研究

千百年来的黎族服饰制作技艺一直是通过母女相传、口传身授的方式传承，这些为人类文明的传承做出巨大贡献的能工巧匠用自己的方式将民族的技艺、文明的脉络持续保留和延续。但是这种以人为载体的传承特点是艺随人走，而且在口头传承过程中也会出现记忆偏差，因此随着时间的流逝许多珍贵的纺染织绣技艺出现绝种、消亡的状态，令后人惋惜。

一、文字、书籍记录

传统文化的表达与延续主要是通过语言和文字得以实现的，除了口传的神话、史诗、传说，用文字作为传统文化传承媒介，能使文化的保存、传承与传播相对脱离个人的存在，从而超越时间、空间的限制得以持久延续。虽然黎族不存在本民族的文字，但早在先秦时期，有关黎锦的记载也开始陆续出现在中国古代的史籍中。随着历史的推进、时代的进步以及社会和朝廷对黎锦的关注加深，与黎锦相关的文字记录从最初的只言片语的描述和赞美发展为专门针对黎锦纺染过程进行较为详细的记录，从而使黎锦技艺的传承知识得以逐渐丰富起来。其中，对黎锦记述最为详细的当属清代文人张庆长的《黎岐纪闻》，记录了黎族男子服饰、女子上衣、筒裙、头巾、龙被等制作过程。除了古人的文人笔记、诗词外，部分地方志中也有大量关于黎锦的记载。另外，清代以来无名氏所绘制的《琼州海黎图》《琼黎一览图》《琼黎风俗图》等画册图文并茂地表现了黎族人民的传统生产、生活状况，其中就有不少画面与黎族传统纺织有关。尽管这些史籍对黎锦的研究规模和深入程度还远远不够，但是这些珍贵史料的存在无疑是对黎锦深厚价值的肯定，也为黎锦的传承和后人的研究奠定了可靠的文献基础。

自20世纪以来，随着黎学的发展，学术界开始陆续出现一批学者关注于此并致力于调查和研究黎族社会的各种文化习俗，撰写的相关著作和论文也如雨后春笋般相继出版发表。但是从研究内容来看相对单一，研究对象主要集中在黎族族源、历史、政治制度、经济水平等方面，而对黎族文化的研究相对较少，尤其是对黎锦的专业探索研究就更少了，仅有提及也只是将黎锦作为文章或著作中的部分内容。如20世纪30年代，德国民族学家、人类学家史图博所著的《海南岛民族志》，作为第一部详细介绍海南岛黎族社会基本状况的民族学著作，只是简单介绍了黎族各方言区男女服饰及装饰，对于黎锦技艺的专业传承描写甚少，但是难能可贵的是书中收录了当时200多幅关于黎族服饰的珍贵图片，成为如今我们研究黎族织锦重要的参考资料。直到20世纪80年代初，黄政生先生的《黎族妇女服饰》和金景山先生的《绚丽多彩的图案装饰》等文章的发表，才真正开启了黎锦研究的先河。进入21世纪以后，海南省政府积极发挥保护黎锦传统文化的主导作用，成立了专门的编写组，并与国内外诸多学者投入对黎族服饰和黎锦的挖掘和研究中，并陆续出版了《黎族传统文化》《中国黎族》《黎族传统织锦》《黎族服装图释》《黎族织贝珍品·衣裳艺术图腾百图集》《黎族织贝珍品·龙被艺术》《符号与记忆：黎族织锦文化研究》等系列大作。其中，2001年出版了王学萍主编的《黎族传统文化》是我国第一部记录黎族传统文化的大型画册，它汇编了黎族五种方言支系的服饰。2005年出版了由符桂花主编的《黎族传统织锦》堪称一部黎锦图片资料大全，精选600多幅具有史料价值的珍贵图片，系统介绍、研究黎锦风貌，比较全面地展示出各种样式的黎锦纹样，填补了黎族织锦研究的空白。另外，2012年出版了孙海兰、焦勇勤主编的《符号与记忆：黎族织锦文化研究》又在前人研究的基础上，系统地整理了国内外有关研究黎锦纹样的现有成果，通过深入走访黎族五大方言的23个村寨，全面分析黎锦纹样所蕴藏的符号意义和社会文化内涵，为活态传承黎锦制作工艺、续存黎锦传统纹样文化具有重要意义。

海南省非遗中心对黎锦技艺国家级代表性传承人容亚美进行抢救性记录，其成果包括口述史文字稿、传承教学片等内容。出版《黎族传统纺染织绣技艺代表性传承人容亚美口述史》，共计88000字，并出版研究专著《黎族传统纺染织绣技艺——来自田野的研究报告》。

二、图像、影像资料记录

针对黎锦文化特有的活态传承特点，借助图像、影像的传媒手段，能够更加鲜活、丰富、多元化地表达民族文化。通过图像自身具备的表现力和视觉冲击力，可以帮助人们采集黎锦多层面、多过程、多角度的文化精髓，增强人们对黎锦技艺的传承意识，促进大众对黎锦文化的直观理解、学习和宣传。

目前，国内已知最早的反映海南黎族状况的影像资料是1928年10月拍摄的《五指山问黎记》(图5-28、图5-29)。这部黑白无声电影片长约10分钟，以

图5-28 《五指山问黎记》中的场景

图5-29 《五指山问黎记》中的妇女

国民党部队的行进路线为线索，反映了五指山一带的黎族人生产、生活和人文风俗状态。该片的拍摄是为了实地考察黎区道路建设问题，1928年秋时任广东南区善后公署参谋长的黄强率一行百余人，从府城（现海口市琼山区府城镇）出发，开始了为期20天的穿越黎区之行。途中黄强除了勘查和了解黎区路政之外，还十分留意黎区的土地、资源、物产、气候、风土人情等，并在电影中真实地记录了当时黎族保留传统服饰的情况。在20世纪20年代电影胶片还十分昂贵的情况下，能够长久保留那个时期的影像资料实属不易。考察结束后黄强于同年12月在香港出版了同名著作，另外同行的法国萨维纳神父还在考察途中进行了民族学调查，并于1929年在河内出版了《海南岛志》一书，较为详细地记述了随黄强将军穿越五指山黎区的一些情景，都是研究近代黎族历史不可多得的珍贵史料。

由美国人克拉克在1937年拍摄的《海南红山之外》（*Beyond The Mountains of the Red Mist in Hainan*），是一部比较完整的无声黑白电影，该片以纪录片的形式表现了80多年前黎族的生活风貌，虽然年代久远，但影像仍然比较清晰（图5-30）。尤为珍贵的是影片郑重介绍了黎族男、女服装、黎锦以及织锦的场面，并运用近景或特写的拍摄方式对其真实记录。值得一提的是，该片是2006年美国已故专家金博格·埃里克先生在美国的博物馆发现的，之后通过一系列的努力才将该片作为礼物送回海南，捐给海南省民族学会。另外，同样拍摄于20世纪30年代片长约9分钟的黑白无声电影《海南岛》，也记录了许多很

图5-30 《海南红山之外》中的场景

少能见到的珍贵历史资料。

中华人民共和国成立以后，中央为了处理好各民族之间的关系，缓解矛盾，促进民族大团结，于1957～1958年拍摄了纪录片《黎族》。该片由北京科学电影制片厂负责，请专家、民族学院教授、社会学家带着历史系的大学生和专业电影摄影师深入海南黎区，较为全面地记录了海南岛五指山黎族保留的原始社会残余，其中有不少对黎族传统织锦的记录。这些纪录片即使过去了很多年，其珍贵的历史价值依旧益显突出，是无数国内外从事黎族研究、了解海南黎族的第一手宝贵资料。随着黎学研究规模的壮大和黎锦知名度的提升，大批学者、媒体开始关注黎锦技艺的专项影像记录。2002年在海南省政府的支持下，拍摄了《黎族传统服饰》，除了记叙黎族五大方言区的男女服饰、纹样差异外，还对黎锦的纺染织绣四大工艺进行了全方位、多层次的清晰记录。

近年来，各级电视台、网络媒体对黎族传统文化进行了全方位的记录，在传播中弘扬民族文化。通过声像记录设备及技术，依托图像的直观性与真实性，能够现场记录、观察、保存黎族传统文化，改变了在田野考察中局限于文字符号、欠精准的记录方式。但目前针对黎锦专项的图像、影像资料还处于非常缺失的阶段，尤其是对黎锦制作细节、步骤、特殊技法等的详细专业的拍摄资料还较匮乏，急需专业人才积极参与和社会各界的协力配合，共同把黎锦传统技艺用更方便、更直观、更真实、更有效的方式传承给后人。

三、数字化技术

随着信息技术的飞速发展，数字化技术在国内外迅速兴起并蓬勃发展起来。早在1992年，联合国教科文组织就开始在世界范围内推动文化遗产的数字化保护，为永久性地保存并让公众最大限度地享有文化遗产而扩展传承形式。在我国，随着科技的发展、数字技术的成熟、互联网技术的广泛应用，非物质文化遗产的保护也有了新的方法和途径，开始使用高精度的虚拟数字化保护技术对传统文化进行现代化传承。

通过将黎族服饰制作工艺的海量信息收藏保存，对制作工艺的完整过程、原材料的选择、纺织特殊技巧等信息进行收集、整理、加工、归档，借助先进的计算机技术和多媒体技术，利用图像、声音、视频、三维数据等网络多媒体的同步整合，达到文物、技艺更全面、更丰富、更逼真的数字化收藏。充分利用数字化技术的优越性，将为黎锦的文化遗产保护与传承提供新的升级和活力。

目前，已经有个别研究机构运用3D等多媒体手段将那些只能意会无法言传的黎锦工艺的织造过程和具体步骤渲染出来，试图营造形象、生动、逼真的传承效果。鉴于黎锦制作过程中有很多属于瞬间的动作，研究者利用动态捕捉器，将专门的点固定在操作者的关节上，这样传承人具体的步骤便可以详细准确地记录，用摄像机将其复制，制作为动画方便保存。这样利用视频以及动画技术解决了非物质文化遗产瞬间性、活态性的特点所带来的保护难题，使黎锦这样的特殊技艺得到展示、弘扬和传承。

数字化技术对于黎锦非物质文化遗产的保护具有重要的现实意义，需要我们从文化、科技的战略意义上严肃对待文化遗产的信息化事业，充分利用信息资源、科技支撑，不断培育高水平科研队伍，坚持技术与人文相辅相成，使非物质文化遗产保护走向可持续的科学保护之路（图5-31、图5-32）。

少数民族的文化在社会的发展中遭受着种种挑战，特别是在不断开放、不断走向融合的今天，无论是哪个民族，其民族文化的传承都是一个非常严肃的问题。虽然黎族中的文身、骨簪、织锦技艺已经被纳入了非物质文化遗产保护的名单之中，但这并不是一个一劳永逸的举措，并不意味着它已经脱离了消逝的危险，黎族船型屋的逐渐消失就是一记警钟。作为一种活态的文化，黎族服饰的传承仍旧是一个需要长期努力的过程，需要在“保护为主，抢救第一，合理利用，加强管理”的方针指导下，通过政府、公司、民间组织与手工艺人四者相结合的生产性保护模式，使黎族织锦技艺得到较为科学、合理的传承保护。从改善、保护织锦技艺本身延伸到保护技艺所处的整体环境，结合海南快速发展的旅游业将黎锦打造成地区民族文化产品，实现技艺资源向文化产品的转化，逐步形成黎锦文化产业。

图5-31 2020海南锦绣世界文化周黎锦秀

图5-32 2020海南黎锦及纹样服饰创新设计大赛

参考文献

［1］ 史图博. 海南岛民族志[M]. 清水三男，译. 东京：亩傍书房株式会社，1943.

［2］ 许慎. 说文解字[M]. 北京：中华书局，1963.

［3］ 刘耀荃. 黎族历史纪年辑要[M]. 广州：广东省民族研究所，1982.

［4］《黎族简史》编写组. 黎族简史[M]. 广州：广东人民出版社，1982.

［5］ 靖道谟. 云南通志[M]. 鄂尔泰，等修. 扬州：江苏广陵古籍刻印社，1988.

［6］ 司徒尚纪. 海南岛历史上土地开发研究[M]. 海口：海南人民出版社，1987.

［7］ 杨德春. 海南岛古代简史[M]. 长春：东北师范大学出版社，1988.

［8］ 孙有康，李和弟. 五指山传：黎族创世史诗[M]. 广州：暨南大学出版社，1990.

［9］ 丁世良，等. 中国地方志民俗资料汇编[M]. 北京：北京图书馆出版社，1991.

［10］ 中南民族学院《海南省黎族社会调查》编辑组. 海南岛黎族社会调查：上卷[M]. 南宁：广西民族出版社，1992.

［11］ 樊绰. 蛮书[M]. 北京：中国书店，1992.

［12］ 邢植朝. 黎族文化溯源[M]. 广州：中山大学出版社，1993.

［13］ 吴汝康，等. 海南岛少数民族人类学考察[M]. 北京：海洋出版社，1993.

［14］ 赵汝适. 诸蕃志校释[M]. 杨博文，校释. 北京：中华书局，1996.

［15］ 海南省地方史志办公室. 海南省志：农业志[M]. 海口：南海出版公司，1997.

［16］ 赵冈，陈钟毅. 中国棉纺织史[M]. 北京：中国农业出版社，1997.

［17］ 李学勤. 十三经注疏[M].《十三经注疏》整理委员会，整理. 北京：北京大学出版社，1999.

［18］ 王学萍. 黎族传统文化[M]. 北京：新华出版社，2001.

［19］ 洪寿祥，蔡於良，等. 黎族织贝珍品·龙被艺术[M]. 海口：海南出版社，2003.

[20] 周启澄，等. 纺织科技史导论[M]. 上海：东华大学出版社，2003.

[21] 张文豹. 康熙定安县志[M]. 梁廷佐，同修. 海口：海南出版社，2006.

[22] 洪寿祥，李永喜，蔡於良，等. 黎族织贝珍品·衣裳艺术图腾百图集[M]. 海口：海南出版社，2007.

[23] 刘军. 肌肤上的文化符号：黎族和傣族传统文身研究[M]. 北京：民族出版社，2007.

[24] 高泽强，文珍. 海南黎族研究[M]. 海口：海南出版社，南方出版社，2008.

[25] 林日举，黄育琴，李琼兴. 海南民族概论[M]. 海口：海南出版社，南方出版社，2008.

[26] 符桂花. 黎族传统民歌三千首[M]. 海口：海南出版社，2008.

[27] 广东省编辑组，《中国少数民族社会历史调查资料丛刊》修订编辑委员会. 黎族社会历史调查[M]. 北京：民族出版社，2009.

[28] 杨孚. 异物志[M]. 广州：广东科技出版社，2009.

[29] 冈田谦，尾高邦雄. 黎族三峒调查[M]. 金山，等译. 北京：民族出版社，2009.

[30] 程天富. 黎族文身新探[M]. 北京：中国文联出版社，2010.

[31] 王晨，林开耀. 黎锦[M]. 苏州：苏州大学出版社，2011.

[32] 王儒民，海南省民族研究所. 黎族服装图释[M]. 海口：南海出版公司，2011.

[33] 张嶲，邢定纶，赵以谦. 崖州志[M]. 广州：广东人民出版社，2011.

[34] 王献军，蓝达居，史振卿. 黎族的历史与文化[M]. 广州：暨南大学出版社，2012.

[35] 张杰，张昌赋. 绣面与雕身：黎族文身文化研究[M]. 上海：上海大学出版社，2012.

[36] 孙海兰，焦勇勤. 符号与记忆：黎族织锦文化研究[M]. 上海：上海大学出版社，2012.

[37] 鞠斐，陈阳. 中国黎族传统织绣图案艺术[M]. 南京：东南大学出版社，2014.

[38] 符策超，陈立浩，陈小蓓. 黎族织锦与文身研究[M]. 北京：中国文史出版社，2014.
[39] 张志群. 润方言黎族传统文化[M]. 海口：海南出版社，2015.
[40] 原中国科学院民族研究所广东少数民族社会历史调查组，原中国科学院广东民族研究所. 黎族古代历史资料：上/下[M]. 海口：海南出版社，2015.
[41] 方岱. 康熙昌化县志[M]. 点校译注修订版. 璩之璨，重修. 昌江黎族自治县地方志编纂委员会办公室，整理. 北京：方志出版社，2016.
[42] 王献军. 黎族文身：海南岛黎族的敦煌壁画[M]. 北京：民族出版社，2016.
[43] 陈燕，王文光.《新唐书》与唐朝海内外民族史志研究[M]. 昆明：云南大学出版社，2016.
[44] 苏轼. 苏文忠公海外集[M]. 王时宇，重校. 郑行顺，点校. 海口：海南出版社，2017.
[45] 徐艺乙，邓景华. 黎族传统纺染织绣技艺：来自田野的研究报告[M]. 海口：海南出版社，2017.
[46] 祁庆富，马晓京. 黎族织锦蛙纹纹样的文化人类学阐释[C] // 杨源，何星亮. 民族服饰与文化遗产研究：中国民族学学会2004年年会论文集. 昆明：云南大学出版社，2004.
[47] 羊海强. 黎族织锦图案艺术探析[C] // 民族文化宫博物馆. 中国民族文博：第一辑. 北京：民族出版社，2006：306-312.
[48] 陈佩. 漫谈黎族的棉纺织技术[C] // 民族文化宫博物馆. 中国民族文博：第一辑. 北京：民族出版社，2006：418-425.
[49] 王穗琼. 略论黎族的族源问题[J]. 学术研究，1962（6）：113-121.
[50] 夏鼐. 我国古代蚕、桑、丝、绸的历史[J]. 考古，1972（2）：12-27.
[51] 林蔚文. 古代越人的纺织业[J]. 民族研究，1985（2）：37-41.
[52] 王国全. 黎族妇女的文身习俗[J]. 中央民族学院学报，1985（4）：57-60.
[53] 陈江. 黎族文身略说[J]. 东南文化，1986（1）：80-81.
[54] 陈江. “岛夷卉服”和古代海南黎族的纺织文化[J]. 广西民族研究，1991（3）：95-98，114.

[55] 范会俊. 海南黎族历史上的原始文化遗迹[J]. 中央民族大学学报，1996（6）：58–62.

[56] 黄学魁. 黎族服饰文化内涵透视[J]. 琼州学院学报，2000（4）：67–69.

[57] 罗文雄. 黎族妇女服饰艺术及其文化蕴涵[J]. 民族艺术，2001（4）：172–187.

[58] 王海. 黎族民间长诗辨析[J]. 民族文学研究，2005（1）：72–77.

[59] 王海. 口传的历史“文本”：黎族民间文学概观[J]. 广东技术师范学院学报，2005（1）：50–54.

[60] 祁庆富，马晓京. 黎族织锦蛙纹纹样的人类学阐释[J]. 民族艺术，2005（1）：67–81.

[61] 罗文雄. 黎族织锦艺术的保护与发展[J]. 琼州学院学报，2008（1）：23–26.

[62] 王星，周晓飞. 黎族织锦中蛙纹纹样的文化内涵[J]. 浙江纺织服装职业技术学院学报，2010，9（3）：71–73.

[63] 罗文雄. 黎族传统织锦技艺研究[J]. 中南民族大学学报（人文社会科学版），2011，31（5）：25–30.

[64] 张琰. 黎族纺织服装中图案的印染工艺研究[J]. 染整技术，2017，39（6）：83–86.

[65] 王洪波. 造型·生态·符号：海南黎族妇女服饰文化蕴涵透视[D]. 北京：中央民族大学，2009.

[66] 罗文雄. 黎族传统织锦工艺的传承性保护研究[D]. 武汉：中南民族大学，2019.

[67] 秦瑜扬. 符号学视角下的少数民族蛙图腾研究[D]. 南宁：广西师范大学，2019.

[68] 龚韶. 黎族织锦的“古往今来”[N]. 中国社会科学报，2020–12–08（5）.

后 记

机缘巧合之下，我于2006年年底开始了黎族服饰文化的田野调查，并在之后连续十年深入海南黎族所聚居的各乡镇进行调研。众多资料及研究内容逐渐积累，却一直由于工作纷杂而未能完整梳理，此次在国家社科基金艺术学重大项目《中华民族服饰文化研究》（项目号：18ZD20）实施的契机下，得以进行了整理工作。

本人对民族服饰的收集和研究已近三十年，长期深入各个民族地区积累了一定经验，但对单一民族全方位的深入研究仍是一项艰巨而系统的工程，从海南黎族服饰研究到中国彝族服饰研究都使我看到，社会经济的飞速变革如何使民族服饰发生巨大变化，传统又如何在现代化的推进下逐渐消解。我的海南黎族服饰调研跨越了十余年的时间，从最开始大众对黎族传统服饰文化不甚了解的状况，到"黎族传统纺染织绣技艺"进入联合国教科文组织"首批急需保护的非物质文化遗产名录"，再到黎族服饰文化进入大众的视野，在海南国际旅游岛的开发中起到了重要作用。从传统走入时尚生活，黎族传统服饰文化在当代得到传承和发展。这期间离不开社会各界的持续努力，政府、企业、学者、个人共同协作才得以让黎族服饰文化在当代谱写出新的篇章。回首一顾，尽是感慨……

这段研究经历于我而言意义重大，在调研过程中得到了各方的许多帮助。在此首先感谢当地政府的巨大支持，两任海南省副省长王学萍、符桂花的殷切关怀，以及各民族地区市、县的相关领导的大量协助，在文物考察中也得到了博物馆和研究所的帮助。如海南省博物馆王恩老师、海南省民族博物馆罗文雄副馆长、海南省民族研究所林开耀所长、海南省民族宗教事务委员会王建成主任等都给予了很大支持。在此特别要感谢海南省锦绣织贝实业有限公司董事长郭凯女士的倾力协助，不仅提供藏品进行研究，还经常无私地为我们提供车辆、食宿等的支持。郭凯女士对黎族服饰文化的热忱让人动容，对黎族服饰文化传承与活化的贡献让人敬佩。她从黎锦的保护收藏、织绣技艺的教学传承、黎锦的现代化产品开发等多个方面进行的成功实践，也为本书在“黎族服饰文化传承与发展”方面的研究提供了一个优秀的典型实例。另外也要感谢收藏家廖善新先生，他虽从事文化旅游工作，但常年致力于黎族传统服饰的收藏和保护，在我们的调研过程中，他无私地将珍贵的藏品提供给我们进行实物研究。廖先生还基于传统服饰进行了一系列的旅游产品开发，得到了市场的良好反馈。此外，也要感谢海南槟榔谷黎苗文化旅游区的陈国东副总经理的大力支持，各县市的黎锦技艺传承人容亚美、刘香兰、符秀英、卢少穗等也给予了无私的帮助。

最后，要感谢我的研究生潘姝雯、刘晓青、夏梦颖、纪振宇、韩馨娴、韩园园、张宇、唐瑄孜等同学，他们跟我一起进行了艰苦的田野调查和基础研究工作。还有许许多多在这些年间给予我很大帮助的老师、朋友、学生，在此恕我不能一一列举，正是在大家的支持下，才使本书得以成稿、出版，在此我致以深深的谢意。

黎族传统服饰文化浩瀚精深，本书的研究只是其中一隅，如有不足或纰漏，敬请专家、读者多多包涵，恳请指正！

王羿

2021年12月